Allgemeine und Anorganische Chemie

Norbert Kuhn · Thomas M. Klapötke

Allgemeine und Anorganische Chemie

Eine Einführung

Unter Mitarbeit von Isabel Walker

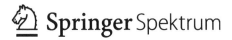 Springer Spektrum

Norbert Kuhn
Institut für Anorganische Chemie
Universität Tübingen
Tübingen, Deutschland

Thomas M. Klapötke
Department Chemie
LMU München
München, Deutschland

ISBN 978-3-642-36865-3   ISBN 978-3-642-36866-0   (eBook)
DOI 10.1007/978-3-642-36866-0

Die Deutsche Nationalbibliothek verzeichnet diese Publikation in der Deutschen Nationalbibliografie; detaillierte bibliografische Daten sind im Internet über http://dnb.d-nb.de abrufbar.

Springer Spektrum

Planung und Lektorat: Dr. Rainer Münz, Barbara Lühker

Korrektorat: Dr. Angelika Fallert-Müller

Zeichnungen: Isabel Walker, Tübingen; Dr. Martin Lay, Breisach

Gedruckt auf säurefreiem und chlorfrei gebleichtem Papier

Springer Spektrum ist eine Marke von Springer DE. Springer DE ist Teil der Fachverlagsgruppe Springer Science+Business Media
www.springer-spektrum.de

Zur Erinnerung an

Max Schmidt
(1925–2002)
Ehem. o. Professor der Anorganischen
Chemie an den Universitäten Marburg
und Würzburg

Geleitwort

Obwohl die Chemie seit mehr als zwei Jahrhunderten als eine weithin eigenständige Disziplin der Naturwissenschaften anerkannt ist und an Universitäten als einer der wichtigsten Studiengänge gelehrt wird, gilt dieses Fach einer breiten Mehrheit seit geraumer Zeit zunehmend als schwer vermittelbar. Die außerordentliche Komplexität der chemischen Wissenschaft und ihre eigenartige, in ihrer inneren Logik nicht sofort erkennbare Formelsprache und Nomenklatur werden selbst von den Studienanfängern im Hauptfach, und erst recht von nur peripher interessierten Nebenfachstudenten, als abschreckende Hürden empfunden. Die Versuchung ist daher groß, diese Hindernisse irgendwie zu umgehen und sich auf ein angelerntes Wissen zu beschränken, das lediglich das Examensüberleben sichert.

Viele große Chemiker haben sich immer wieder darin versucht, ein Lehrbuch der Chemie oder einer ihrer Teildisziplinen zu verfassen, das es durch neue Konzepte oder Darstellungsweisen schafft, junge Menschen möglichst auf Anhieb für dieses Fach zu begeistern. So wie es charismatischen Vortragenden gegeben ist, ein Auditorium in kürzester Zeit in ihren Bann zu ziehen, so gab und gibt es auch immer wieder Autoren von Lehrbüchern, die selbst dann diesen Zugang zu ihren Lesern finden, wenn diese sich nur widerwillig zu einer Lektüre anschicken. Solche Lehrbücher erleben oft viele Auflagen, bis der Fortschritt ihre Inhalte überholt hat und den neuen Entwicklungen wieder von Grund auf Raum gegeben werden muss.

Dieses Kommen und Gehen erfolgreicher Lehrbücher beobachtet man nicht nur bei den großen Werken, die heute weit über 1000 Seiten umfassen oder mehrbändig auftreten, sondern auch bei den Kompendien, die nur für bestimmte Ausbildungsstufen der Studenten oder interessierte Leser konzipiert sind. Dies trifft besonders zu für Werke, die speziell für den fachübergreifenden Anfängerunterricht in verschiedenen Studiengängen bestimmt sind.

Es mag verwundern, ist aber eine mehrfach bestätigte Beobachtung, dass die Ansprüche an Autoren solcher grundlegender Lehrbücher besonders hoch sind, denn es bedarf eines hohen Einfühlungsvermögens in die Psyche der studentischen Zielgruppe. Ihnen möglichst rasch eine Freude an der stofflichen Vielfalt und den spannenden mannigfaltigen Umwandlungen zu vermitteln ist dabei oberstes

Gebot. Wenn beim Leser gleichzeitig auch ein erstes Verständnis der Zusammenhänge angelegt werden kann, so ist meist schon viel gewonnen.

Solche Lehrbücher waren lange Zeit recht selten. Ein besonders auffallender Erfolg war dem in den späten 1960er Jahren erstmals erschienenen Lehrbuch *Anorganische Chemie* von *Max Schmidt* beschieden (Bibliographisches Institut Mannheim, Hochschultaschenbücher 86/86a und 150/150a). Es entstand aus einem Vorlesungsmanuskript über Lehrveranstaltungen an den Universitäten Marburg und Würzburg und kam – als große Novität – als kostengünstiges zweibändiges Taschenbuch in den Handel, das rasch weite Verbreitung fand. Es wurde oft darüber spekuliert, was den Erfolg dieses Buches ausmachte, aber man geht wohl nicht fehl in der Annahme, dass es vor allem das allgemeine didaktische Konzept war, gepaart mit der sorgfältigen Stoffauswahl und der klugen Stoffbeschränkung, das die große Akzeptanz bedingte. Max Schmidt war einer der charismatischen Lehrer seines Faches und diese didaktische Begabung wird auch in seinen Büchern sichtbar.

Der „Max Schmidt" ist in den letzten Jahren aus der langen Reihe aktuell empfohlener Lehrbücher ganz verschwunden, denn fast ein halbes Jahrhundert wissenschaftlicher Entwicklung sind darüber hinweggegangen. Deshalb ist es sehr zu begrüßen, dass zwei im akademischen Unterricht im In- und Ausland erfahrene Autoren nun das Konzept neu aufgegriffen haben und versuchen, den inzwischen stark erweiterten und veränderten Fundus der chemischen Wissenschaft auf dieser bewährten Basis neu darzustellen. Es wird vermutlich immer noch mehrerer Veränderungen oder sogar neuer Auflagen bedürfen, um den aktuell stark im Wandel befindlichen Lehrmethoden und einem entsprechend abweichenden Studierverständnis Rechnung tragen zu können. Ein neuer Anfang ist aber gemacht und sollte wohlwollend begleitet werden.

Hubert Schmidbaur

Vorwort

Die Chemie ist eine anstrengende und deshalb wenig beliebte Wissenschaft. Dies wird jedem Lehrenden bei der Beschäftigung mit Schülern, Studierenden und sonstigen Unbeteiligten deutlich. Neben häufig geringen Fachkenntnissen der Lernenden resultiert hieraus eine bedenkliche Distanz der Öffentlichkeit, insbesondere der Politik und der Medien, zu unserem Fach, das unserem Land im Verlauf der zurückliegenden einhundertfünfzig Jahre eine blühende Industrie, verbunden mit sicheren Arbeitsplätzen, materiellem Wohlstand und der Möglichkeit zur Selbstverwirklichung auf vielen Ebenen für Hunderttausende beschert hat.

Warum haben viele Menschen, bereits als Schüler und Studierende, Probleme mit der Chemie? Vermutlich liegt dies zunächst in der großen Stofffülle begründet; deren intellektuelle Bewältigung wird erschwert durch eine für den Außenstehenden und Anfänger weitgehend unverständliche wissenschaftliche Systematik. Anders als etwa die Physik lebt die Chemie, zur Erklärung ihrer Befunde, von vielfach willkürlich anmutenden Modellvorstellungen, die im Bedarfsfall gegen neue, besser geeignet erscheinende, ausgetauscht werden. Gerade Physikern fällt deshalb die Beschäftigung mit der als „unwissenschaftlich" empfundenen Chemie oft schwer. Die Eingemeindung der Chemie in ihre Mutterwissenschaft Physik liegt in weiter Ferne.

Das Problematische der Wissenschaft Chemie findet seinen Niederschlag in einer Vielzahl von Lehrbüchern, die den Bedarf abzudecken scheinen. Wozu also dieses Buch?

Zahlreiche Gespräche mit Studierwilligen und Studienanfängern ergeben als Motivation ihrer Studienwahl die Freude an der experimentellen Naturwissenschaft gepaart mit dem Bewusstsein des persönlichen Mangels an mathematischer Begabung, die für ein Studium der Physik grundlegende Voraussetzung ist. Die meisten heutigen Lehrbücher zur Einführung in die Anorganische Chemie beginnen mit einem allgemeinen Teil, in dem auf erstaunlich hohem, die Lehrinhalte des klassischen Physikstudiums bisweilen übertreffendem Niveau die Grundlagen der Atom- und Molekülphysik abgehandelt werden. Hieran schließt sich, scheinbar losgelöst und für viele ohne direkten Zusammenhang, ein stoffchemischer Abschnitt vergleichbaren Umfangs an. Es ist glaubhaft, dass durch diese wissenschaftlich „korrekte" Anordnung viele an der Chemie Interessierte sich zu Beginn ihrer Bemühungen bei der Wahl des Studienfachs im Irrtum glauben und andere Wege einschlagen.

Das vorliegende Buch möchte bei der Bewältigung dieses Problems helfen, indem es die physikorientierten Grundlagen der Chemie in möglichst verständlicher Form als Einschübe an geeignet erscheinender Stelle des stoffchemischen Textes platziert. Es verdankt seinen Ursprung dem Manuskript einer Vorlesung *Anorganische Chemie für Studierende der Physik und Geowissenschaften* sowie dem Wunsch der Hörer, es ihnen in gedruckter Form zugänglich zu machen.

Unser Dank gilt Frau Dr. Isabel Walker (Tübingen) für die Anfertigung von Abbildungen und Zeichnungen sowie Herrn Dr. Rainer Münz und Frau Barbara Lühker (Verlag Springer Spektrum) für ihre redaktionelle Betreuung. Ohne ihre sorgfältige und geduldige Mitarbeit wäre uns die Abfassung dieses Buches nicht möglich gewesen.

Inhaltsverzeichnis

Verzeichnis der Einschübe

Abkürzungen

Die nachfolgend genannten Abkürzungen und Symbole für in diesem Buch verwendete Begriffe sind in Einzelfällen mehrdeutig. Dies entspricht der historischen Entwicklung und dem Gebrauch auch in der weiterführenden Literatur.

Zum besseren Verständnis finden sich im Text, insbesondere bei der Wiedergabe von Gleichungen, zusätzliche Angaben.

A	Ampere (Stromstärke)
Abb.	Abbildung
a	Jahr (Zeit)
at	Atmosphäre (Druck)
B	magnetische Induktion (Flussdichte) $[T] = 1 \text{ V} \cdot \text{sec} \cdot \text{m}^{-2}$
BO	Bindungsordnung
b	bindend (Orbital)
Bohr	Länge, 0,529 Å
C	Coulomb (elektrische Ladung)
	Curie-Konstante (Magnetochemie)
°C	Grad Celsius (Temperatur)
c	Konzentration $[\text{mol} \cdot \text{L}^{-1}]$ Lichtgeschwindigkeit $= 2,99793 \cdot 10^8 \ [\text{m} \cdot \text{sec}^{-1}]$
$d_{xy}, d_{xz}, d_{yz}, d_{x^2-y^2}, d_{z^2}$	magnetische Quantenzahl (Orbitale)
E	Energie [J, kJ]
	Gesamtpotential, elektromotorische Kraft [V]
E°	Standardpotential [V]
e^+	Positron (Elementarteilchen), elektrische Elementarladung
e, e$^-$	Elektron (Elementarteichen), elektrische Elementarladung $= 1,6022 \cdot 10^{-19}$ C
eV	Elektronenvolt (Energie)
G	Prozentgehalt
Gl.	Gleichung

g	Gramm (Masse)
	gyromagnetische Anomalie
H	magnetische Feldstärke (Erregung) $[A \cdot m^{-1}]$
HSAB	Konzept der harten und weichen Säuren und Basen
h	Planck'sches Wirkungsquantum = $6{,}626 \cdot 10^{-34}$ J $\cdot$ sec
h(quer)	Planck-Konstante, reduziertes Planck'sches Wirkungs-quantum $(h/2\pi)$
I	Stromstärke [A]
J	Joule (Energie)
	magnetische Polarisation $[V \cdot sec \cdot m^{-2}]$
K	Kelvin (Temperatur)
K, L, M, N ...	Schalen (entsprechend den Hauptquantenzahlen 1, 2, 3, 4 ...)
K_B	Basekonstante $[mol \cdot L^{-1}]$
K_L	Löslichkeitsprodukt ($[mol \cdot L^{-1}]$ für Salze der Zusammensetzung AB)
K_S	Säurekonstante $[mol \cdot L^{-1}]$
K_W	Ionenprodukt des Wassers = 10^{-14} $mol^2 \cdot L^{-2}$
KZ	Koordinationszahl
k	Boltzmann-Konstante = $1{,}3806 \cdot 10^{-23}$ J $\cdot$ K^{-1}
kJ	Kilojoule (Energie)
kg	Kilogramm (Masse)
L	Liter (Volumen)
	Löslichkeit $[mol \cdot L^{-1}]$
MeV	Megaelektronenvolt (Energie)
l	Nebenquantenzahl
M	molar
	molare Masse
	Magnetisierung $[A \cdot m^{-1}]$
MO	Molecular Orbital (chemische Bindung)
m	Masse [g, kg]
m_e	Elektronenmasse = $9{,}11 \cdot 10^{-31}$ kg
mL	Milliliter (Volumen)
mol	Mol
N	radioaktive Restmenge
N_L	Loschmidt'sche Zahl, ca. $6{,}023 \cdot 10^{23}$ mol^{-1} (auch Avogadro-Konstante genannt)
n, n^0	Neutron (Elementarteilchen)
nb	nichtbindend (Orbital)
n, m	Hauptquantenzahlen
p, p^+	Proton (Elementarteilchen)
p_x, p_y, p_z	magnetische Quantenzahlen (Orbitale)
R	Rydberg-Konstante = 109 678 cm^{-1}
R, χ	Radial- bzw. winkelabhängige Anteile der Wellenfunktion

r, φ, Θ	Polarkoordinaten
r	Ionenabstand
	Radius der Kreisbahn (Magnetochemie)
s	Spinquantenzahl (Drehimpulsquantenzahl)
	Elektronenspin
s, p, d, f ...	Nebenquantenzahlen (entsprechend $l = 0, 1, 2, 3$ ...; Orbitale)
sec	Sekunde (Zeit)
Schmp.	Schmelzpunkt [°C]
Sdp.	Siedepunkt [°C]
Sublp.	Sublimationspunkt [°C]
T	kinetische Energie (Schrödinger-Gleichung)
	Temperatur (Magnetochemie) [K]
	Tesla (magnetische Induktion) [$V \cdot sec \cdot m^{-2}$]
Tab.	Tabelle
t	Zeit
to	Tonne (Masse)
V	potentielle Energie (Schrödinger-Gleichung)
V	Volt (Spannung)
VB	Valence Bond (chemische Bindung)
VSEPR	Valenzschalen-Elektronenpaar-Abstoßungsmodell
Vol.	Volumen
v	Geschwindigkeit [$m \cdot sec^{-1}$]
x, y, z	kartesische Koordinaten
z	Anzahl der übertragenen Elektronen (Nernst'sche Gleichung)
Δ_o, 10 Dq	Ligandenfeldaufspaltung (Energie)
ε_0	Dielektrizitätskonstante i.Vak. = $8{,}854 \cdot 10^{-12}$ $C \cdot V^{-1} \cdot m^{-1}$
χ	magnetische Suszeptibilität
χ_g	massenbezogene Suszeptibilität
χ_{mol}	molare Suszeptibilität
χ_{para}	paramagnetische Suszeptibilität
χ_V	Volumensuszeptibilität
λ	Wellenlänge [cm]
	stoffspezifische radioaktive Zerfallskonstante
μ_0	magnetische Feldkonstante = $4\pi \cdot 10^{-7}$ $V \cdot sec \cdot A^{-1} \cdot m^{-1}$
μ_B	Bohr'sches Magneton [eh(quer)/2m$_e$] = $9{,}27 \cdot 10^{-4} A \cdot m^2$
μ_{exp}	experimentelles magnetisches Moment [$A \cdot m^2$]
μ_{mag}	magnetisches Moment [$A \cdot m^2$]
μ_s	Spinmoment
μ_χ	relative magnetische Permeabilität
σ, π	bindende Molekülorbitale

σ^*, π^*	antibindende Molekülorbitale
Θ	paramagnetische Curie-Temperatur [K]
ν	Frequenz [cm^{-1}]
τ	Zeit (Schrödinger-Gleichung)
$\tau_{1/2}$	Halbwertszeit
Ψ, φ	Wellenfunktion (Schrödinger-Gleichung)
Å	Länge, 10^{-10} m

Das vorliegende Buch wendet sich an interessierte Schüler wie auch an Studienanfänger naturwissenschaftlicher Fächer, für die eine chemiebezogene, d. h. die Stoffchemie bereits an den Anfang der Abhandlung gestellte, Vorgehensweise hilfreich ist. Für Absolventen der Bachelor-Prüfung der Chemie und angrenzender Fächer mag seine Kenntnis als Präsenzbestand, der ohne Konsultation weiterer Quellen verfügbar sein sollte, angesehen werden.

Die Gliederung des Stoffes folgt, wie vielfach üblich, dem Aufbau des Periodensystems, mit dessen Ableitung und Erläuterung wir folglich beginnen. Die hierzu erforderliche Kenntnis des Atombaus wird, zunächst unter Verzicht auf mathematisch-physikalische Ableitungen, auf einfacher Grundlage vermittelt. Die Darstellung der Stoffchemie beginnt mit den Elementen der Hauptgruppen und behandelt nachfolgend ihre Verbindungen mit den Gruppennachbarn und solchen mit Elementen bereits besprochener Gruppen. Die Abfolge der Gruppen beginnt mit den weniger problematischen randständigen Gruppen 18 und 1 und endet bei der komplexen Gruppe 14. Nachfolgend wird die Chemie der Nebengruppen, nach Verbindungstypen geordnet, besprochen. Der Hauptteil schließt mit einer nunmehr auf höherem physikalischem Niveau stehenden Abhandlung des Atombaus und der Atombindung, das dem bis an diesen Punkt gelangten Leser den Übergang zu weiterführenden Lehrbüchern ermöglichen soll. Dem Verständnis der Stoffchemie dienende und hierfür unverzichtbare Definitionen und Konzepte werden als Einschübe (nachfolgend *E* genannt) an passender Stelle eingefügt. Als Anhänge angefügt sind Kapitel zur Kenntnis des chemischen Rechnens, der Arbeitssicherheit beim chemischen Experimentieren sowie der beispielhaft aufgezeigten Sonderstellung der Organischen Chemie.

Es sei an dieser Stelle betont, dass der Inhalt des Buchs sich an den Bedürfnissen des Lesers, nicht immer jedoch am heutigen Stand der Forschung orientiert. Wir haben uns zur Aufgabe gestellt, dem Leser die Illusion des Verständnisses zu vermitteln, die zum weiteren Eindringen in die hochkomplexe Materie der Chemie ermutigt.

N. Kuhn und T. M. Klapötke, *Allgemeine und Anorganische Chemie*,
DOI: 10.1007/978-3-642-36866-0_1, © Springer-Verlag Berlin Heidelberg 2014

Zum weiterführenden Studium werden, neben anderen, folgende Werke empfohlen:

C. E. Mortimer, U. Müller
Chemie
10. Auflage
Georg Thieme, Stuttgart 2010

P. Paetzold
Chemie
Eine Einführung
Walter de Gruyter, Berlin 2009

E. Schweda
Jander/Blasius Anorganische Chemie I + II
S. Hirzel, Stuttgart 2011

E. Riedel, Ch. Janiak
Anorganische Chemie
8. Auflage
Walter de Gruyter, Berlin 2011

Holleman Wiberg
Lehrbuch der Anorganischen Chemie
102. Auflage
Walter de Gruyter, Berlin 2007

N. N. Greenwood, A. Earnshaw
1. durchgesehene Auflage
Chemie der Elemente
VCH, Weinheim 1990

M. Binnewies, M. Jäckel, H. Willner, G. Rayner-Canham
Allgemeine und Anorganische Chemie
2. Auflage
Springer Spektrum, Heidelberg 2011

D. F. Shriver, P. W. Atkins, C. H. Langford
Anorganische Chemie
2. Auflage
Wiley-VCH, Weinheim 1997

C. E. Housecroft, A. G. Sharpe
Anorganische Chemie
2. Auflage
Pearson, München 2006

R. Alsfasser, C. Janiak, H.-J. Meyer, D. Gudat
Riedel Moderne Anorganische Chemie
4. Auflage
Walter de Gruyter, Berlin 2012

J. Huheey, E. Keiter, R. Keiter
Anorganische Chemie
Prinzipien von Struktur und Reaktivität
4. Auflage
Walter de Gruyter, Berlin 2012

Definitionen

Die Chemie ist die Lehre von der Materie, ihrem Aufbau, ihren Eigenschaften und ihrer Umwandlung. Aus in der Tradition verankerten organisatorischen Gründen unterscheidet man zwischen den Teilgebieten

Organische Chemie (Stoffchemie der Kohlenwasserstoffe)
Anorganische Chemie (sonstige Stoffchemie)
Physikalische Chemie (Anwendung physikalischer Methoden auf chemische Fragestellungen)
Theoretische Chemie (Bearbeitung chemischer Fragestellungen mit Rechenmethoden)
Biochemie (Chemie des Lebens)
Geochemie (Bearbeitung geologischer Fragestellungen mit chemischen Methoden)
u. a. m.

Die Teilgebiete „Anorganische Chemie" und „Organische Chemie" lassen sich in die Bereiche

Synthese (Herstellung von Stoffen)
Analyse (Charakterisierung von Stoffen)
Reaktionen (chemisches Verhalten von Stoffen)
gliedern.

Die Chemie ist Bestandteil des Fächerspektrums der Naturwissenschaften:

1. Physik: Lehre von den Kräften
2. Chemie: Lehre von den Stoffen
3a. Biologie: Lehre vom Leben
3b. Geologie: Lehre von der Erde

N. Kuhn und T. M. Klapötke, *Allgemeine und Anorganische Chemie*, DOI: 10.1007/978-3-642-36866-0_2, © Springer-Verlag Berlin Heidelberg 2014

in deren nicht als Wertekanon misszuverstehender Hierarchie sie als Teilgebiet der Physik ausgewiesen ist. Tatsächlich sind zu ihrem Verständnis Grundkenntnisse der Physik erforderlich, während andererseits die Biologie und Geowissenschaft solche der Chemie verlangen. Ohne selbst eine Naturwissenschaft zu sein wird häufig die Mathematik (Lehre von den Zahlen) als deren „Sprache" dem Kanon der Naturwissenschaften vorangestellt.

3.1 Phasen und Gemische

Jede Materie ist aus chemischen Bestandteilen aufgebaut. Man spricht daher von *chemischen Systemen*. Diese können *heterogen*, d. h. aus Komponenten mit verschiedenen physikalischen und chemischen Eigenschaften aufgebaut sein, oder *homogen* sein. Homogene Systeme haben durchgehend identische Eigenschaften. Sie können Lösungen (man unterscheidet zwischen flüssigen und festen Lösungen oder Gasmischungen) oder reine Stoffe sein. Reine Stoffe wiederum lassen sich in chemische Verbindungen (Moleküle bzw. Salze mehrerer Atomsorten) oder Elemente (Moleküle bzw. Atome nur einer Atomsorte) einteilen (Abb. 3.1).

3.2 Trennmethoden

Heterogene Systeme und Lösungen lassen sich unter Ausnutzung ihrer verschiedenen physikalischen Eigenschaften in die zu Grunde liegenden reinen Stoffe auftrennen. Hierbei handelt es sich um *physikalische Vorgänge*, da chemische Bindungen weder gespalten noch geknüpft werden. Die Überführung der reinen Stoffe hingegen in die zu Grunde liegenden Atome gelingt nur unter Durchführung *chemischer Reaktionen.*

Die Auftrennung von heterogenen Systemen oder Lösungen kann jedoch auch den Einsatz chemischer Reaktionen erfordern, wenn sich die Komponenten hinsichtlich ihrer physikalischen Eigenschaften nur geringfügig unterscheiden. Allerdings wird hierbei wenigstens eine der Komponenten in eine andere chemische Verbindung überführt.

Tabelle 3.1 gibt Beispiele der Eigenschaftsunterschiede und der verwendeten Methoden.

N. Kuhn und T. M. Klapötke, *Allgemeine und Anorganische Chemie*,
DOI: 10.1007/978-3-642-36866-0_3, © Springer-Verlag Berlin Heidelberg 2014

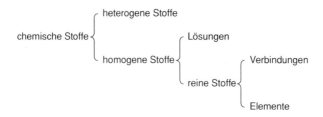

Zustand der Phasen	Bezeichnung	Beispiel
heterogen		
fest/fest		Erde
fest/flüssig	Suspension	aufgewirbelter Schlamm in Seewasser
fest/gasförmig	Rauch	Rauch eines Feuers
flüssig/flüssig	Emulsion	Milch = Öl in Wasser
		Butter = Wasser in Öl
flüssig/gasförmig	Schaum (Gasblasen in Flüssigkeit)	Waschmittelschaum
	Nebel (Flüssigkeitstropfen in Gas)	Wolken in der Atmosphäre
homogen		
fest	feste Lösung	Gold/Silber-Legierung
flüssig	Lösung	Salzwasser
gasförmig	Gasgemisch	Luft, Leuchtgas

Abb. 3.1 Chemische Stoffe

Tab. 3.1 Trennmethoden

1.	**Unterschiedliche Dichte** Sedimentieren, Zentrifugieren, Schlämmen, Windsichten
2.	**Verschiedene Teilchengröße** Sieben, Filtrieren
3.	**Verschiedene Löslichkeit** Extraktion, Kristallisation
4.	**Verschiedene Benetzbarkeit** Flotation, Schaum-Schwimm-Verfahren
5.	**Unterschiedliche Löslichkeit in zwei nicht mischbaren Flüssigkeiten** Extraktion
6.	**Verschiedene Dampfdrucke** Destillieren, Sublimieren, Kondensieren
7.	**Verschiedenes Kristallisationsbestreben** Umkristallisieren, Zonenschmelzen
8.	**Verschiedene Adsorptionsfähigkeit** Chromatographische Verfahren: Dünnschicht-, Säulenchromatographie usw.
9.	**Verschiedene elektrochemische Potentiale** Elektrolytische Raffination

Atombau I

4

4.1 Aufbau des Atoms

Im vorstehenden Kapitel haben wir erfahren, dass Materie (chemische Systeme) aus Molekülen bzw. Ionen aufgebaut ist, die wiederum durch Verknüpfung von Atomen (Atombindung) bzw. Ionen (Ionenbindung) gebildet werden. Das Knüpfen und Lösen solcher Bindungen bezeichnet man als *chemische Reaktion*. Demgegenüber ist die Spaltung und Verschmelzung von Atomen ein physikalischer Vorgang, der später besprochen werden soll (vgl. E40). Zum Verständnis der chemischen Bindung, mithin der chemischen Reaktion, benötigen wir jedoch eine zunächst stark vereinfachte Kenntnis des Aufbaus der Atome.

Atome bestehen aus einem Kern (zusammengesetzt aus *Protonen* und *Neutronen*) sowie einer Hülle aus *Elektronen*. Aus diesen drei Elementarteilchen (Tab. 4.1) ist die gesamte Materie aufgebaut. Es ist ersichtlich, dass sich die Masse des Atoms im Kern konzentriert, der jedoch ein sehr geringes Volumen aufweist. Die Ausdehnung des Atoms wird von der Elektronenhülle bestimmt.

Die Kernbausteine sind angenähert massengleich, unterscheiden sich jedoch hinsichtlich der elektrischen Ladung. Das Proton (p) trägt eine positive elektrische Elementarladung, während das Neutron (n) ungeladen ist.

Dem Elektron (e), das eine vergleichsweise geringe Masse aufweist, kommt die negative elektrische Elementarladung zu. In einem Atom ist die Zahl der Protonen im Kern gleich der Zahl der Elektronen in der Elektronenhülle, so dass sich die elektrischen Ladungen kompensieren und das Atom insgesamt ungeladen, d. h. elektroneutral ist.

Die chemischen Eigenschaften eines Atoms werden in erster Linie von der Zahl der Elektronen in der Elektronenhülle und deren Struktur festgelegt, während die vergleichsweise geringe Masse der Elektronen zur Gesamtmasse des Atoms kaum beiträgt. Wir können die Atomsorte somit auch durch Angabe der Zahl der Protonen im Kern (a) charakterisieren; diese Zahl nennt man auch *Ordnungszahl* (ap).

N. Kuhn und T. M. Klapötke, *Allgemeine und Anorganische Chemie*,
DOI: 10.1007/978-3-642-36866-0_4, © Springer-Verlag Berlin Heidelberg 2014

Tab. 4.1 Bausteine der Atome

Elementarteilchen	Elektron	Proton	Neutron
Symbol	e	p	n
Masse	$9{,}11 \cdot 10^{-31}$ kg	$1{,}6725 \cdot 10^{-27}$ kg	$1{,}6748 \cdot 10^{-27}$ kg
Ladung[a]	$-1{,}6022 \cdot 10^{-19}$ C $-e$	$+1{,}6022 \cdot 10^{-19}$ C $+e$	0 C

[a] elektrische Elementarladung

Die Neutronen im Kern werden offensichtlich zur Stabilisierung des Kerns benötigt. Tatsächlich unterliegen ja die positiv geladenen Protonen der elektrostatischen Abstoßung, die durch die Gravitation (Massenanziehung) ausgeglichen wird. Hierzu leisten die Neutronen einen unverzichtbaren Beitrag. Die Zahl der Neutronen (b) kann bei gleicher Ordnungszahl variieren; solche bezüglich ihrer Protonenzahl gleiche, hinsichtlich ihrer Neutronenzahl und somit Masse verschiedene Atome nennt man *Isotope* (vgl. E5). Auf die chemischen Eigenschaften des Atoms nimmt die Zahl der Neutronen kaum Einfluss. Lediglich bei der Atomsorte („Element") der Ordnungszahl 1 ist wegen der hier nicht auftretenden Abstoßung der Protonen voneinander die Gegenwart von Neutronen im Kern entbehrlich.

Einer Konvention und der Historie entsprechend gibt man die Ordnungszahl ap sowie die relative Masse (ap + bn), bezogen auf 1/12 der Masse des Kohlenstoffisotops ^{12}C, in Gestalt von Indices zusätzlich zum Elementsymbol E an.

$$^{ap+bn}_{ap}E$$

Zur besseren Handhabung werden die elektrischen Ladungen meist als Vielfaches der elektrischen Elementarladung, die Massen als Vielfaches der relativen Atommasse des Kohlenstoffisotops ^{12}C (1/12 ^{12}C = 1) angegeben.

Die Kenntnis der Elementsymbole (Tab. 4.2) ist wichtige Voraussetzung zur Formulierung von chemischen Reaktionen.

4.2 Der Aufbau der Elektronenhülle

Auf Grund der entgegengerichteten elektrischen Ladung sollten sich Atomkerne und die Elektronen der Hülle anziehen, woraus eine Verschmelzung beider Teile unter Zerstörung des Atoms folgen müsste. Unter bestimmten Bedingungen (Quantenbedingungen), deren Grundlage später (Kap. 18) besprochen werden soll, unterbleibt diese Verschmelzung – mit der Folge, dass die Elektronenhülle bestimmten Aufbauprinzipien gehorchen muss. Hierbei lassen sich den Elektronen bestimmte Energiezustände zuordnen, die nur diskrete (d. h. nicht beliebige Energiewerte in Form eines Kontinuums) Werte annehmen können. Diese Energiezustände lassen sich durch die sog. *Quantenzahlen* beschreiben. Die Quantenzahlen können nur bestimmte Werte annehmen.

Tab. 4.2 In der Natur vorkommende Elemente und ihre Symbole

	Symbol	Ordnungs-zahl	Atom-masse[a]		Symbol	Ordnungs-zahl	Atom-masse[a]
Actinium	Ac	89	226,81	Neodym	Nd	60	144,24
Aluminium	Al	13	26,9815	Neon	Ne	10	20,183
Antimon	Sb	51	121,75	Nickel	Ni	28	58,71
Argon	Ar	18	39,948	Niob	Nb	41	92,906
Arsen	As	33	74,9216	Osmium	Os	76	190,2
Barium	Ba	56	137,34	Palladium	Pd	46	106,4
Beryllium	Be	4	9,0122	Phosphor	P	15	30,9738
Bismut	Bi	83	208,980	Platin	Pt	78	195,09
Blei	Pb	82	207,19	Polonium	Po	84	210
Bor	B	5	10,811	Praseodym	Pr	59	140,907
Brom	Br	35	79,909	Protactinium	Pa	91	231
Cadmium	Cd	48	112,40	Quecksilber	Hg	80	200,59
Caesium	Cs	55	132,905	Radium	Ra	88	226,05
Calcium	Ca	20	40,08	Radon	Rn	86	222
Cer	Ce	58	140,12	Rhenium	Re	75	186,2
Chlor	Cl	17	35,453	Rhodium	Rh	45	102,905
Chrom	Cr	24	51,996	Rubidium	Rb	37	85,47
Dysprosium	Dy	66	162,50	Ruthenium	Ru	44	101,07
Eisen	Fe	26	55,847	Samarium	Sm	62	150,35
Erbium	Er	68	167,26	Sauerstoff	O	8	15,9994
Europium	Eu	63	151,96	Scandium	Sc	21	44,956
Fluor	F	9	18,998	Schwefel	S	16	32,064
Gadolinium	Gd	64	157,25	Selen	Se	34	78,96
Gallium	Ga	31	69,72	Silber	Ag	47	107,87
Germanium	Ge	32	72,59	Silizium	Si	14	28,086
Gold	Au	79	196,967	Stickstoff	N	7	14,007
Hafnium	Hf	72	178,49	Strontium	Sr	38	87,62
Helium	He	2	4,0026	Tantal	Ta	73	180,948
Holmium	Ho	67	164,930	Tellur	Te	52	127,60
Indium	In	49	114,82	Terbium	Tb	65	158,924
Iod	I	53	126,904	Thallium	Tl	81	204,37
Iridium	Ir	77	192,2	Thorium	Th	90	232,038
Kalium	K	19	39,102	Thulium	Tm	69	168,934

(Fortsetzung)

Tab. 4.2 (Fortsetzung)

	Symbol	Ordnungs-zahl	Atom-masse[a]		Symbol	Ordnungs-zahl	Atom-masse[a]
Kobalt	Co	27	58,933	Titan	Ti	22	47,90
Kohlenstoff	C	6	12,011	Uran	U	92	238,03
Krypton	Kr	36	83,80	Vanadium	V	23	50,942
Kupfer	Cu	29	63,54	Wasserstoff	H	1	1,008
Lanthan	La	57	138,91	Wolfram	W	74	183,85
Lithium	Li	3	6,939	Xenon	Xe	54	131,30
Lutetium	Lu	71	174,97	Ytterbium	Yb	70	173,04
Magnesium	Mg	12	24,312	Yttrium	Y	39	88,905
Mangan	Mn	25	54,938	Zink	Zn	30	65,37
Molybdän	Mo	42	95,94	Zinn	Sn	50	118,69
Natrium	Na	11	22,99	Zirkonium	Zr	40	91,22

[a] relative Atommasse bezogen auf 1/12 der Masse des Kohlenstoffisotops ^{12}C

Eine mathematische Behandlung der Wechselwirkung zwischen Atomkern und Elektronenhülle ergibt zudem, dass die Lage der Elektronen relativ zum Kern nicht exakt, sondern nur mit einer bestimmten Wahrscheinlichkeit angegeben werden kann (*Unschärferelation*). In einer bildlichen Vorstellung weist man deshalb den Elektronen, charakterisiert durch ihre Quantenzahlen, die Anwesenheit in mathematisch definierten Raumsegmenten zu, deren Zentrum der Atomkern bildet. Diese Raumsegmente nennt man *Orbitale*. Die Energie des Elektrons wird von der Kernanziehung und der interelektronischen Abstoßung gesteuert. Für die Quantenzahlen n (*Hauptquantenzahl*), l (*Nebenquantenzahl*) und m (*magnetische Quantenzahl*) gilt im Einzelnen:

n kann alle ganzzahligen positiven Werte beginnend mit 1 annehmen:

[n = (1), (2), (3), …, ∞]; n beschreibt die Ausdehnung des Orbitals und somit, wegen der Abhängigkeit der Anziehung zwischen Kern und Elektron, dessen Energie. Aus historischen Gründen werden in der Chemie an Stelle der Zahlenwerte 1, 2, 3, 4, … gelegentlich die Buchstaben K, L, M, N, … verwendet.

l kann alle ganzzahligen (positiven) Werte im Intervall zwischen 0 und n − 1 annehmen:

[l = 0, 1, …, (n − 1)] beschreibt die Gestalt des Orbitals; innerhalb der gleichen Hauptquantenzahl sind Elektronen verschiedener Nebenquantenzahl wegen der unterschiedlichen interelektronischen Abstoßung nicht energiegleich. Aus historischen Gründen werden in der Chemie an Stelle der Zahlenwerte 0, 1, 2, 3, 4, … die Buchstaben s, p, d, f, g, … verwendet.

m kann alle ganzzahligen Werte im Bereich +l und −l annehmen:

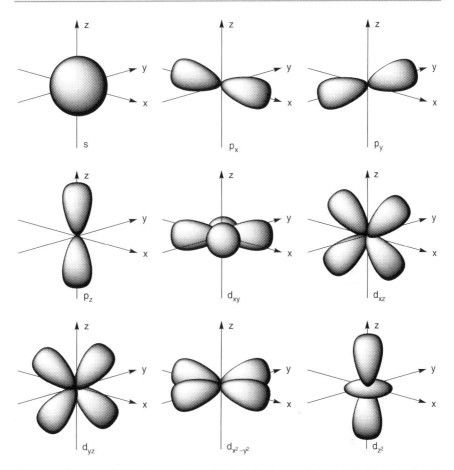

Abb. 4.1 Gestalt und Orientierung der Orbitale (adaptiert nach Erwin Riedel u. Christoph Janiak 2011, Anorganische Chemie, © De Gruyter Berlin)

[m = +(l), +(l − 1), +(l − 2), ... (0), ... −(l − 2), −(l − 1), − (l)]; m beschreibt die Orientierung des Orbitals im Raum, der durch ein kartesisches Koordinatensystem (x, y, z) definiert wird. Elektronen in Orbitalen gleicher Haupt- und Nebenquantenzahl (n und l) in einem Atom, unterschieden durch ihre magnetische Quantenzahl m, sind energiegleich.

Gestalt (l) und Ausrichtung (m) der s-, p- und d-Orbitale sind in Abb. 4.1 wiedergegeben. Es ist leicht ersichtlich, dass die Superposition aller durch m unterschiedenen Orbitale nl wieder zur Kugelsymmetrie führt.

Da die Zugehörigkeit der Elektronen zur Hauptquantenzahl n den primären Beitrag zur Energie des Elektrons leistet (*Schalenstruktur*), spricht man auch von der K-, L-, M-Schale usw. des Atoms. Die chemischen Eigenschaften eines Atoms (Knüpfen und Lösen von Bindungen) werden durch die Elektronen der äußersten Schale (*Valenzelektronen*) gesteuert, die am wenigsten fest mit dem Kern verbunden sind. Die Konfiguration der Valenzelektronen wird üblicherweise durch den Term

$$nl^x \quad (x = \text{Anzahl der Elektronen in nl})$$

angegeben.

Eine vierte Quantenzahl s (*Spinquantenzahl*) resultiert aus dem Eigendrehimpuls jedes Elektrons.

s kann die Werte +1/2 und −1/2 (unabhängig von den sonstigen Quantenzahlen) annehmen; die nur durch die Spinquantenzahlen unterschiedenen Elektronenzustände sind energiegleich (entartet).

Für die Besetzung der Orbitale (Energiezustände der Elektronen) gilt das

Pauli-Prinzip In einem Atom dürfen zwei Elektronen nicht in allen vier Quantenzahlen übereinstimmen.

Dies bedeutet, dass jedes Orbital, charakterisiert durch die Quantenzahlen n, l und m, jeweils zwei Elektronen (unterschieden durch s = +1/2, −1/2) aufnehmen kann.

Hieraus und aus dem zuvor genannten zahlenmäßigen Zusammenhang der Quantenzahlen ergibt sich für jede Schale (Hauptquantenzahl) die Art der möglichen Orbitale und somit die maximal mögliche Anzahl der Elektronen:

K-Schale (n = 1):
l = 0; m = 0; (s-Elektronen)
    Zahl der Orbitale: 1
    maximale Anzahl der Elektronen: 2

L-Schale (n = 2):
l = 0; m = 0 (s-Elektronen)
l = 1; m = +1, 0, −1 (p-Elektronen)
    Zahl der Orbitale: 4
    maximale Anzahl der Elektronen: 8

M-Schale (n = 3):
l = 0; m = 0 (s-Elektronen)
l = 1; m = +1, 0, −1 (p-Elektronen)
l = 2; m = +2, +1, 0, −1, −2 (d-Elektronen)
    Zahl der Orbitale: 9
    maximale Anzahl der Elektronen: 18.

N-Schale (n = 4)
l = 0; m = 0 (s-Elektronen)
l = 1; m = +1, 0, −1 (p-Elektronen)
l = 2; m = +2, +1, 0, −1, −2 (d-Elektronen)
l = 3; m = +3, +2, +1, 0, −1, −2, −3 (f-Elektronen)
    Zahl der Orbitale: 16
    maximale Anzahl der Elektronen: 32 usw.

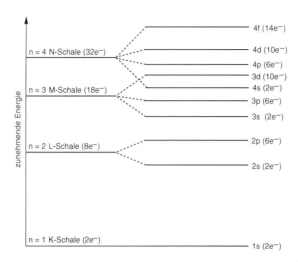

Abb. 4.2 Energieniveauschema der Orbitale

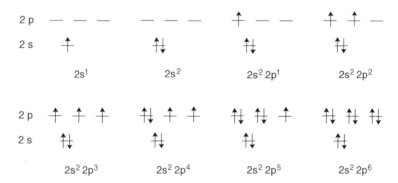

Abb. 4.3 Die schrittweise Besetzung der L-Schale (n = 2) mit Elektronen

Orbitale des Typs $l > 3$ (g-, h-Orbitale usw.) sind für die Chemie weniger relevant.

Beim Aufbau der Elektronenhülle eines Atoms gemäß der Schalenstruktur (Hauptquantenzahl) führt die Aufspaltung der Energieniveaus durch die Neben-quantenzahlen zu einer „Störung" der Termfolge (Abb. 4.2), deren Kenntnis für den Aufbau des Periodensystems und die Vorhersage der chemischen Eigen-schaften eines Atoms von Bedeutung ist.

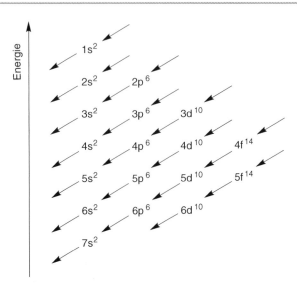

Abb. 4.4 Die energetische Abfolge der Orbitale (adaptiert nach Max Schmidt 1991, Anorganische Chemie, Band 1, Bibliographisches Institut Mannheim)

Bei der Besetzung energiegleicher, d. h. nur durch m unterschiedener Orbitale mit Elektronen gilt:

Hund'sche-Regel   Orbitale werden zunächst nur einfach mit Elektronen besetzt.
Hierdurch wird die zur Aufnahme zweier Elektronen im gleichen Orbital aufzuwendende *Spinpaarungsenergie* (elektrostatische Abstoßung der Elektronen) vermieden. Hieraus ergibt sich für die schrittweise Abfolge der Besetzung beispielsweise der L-Schale (n = 2) folgendes Schema (Abb. 4.3).
Die energetische Abfolge der Orbitale geht aus Abb. 4.4 hervor.

Das Periodensystem der Elemente

5

5.1 Historisches

Wir haben bereits gesehen, dass die chemischen Eigenschaften eines Atoms wesentlich von der Konfiguration seiner Valenzelektronen nl^x bestimmt werden. Genauer gesagt: Atome, die sich bezüglich der Valenzelektronenkonfiguration nur durch die Hauptquantenzahl n unterscheiden, sollten ähnliche chemische Eigenschaften aufweisen. Dies steht mit der Konstruktion des *Periodensystems der Elemente* in Zusammenhang, in dem die Atomsorten nach aufsteigender Ordnungszahl ap gegliedert in Zeilen und Spalten aufgeführt werden.

Die erstmalige Aufstellung eines Periodensystems durch *John Newlands* (1866), *Lothar Meyer* und *Dimitri Mendelejew* (1868) stellt eine der bedeutendsten geistigen Leistungen auf dem Gebiet der Chemie dar und hat deren weitere Entwicklung wesentlich beeinflusst. Der zu Grunde liegende Gedankengang soll deshalb kurz vorgestellt werden.

Schon zu einem früheren Zeitpunkt war das ähnliche chemische Verhalten bestimmter Elemente (Li, Na, K; Cl, Br, I; Cu, Ag, Au) erkannt worden. Zum Zeitpunkt der Arbeiten von Newlands, Meyer und Mendelejew konnten die Atommassen bereits hinreichend genau bestimmt werden. Den Autoren erschien es (etwa zeitgleich und voneinander unabhängig) sinnvoll, die Elemente mit aufsteigender Masse dergestalt anzuordnen, dass Atomsorten ähnlicher Eigenschaften jeweils untereinander, also in gemeinsamen Spalten, zu stehen kamen. Abgesehen von einigen zeitbedingten Irrtümern (Masse statt Ordnungszahl als Ordnungsprinzip, Fehlen der noch nicht bekannten Edelgase etc.) entstand so ein zweidimensionales Schema, in dem auch Leerstellen für noch nicht bekannte Elemente aufgeführt waren. Die korrekte Vorhersage der Eigenschaften solcher Elemente bestätigte die Validität des Konzepts; so stimmten die vorhergesagten Eigenschaften des Elements Eka-Silizium mit denen des wenig später entdeckten und „Germanium" genannten Elements hervorragend überein.

N. Kuhn und T. M. Klapötke, *Allgemeine und Anorganische Chemie*,
DOI: 10.1007/978-3-642-36866-0_5, © Springer-Verlag Berlin Heidelberg 2014

E1 Anmerkungen zur Chemiegeschichte

Chemie ist eine vergleichsweise „junge" Wissenschaft; dies soll heißen, dass die heute als „wissenschaftlich gültig" akzeptierten Grundlagen erst innerhalb etwa der letzten 250 Jahre gefunden wurden. Als Ursache hierfür kann gelten, dass die Atome, Ionen und Moleküle wegen ihrer geringen Größe nicht direkt durch die Sinnesorgane beobachtet werden können.

Die Kenntnis der Chemiegeschichte ist nicht notwendige Voraussetzung für das Verständnis dieser Disziplin. Dennoch soll hier ein kurzer Abriss der historischen Entwicklung vorgestellt werden.

ca. 400 v. Chr.	Formulierung einer *Atomtheorie* durch *Demokrit*, wonach die Materie aus kleinsten unteilbaren Teilchen besteht
ab ca. 700 n. Chr.	Entwicklung der *Alchemie* durch die Araber und ihre Übertragung nach Mitteleuropa unter Einbezug christlich sanktionierter Werte (*Aristoteles*). Im Mittelpunkt stand die Umwandlung aller Stoffe ineinander (z. B. Herstellung von Gold) unter Zuhilfenahme magischer Kräfte („Stein der Weisen")
ab ca. 1520	Entwicklung der *Iatrochemie* als gezielt der Heilkunde dienende anorganische Chemie; Bekämpfung der Syphilis durch Arsenverbindungen (*Paracelsus von Hohenheim*)
ab ca. 1690	erste naturwissenschaftlich fundierte Konzepte; die irrige *Phlogistontheorie*, nach der beim Verbrennen von Substanzen ein „Feuerstoff" (Phlogiston) freigesetzt wird (*Stahl*), wurde erst von *Lavoisier* widerlegt
ab ca. 1750	Beginn der modernen Wissenschaft Postulat der „zweckfreien" experimentell gestützten Grundlagenforschung (*Boyle*)
1776	Verbindungen besitzen eine konstante Zusammensetzung (*Lavoisier*)
1808	Formulierung der Atomhypothese (*Dalton*): Aufbau der Materie aus unteilbaren Teilchen (Atome),
	Bestimmung der Atommassen (ungenau), Gesetz der konstanten und multiplen Proportionen
1828	Darstellung von Harnstoff (eine organische Verbindung) aus dem anorganischen Salz Ammoniumcyanat (*Wöhler*)
ab 1830	Stürmische Entwicklung der industriellen Organischen Chemie durch Aufarbeitung des durch Destillation der Steinkohle gewonnenen Steinkohlenteers (*Runge*)
ab 1835	Entwicklung der Agrikulturchemie (*Liebig*)
1868	Konstruktion des Periodensystems (*Newlands, Meyer* und *Mendelejew*)
ab 1903	Entdeckung der Elementarteilchen (*Rutherford*) sowie der Radioaktivität (*Bequerel, Curie*)

(Fortsetzung)

(Fortsetzung)

ab 1913	Postulat des physikalisch relevanten quantenmechanischen Atommodells *(Bohr, Sommerfeld)* unter Rückgriff auf die Quantentheorie *(Planck)*
	Postulat der Wellennatur des Elektrons *(de Broglie)* in Analogie zum Welle-Teilchen-Dualismus des Lichts *(Compton, Einstein)*
ab 1925	Das wellenmechanische Atommodell *(Schrödinger, Jordan, Heisenberg u. a.)*
ab 1925	Wissenschaftliche Konzepte der chemischen Bindung *(Pauling)* und ihrer quantenchemischen Berechnung *(Hückel, Heitler, London u. a.)*
1938	Entdeckung der Kernspaltung *(Hahn, Meitner, Strassmann)*
ab 1950	Entwicklung moderner spektroskopischer Verfahren als Routinemethoden (UV-, IR- und NMR-Spektroskopie, Röntgenbeugung, Massenspektrometrie)....

Bereits im Altertum wurden – ohne Kenntnisse der Wissenschaft Chemie – chemische Prozesse in z. T. noch heute verwendeten Verfahren zur Produktion, z. B. von Farbstoffen *(Ägypten)* oder Metallen *(Kleinasien)*, eingesetzt. Die gezielte Entwicklung von Produkten ist jedoch erst in Kenntnis der wissenschaftlichen Zusammenhänge, also etwa seit 1850, möglich. Seither hat der Aufbau der chemischen Industrie speziell in Deutschland (die BASF AG ist derzeit der weltweit größte Chemiekonzern) eine stürmische, durch die Weltkriege nur kurzzeitig unterbrochene Entwicklung genommen. Heute steht neben der Produktion bekannter Grundstoffe die Entwicklung neuer Materialien und Pharmaka im Zentrum industrieller Tätigkeit.

5.2   Der Aufbau des Periodensystems

Der zuvor geschilderten historischen Konzeption folgend stellt das Periodensystem der Elemente nunmehr eine nach steigender Ordnungszahl geordnete Reihung der Atomsorten (Elemente) dar. Dabei sind Atomsorten gleicher Valenzelektronenkonformation nl^x jeweils in Spalten *(Gruppen)* untereinander stehend angeordnet und weisen ähnliche chemische Eigenschaften auf. Die Zeilen, die den „Schalen" entsprechen, enthalten Atomsorten gleicher Hauptquantenzahl im Valenzbereich und werden, entsprechend der periodischen Änderung der Eigenschaften ihrer Elemente wegen, auch *Perioden* genannt (Abb. 5.1).

Der Aufbau des Periodensystems spiegelt somit die zuvor besprochene Strukturierung der Elektronenhülle, darstellbar durch die Quantenzahlen, wieder. Es ergibt sich hierdurch:

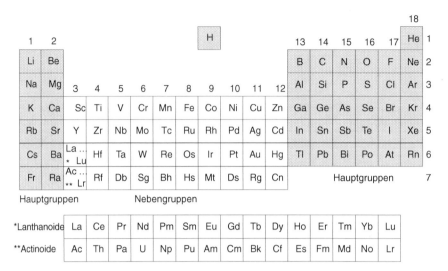

Abb. 5.1 Das Periodensystem der Elemente

$1s^{1,\,2}$ H, He

$2s^{1,\,2}$ Li, Be

$2p^{1-6}$ B–Ne

$3s^{1,\,2}$ Na, Mg

$3p^{1-6}$ Al–Ar

$4s^{1,\,2}$ K, Ca

$3d^{1-10}$ Sc – Zn

$4p^{1-6}$ Ga–Kr

$5s^{1,\,2}$ Rb, Sr

$4d^{1-10}$ Y–Cd

$5p^{1-6}$ In–Xe

$6s^{1,\,2}$ Cs, Ba

$5d^{1}$ La

$4f^{1-14}$ Ce–Lu

$5d^{2-10}$ Hf–Hg

$6p^{1-6}$ Tl–Rn (ab Po sind sämtliche Atomsorten instabil, d. h. radioaktiv).

$7s^{1,\,2}$ Fr, Ra

$6d^{1}$ Ac

$5f^{1-14}$ Th–Lr (ab U sind keine in der Natur vorkommenden Atomsorten
bekannt).

$6d^{2-6}$ Unq–Uns (Namensgebung umstritten) …

Dies entspricht dem in Abb. 4.4 genannten Schema.

Auch die Elemente Technetium (Tc) und Prometium (Pm) sind nur in Form
radioaktiver Isotope bekannt.

Zur Abschätzung der Eigenschaften der Elemente ist die Kenntnis der Elementsymbole, der Stellung im Periodensystem und somit der Valenzelektronenkonfiguration nl^x unerlässlich.

Auf die vorhersagbare Änderung der Eigenschaften von Atomsorten innerhalb einer Gruppe (geringfügig) und Periode (ausgeprägt) wird nachfolgend bei der gruppenweise geordneten Besprechung der Elemente eingegangen. Zunächst werden die Hauptgruppenelemente (ns^1 bis np^6) und ihre wichtigen Verbindungen mit den zuvor abgehandelten Elementen anderer Hauptgruppen besprochen.

Die Elemente der Gruppe 18 (Edelgase)

6

6.1 Allgemeines

Die Elemente der Gruppe 18 heißen Edelgase, weil man früher irrtümlich glaubte, sie könnten sich prinzipiell nicht mit anderen Elementen verbinden. Das ist nicht der Fall. Dennoch nehmen diese Elemente insofern eine Sonderstellung ein, als sie als einzige Elemente unter Normalbedingungen (1 at 20 °C) atomar vorkommen. Sie vereinigen sich also nicht mit sich selbst zu Edelgasmolekülen.

Diese Tatsache lässt sich aus dem Atombau verstehen. Im Grundzustand sind die s-Orbitale und (ab n = 2) auch die p-Orbitale der höchsten Hauptquantenzahl mit 2 (He, $1s^2$) bzw. 8 (Ne–Rn, ns^2p^6, n = 2–6) Elektronen vollständig besetzt. Dieser elektronisch gesättigte, auch als *Edelgaskonfiguration* bezeichnete Zustand reduziert die Bereitschaft der Atome zur Ausbildung von chemischen Bindungen auf ein Minimum. Auch die Entfernung von Elektronen aus der Elektronenhülle bzw. die Hinzufügung unter Bildung positiv (Kationen) oder negativ (Anionen) geladener Ionen erfordert einen hohen Energiebetrag.

$$E \rightarrow E^+ + e^- \ (\text{Ionisierungsenergie})$$

$$E + e^- \rightarrow E^- \ (\text{Elektronenaffinität})$$

Einer Konvention folgend erhalten bei einem Vorgang freigesetzte Energiewerte negative, aufzuwendende Energiebeträge hingegen positive Vorzeichen.

E2 Ionisierungsenergie und Elektronenaffinität

Die Energie, die erforderlich ist, um einem Atom das im Grundzustand am lockersten gebundene Elektron unter Bildung positiv geladener Ionen zu enreißen, heißt seine *Ionisierungenergie* [eV] (genauer: die 1. Ionisierungsenergie; die 2., 3. usw. Ionisierungsenergie sind dann die sich in jeder Stufe erheblich steigernden Energiebeträge, die zur Entfernung weiterer Elektronen

N. Kuhn und T. M. Klapötke, *Allgemeine und Anorganische Chemie*,
DOI: 10.1007/978-3-642-36866-0_6, © Springer-Verlag Berlin Heidelberg 2014

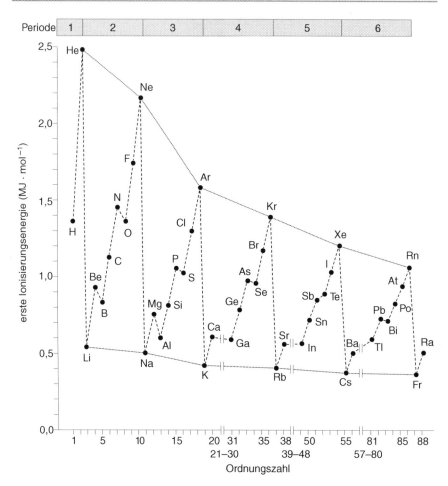

Abb. 6.1 Ionisierungsenergien der Hauptgruppenelemente in Abhängigkeit von der Ordnungs-zahl (aus Michael Binnewies et al. 2011, Allgemeine und Anorganische Chemie, © Springer Spektrum 2011)

aus den bereits positiv geladenen Ionen erforderlich sind). Die Ionisierungs-energie ist wegen der Abschirmung der Kernladung durch die inneren Elektronen keine direkte Funktion der Kernladung (hieraus resultiert die sog. *effektive Kernladungszahl*), sondern ändert sich mit der Stellung der Elemente im Periodensystem (Abb. 6.1). Hier ist deutlich zu sehen, dass die 1. Ionisie-rungsenergie bei den Hauptgruppenelementen innerhalb einer Gruppe mit steigender Ordnungszahl abnimmt, innerhalb einer Periode jedoch diskontinu-ierlich anwächst.

Die zum Einfügen von Elektronen in die Elektronenhülle unter Bildung negativer Ionen aufzuwendende oder freigesetzte Energie heißt *Elektronenaf-finität* [eV] (analog spricht man von 1., 2. usw. Elektronenaffinität). Anders als bei der Ionisierungsenergie treten bei der 1. Elektronenaffinität sowohl positive wie auch negative Energiewerte auf; dies bedeutet, dass bei der Addition eines Elektrons an ein Atom, je nach Beschaffenheit des Atoms, Energie freigesetzt wird oder aufgewendet werden muss. Die 1. Elektronenaffinität eines Atoms entspricht der Ionisierungsenergie des zugehörigen Anions.

Auch dieser Energiebetrag steht in Zusammenhang mit der Stellung des Atoms im Periodensystem dergestalt, dass innerhalb einer Periode die 1. Elektronenaffinität stärker negativ wird, innerhalb einer Gruppe hingegen den entgegengesetzten Gang zeigt. Erwartungsgemäß zeigen also die Elektronenaffinitäten hinsichtlich der Ionisierungsenergien einen inversen Verlauf.

Eine Ausnahme von der genannten Gesetzmäßigkeit bilden die Elemente Fluor und Sauerstoff; hier erreichen die 1. Elektronenaffinitäten nicht die Maximalwerte innerhalb ihrer Gruppe, da die hohe Ladungsdichte der Elektronenhülle (kleine Atomradien) den Einbau zusätzlicher Elektronen behindert.

E3 Atomradien

Als *Atomradius* können wir den Abstand des Atomkerns von seinem äußersten Valenzelektron annehmen. Wie später bei der Behandlung des wellenmechanischen Atommodells (Abschn. 18.4) gezeigt wird, ist dieser Wert für ein isoliertes Atom nicht definiert. In der Umgebung gleichartiger Atome können wir die Hälfte des Atomabstandes bestimmen; dies gilt für die Edelgase in der Kristallpackung des festen Zustandes bei tiefen Temperaturen wie auch für Atome, die mit der gleichen Atomsorte über die – später zu besprechenden – kovalenten Bindungen („Atombindungen") verknüpft sind (hier spricht man auch von *Kovalenzradius*).

Innerhalb einer Gruppe des Periodensystems nehmen die Radien bei steigender Ordnungszahl durch den Aufbau neuer Schalen zu. Innerhalb einer Periode jedoch beobachten wir eine kontinuierliche Abnahme der Atomradien, bedingt durch die stärker werdende elektrostatische Anziehung als Folge der mit der Ordnungszahl wachsenden Kernladung.

Im Vergleich mit den Atomradien weisen die zugehörigen Ionen stark veränderte *Ionenradien* auf. Erwartungsgemäß sind die Ionenradien der Kationen kleiner, während für die Anionen ein Zuwachs beobachtet wird.

Die experimentelle Bestimmung von Kovalenzradien von Atomen, die mit unterschiedlichen Atomsorten verbunden sind, sowie von Ionenradien ist problematisch, da Elektronen nicht direkt sichtbar gemacht werden können. Kovalenzradien und Ionenradien zeigen eine deutliche Bandbreite in Abhängigkeit von der chemischen Umgebung.

6.2 Eigenschaften

Die nachfolgende Tabelle (Tab. 6.1) informiert über einige Eigenschaften der Edelgase. Die stetige Änderung der Eigenschaften wird in dieser Gruppe besonders deutlich. Die niedrigen Siede- und Schmelzpunkte und die gleichfalls niedrigen Verdampfungswärmen reflektieren den atomaren Aufbau der Elemente. Der innerhalb der Gruppe beobachtete Anstieg der Werte hängt in erster Linie nicht mit der Masse, sondern mit der steigenden Polarisierbarkeit der Atome zusammen. Durch Verschiebung der Elektronenhülle gegenüber dem Kern wird hierbei ein Dipolmoment induziert, das eine interatomare elektrostatische Wechselwirkung auslöst.

Tab. 6.1 Einige Eigenschaften der Gruppe-18-Elemente (Edelgase)

	He	Ne	Ar	Kr	Xe	Rn
Ordnungszahl	2	10	18	36	54	86
Elektronenkonfiguration	$1s^2$	$[He]$ $2s^22p^6$	$[Ne]$ $3s^23p^6$	$[Ar]$ $3d^{10}4s^24p^6$	$[Kr]$ $4d^{10}5s^25p^6$	$[Xe]$ $4f^{14}5d^{10}6s^26p^6$
Atommasse[a]	4,0026	20,183	39,948	83,80	131,30	222
Atomradius [Å]	1,20	1,60	1,91	2,00	2,20	
Dichte [g/ccm], flüssig	0,126	1,204	1,65	2,6	3,06	4,4
Schmelzpunkt [°C]	−272	−249	−189	−157	−112	−71
Siedepunkt [°C]	−269	−246	−186	−153	−108	−62
Verdampfungswärme [KJ/Mol]	0,092	1,84	6,28	9,67	13,69	18,00
1. Ionisierungsenergie [eV]	24,6	21,6	15,8	14,0	12,1	10,7

[a] bez. auf 1/12 der Masse des Kohlenstoffisotops ^{12}C

6.3 Vorkommen, Gewinnung, Verwendung

Sämtliche Edelgase kommen auf der Erde als Bestandteil der Luft [Vol. %] in geringer Konzentration vor: He $5 \cdot 10^{-4}$, Ne $2 \cdot 10^{-3}$, Ar 0,9, Kr 10^{-4}, Xe 10^{-5}. Helium, das im Weltall zweithäufigste Element, findet sich zudem in Erdgasquellen (bis zu 9 %), woraus es ausschließlich gewonnen wird. Die schwereren Edelgase werden durch fraktionierte Destillation der Luft oder durch Aufarbeitung des beim Haber-Bosch-Verfahren (Abschn. 13.2.2) anfallenden Restgases (Ar) gewonnen.

Seines niedrigen Siedepunkts bzw. seiner niedrigen Dichte wegen findet Helium umfangreiche Verwendung als Tieftemperaturkühlmittel. Argon als billigstes Edelgas wird als Schutzgas (Vermeidung von Oxidation), z. B. beim Elektroschweißen oder als Füllgas für Glühbirnen, verwendet. Alle Edelgase finden Verwendung in der Beleuchtungstechnik zur Füllung von Leuchtröhren („Neonröhren").

Der Wasserstoff

7

7.1   Allgemeines

Während die Edelgase sich durch vollständig besetzte Valenzschalen ($1s^2$ bzw. ns^2np^6) und eine hiermit verbundene geringe Bereitschaft zur Ausbildung chemischer Bindungen auszeichnen, sind die *repräsentativen Elemente* (zur Definition vgl. Abschn. 17.1) durch teilweise besetzte Valenzorbitale der Nebenquantenzahlen s und p charakterisiert, die – abgesehen vom Element Wasserstoff – über vollständig besetzten oder leeren inneren Orbitalen liegen. Hieraus resultiert für diese Atome eine hohe Bereitschaft zur Abgabe oder Aufnahme von Elektronen, um die Edelgaskonfiguration zu erreichen.

Das Wasserstoffatom erfüllt mit seiner Elektronenkonfiguration $1s^1$ diese Vorgabe. Seiner chemischen Eigenschaften wegen wird es jedoch üblicherweise nicht den später zu besprechenden Elementen der Gruppe 1 (ns^1) zugerechnet. Der Unterschied wird deutlich beim Vergleich der Ionisierungsenergien (Abb. 6.1): im Unterschied zu den sehr viel leichter ionisierbaren Elementen der Gruppe 1 erreicht das Ionisierungspotential des Wasserstoffs (13,2 eV) die Werte der schweren Edelgase. Als Ursache für die sehr feste Bindung des Valenzelektrons an den Kern ist das vollständige Fehlen der abschirmenden Rumpfelektronen zu beachten; im Gegensatz zu den Hydridionen H^- ist das zugehörige, *Proton* genannte Kation H^+ als isoliertes Teilchen in Salzen und Lösungen unter chemischen Bedingungen nicht existent.

Das Element Wasserstoff liegt bei Normalbedingungen als zweiatomiges Molekül H_2 vor. Hierin werden die beiden Atomkerne durch zwei gemeinsame Elektronen, ein sogenanntes *Elektronenpaar*, verbunden; hierdurch erreicht jedes Wasserstoffatom die stabile, der Edelgaskonfiguration des Heliums entsprechende Valenzelektronenzahl 2. Das gemeinsame Elektronenpaar wird in der Chemie als Bindestrich zwischen den Atomen geschrieben.

H – H

N. Kuhn und T. M. Klapötke, *Allgemeine und Anorganische Chemie*,
DOI: 10.1007/978-3-642-36866-0_7, © Springer-Verlag Berlin Heidelberg 2014

E4 Die Atombindung I – Das
Valence-Bond-Konzept (VB) am Beispiel des H_2-Moleküls

Die Verbindung von mehreren Atomen durch gemeinsame Elektronenpaare wird als Atombindung, häufiger auch als *kovalente Bindung* bezeichnet. Von den beiden zur Beschreibung grundsätzlich geeigneten Modellen (VB, MO) wollen wir zunächst das Verfahren der Valenzbindung (*Valence Bond*, VB) betrachten.

Die Energie eines Wasserstoffatoms (Aa) ist in erster Näherung durch die elektrostatische Wechselwirkung zwischen dem positiv geladenem Atomkern A und dem negativ geladenen Elektron a gekennzeichnet. Bei Annäherung eines zweiten Wasserstoffatoms (Bb) kommt es zusätzlich zu einer anziehenden Wechselwirkung zwischen dem Kern A und dem Elektron b sowie zwischen dem Kern B und dem Elektron a. Außerdem tritt eine abstoßende Wechselwirkung zwischen den gleichgerichtet geladenen Kernen (AB) und Elektronen (ab) ein. Bei starker Annäherung der Atome dominiert bei Unterschreitung des bindenden Abstandes der Atome die Abstoßung AB. Das Energieminimum kann rechnerisch nur näherungsweise bestimmt werden.

Wichtig für die Charakterisierung der Atombindung ist der Begriff der *Resonanz*. Man kann durch Berechnungen zeigen, dass sich die Gesamtverteilung der Elektronen durch die folgenden 4 *Resonanzformen* (I–IV) beschreiben lässt:

$$A_b^a B \leftrightarrow A_a^b B \leftrightarrow A_b^{a-} B^+ \leftrightarrow A^{+\,a}_{\ \ b} B^-$$
$$\text{I} \qquad \text{II} \qquad \text{III} \qquad \text{IV}$$

Zur Erläuterung der aus drucktechnischen Gründen missverständlichen Gleichung sei erwähnt, dass in I und II die Elektronen a und b beiden Kernen, in III und IV jedoch nur jeweils einem Kern zugehören sollen. Der Begriff Resonanz meint keinen „dynamischen", d. h. zeitabhängigen Vorgang mit bewegten Elektronen etwa im Sinne einer „Momentaufnahme"; vielmehr tragen alle Resonanzformeln „in der Summe" (allerdings mit geringerem Gewicht von III und IV) zur Beschreibung der Gesamtsituation bei.

Auf die Verwendung von Resonanzgleichgewichten im Rahmen der Beteiligung von d-Orbitalen zur Beschreibung der chemischen Bindung bzw. der π-Elektronendelokalisation wird später eingegangen (vgl. E10, E23).

In der VB-Vorstellung erfolgt die Wechselwirkung der Elektronenhüllen des Moleküls durch Überlappung der beiden 1s-Orbitale. Wie bereits erwähnt, werden die im „Überlappungsintegral", also im von beiden Orbitalen gemeinsam gebildeten Raumsegment, befindlichen Elektronen jeweils beiden Atomen in der Elektronenbilanz zugerechnet. Im Falle von H_2 führt dies zum Erreichen der Edelgaskonfiguration für beide Atome.

7.2 Vorkommen, Gewinnung, Eigenschaften, Verwendung

Wasserstoff, im Weltall das häufigste Element überhaupt, steht auf der Erde mit 0,9 Massen-% Häufigkeit erst an neunter Stelle. Praktisch liegt der gesamte Wasserstoff in chemisch gebundener Form vor. Hauptvorkommen ist das Wasser (ca. $1,5 \cdot 10^{18}$ to), die häufigste chemische Verbindung überhaupt. Daneben ist Wasserstoff in allen organischen Verbindungen, insbesondere der Biomaterie und ihren Abbauprodukten (fossile Stoffe) enthalten.

Die Darstellung von elementarem Wasserstoff erfolgt durch die später zu besprechende Zerlegung des Wassers (Abschn. 11.2) oder durch thermische Zersetzung von Kohlenwasserstoffen. Die chemische Bindung im H_2-Molekül ist ungewöhnlich stabil; zu ihrer Spaltung, d. h. Zerlegung des Moleküls in die Atome, müssen 418 kJ $\cdot$ mol^{-1} (zur Definition des Molbegriffs vgl. Abschn. 8.2, 1 Mol H_2 entspricht ca. 2 g) aufgewendet werden, die umgekehrt beim Zusammentreten von zwei Wasserstoffatomen freigesetzt werden. Die Erzeugung von kurzlebigen Wasserstoffatomen (mittlere Lebensdauer ca. 0,3 sec) erfolgt mittels Durchblasen eines H_2-Stroms durch einen Lichtbogen zwischen Wolframelektroden.

Wasserstoff findet in großem Umfang Verwendung in der organischen und anorganischen Synthesechemie sowie als Brennstoff in sog. Brennstoffzellen. Seine sehr zahlreichen Verbindungen mit anderen Elementen werden bei deren Beschreibung besprochen.

E5 Isotope

Wir haben eingangs gesehen, dass der Elementbegriff (ausgedrückt durch die Ordnungszahl) an Atome gleicher Protonen- und Elektronenzahl gekoppelt ist. Tatsächlich ist jedoch in Atomen des gleichen Elements die Gegenwart einer unterschiedlichen Anzahl von Neutronen möglich und weit verbreitet. Solche Atome gleicher Ordnungszahl, jedoch unterschiedlicher Neutronenzahl, unterscheiden sich durch ihre Masse, nicht jedoch durch ihre chemischen Eigenschaften. Man nennt sie *Isotope*.

Im Falle des Wasserstoffs liegt durch die hohe prozentuale Massendifferenz der bekannten Isotope (natürliche Häufigkeit)

$$_1^1H \text{ Wasserstoff } (99, 9\,\%)$$

$$_1^2D \text{ Deuterium } (0, 1\,\%)$$

$$_1^3T \text{ Tritium } \left(< 10^{-17}\,\% \right)$$

eine besondere Situation vor, die auch zur historisch bedingten, sonst unüblichen Vergabe eigener Elementsymbole geführt hat. Die hohe Massendifferenz von jeweils 100 % führt hier zu geringfügigen, aber merklichen Unterschieden in den physikalischen Eigenschaften, etwa der Siedepunkte von H_2O und D_2O („schweres Wasser"), die ihre Trennung ermöglicht. Deuterium-haltige Verbindungen finden Verwendung in der Diagnostik und Kerntechnik. Tritium ist radioaktiv und zerfällt mit einer Halbwertszeit von 12,4 a (vgl. E40).

Die chemische Reaktion

8

8.1 Allgemeines

Gehen Elemente oder Verbindungen (A, B, ...) eine chemische Reaktion unter Bildung von C, D,... ein, so formuliert man diesen Vorgang entsprechend

$$aA \ + \ bB + \ldots \rightarrow cC + dD + \ldots \text{(Reaktionsgleichung)}$$

A, B, ... werden als Edukte, C, D, ... als Produkte bezeichnet. a, b, c, d sind die stöchiometrischen Faktoren. Wichtig für den Ablauf der Reaktion sind die Energiebilanz (*Thermodynamik*) und die Reaktionsgeschwindigkeit (*Kinetik*). Die Reaktionsgleichung bildet die Grundlage der Mengenbilanz und -berechnung (*Stöchiometrie*).

8.2 Der Molbegriff, Mengen und Konzentrationen

Im Periodensystem der Elemente finden sich, den Elementen zugeordnet, neben der Ordnungszahl auch Angaben zur *Atommasse* („Atomgewicht"). Zur Vermeidung der unhandlichen, sehr kleinen absoluten Massen, die sich additiv aus den Massen der Elementarteilchen zusammensetzen (vgl. Tab. 4.1), werden in der Chemie relative Atommassen verwendet. Willkürlich wird hierbei der Zahlenwert 1 als Normierungsgröße 1/12 der Masse des Kohlenstoffisotops $_6^{12}C$ zugewiesen. Die relativen Massen der Moleküle und Salze („Formelgewicht") setzen sich dann additiv aus den relativen Atommassen der Atomsorten zusammen (vgl. Tab. 4.2).

Die der Atommasse eines Elements bzw. der Formelmasse einer Verbindung in Gramm entsprechende Masse enthält $6{,}023 \cdot 10^{23}$ Formeleinheiten (Atome, Moleküle, Formeläquivalente). So bestehen bei Normalbedingungen 2,016 g Wasserstoff aus $6{,}023 \cdot 10^{23}$ H_2-Molekülen. Diese unvorstellbar große Zahl wird *Loschmidt'sche Zahl N_L* (in der neueren Literatur auch Avogadro-Zahl) genannt.

N_L Teilchen entsprechen der Formelmasse [g] und bilden 1 Mol einer chemischen Substanz.

N. Kuhn und T. M. Klapötke, *Allgemeine und Anorganische Chemie*,
DOI: 10.1007/978-3-642-36866-0_8, © Springer-Verlag Berlin Heidelberg 2014

Zur üblichen Massenangabe [g] einer Substanz tritt folglich die in Kenntnis der relativen Formelmasse über den Dreisatz leicht zu berechnende Mengenangabe [mol].

Zur Berechnung von Stoffumsätzen gleichfalls wichtig ist die Kenntnis, dass 1 Mol eines (idealen) Gases, entspricht N_L Atomen oder Molekülen, bei Normalbedingungen unabhängig von seiner Formelmasse und seiner Dichte das Volumen von 22 400 cm^3 (22,4 L) einnimmt.

Zur Umrechnung von Massen in Volumina von Lösungen (S = gelöste Substanz, LM = Lösungsmittel) wird die Angabe der Dichte benötigt. Konzentrationen a von Lösungen werden in der Chemie üblicherweise
in Massen-%:

$$a[\text{Massen-\%}] = \frac{\text{Masse (S)}[g]}{\text{Masse(S)}[g] + \text{Masse(LM)}[g]} \cdot 100$$

in Mol-%:

$$a[\text{Mol-\%}] = \frac{\text{Menge (S)}[mol]}{\text{Menge (S)}[mol] + \text{Menge (LM)}[mol]} \cdot 100$$

als Massenbruch:

$$a = \frac{\text{Masse (S)}[g]}{\text{Masse(S)}[g] + \text{Masse(LM)}[g]}$$

als Molenbruch:

$$a = \frac{\text{Menge(S)}[mol]}{\text{Menge (S)}[mol] + \text{Menge (LM)}[mol]}$$

oder als molare Konzentration:

$$a[\text{mol} \cdot \text{L}^{-1}] = \frac{\text{Menge(S)}[mol]}{\text{Volumen (S)}[L] + \text{Volumen (LM)}[L]}$$

angegeben.

8.3   Thermodynamik

Die Thermodynamik behandelt den Energieumsatz chemischer Reaktionen. Unabhängig von der Art der freigesetzten oder aufgenommenen Energie wird er als Wärmeenergie [kJ · mol^{-1}] angegeben. Entsprechend einer Konvention werden auch hier freigesetzte Energiemengen mit negativem Vorzeichen notiert. Eine anschauliche Vorstellung der Reaktionsenergie (Enthalpie) liefert Abb. 8.1, die

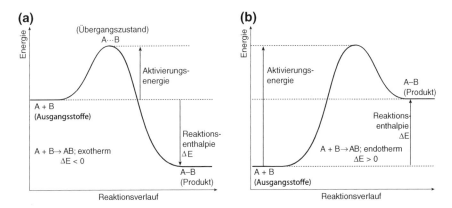

Abb. 8.1 Energiediagramm chemischer Reaktionen (aus Michael Binnewies et al. 2011, Allgemeine und Anorganische Chemie, © Springer Spektrum 2011)

den Ablauf einer Reaktion im Energieprofil skizziert. Ist die freiwerdende Energie kleiner als die zum Reaktionsablauf benötigte Anregungsenergie, ist während der Reaktion ständige Energiezufuhr nötig. Man unterscheidet zwischen *exothermen Reaktionen* (Wärmefreisetzung, $\Delta E < 0$) und *endothermen Reaktionen* (Wärmeentzug, $\Delta E > 0$). Physikalisch gesehen handelt es sich bei einer chemischen Reaktion um einen Prozess, bei dem „chemische Energie" und andere Energieformen ineinander umgewandelt werden.

Bei endothermen Reaktionen stellt sich die Frage nach der Triebkraft ihres Ablaufs. Tatsächlich stellt man fest, dass zahlreiche Versuche, Salze, die in hoch geordnetem Zustand als Ionengitter (vgl. E14) vorliegen, in Wasser zu lösen, endotherm, d. h. unter Abkühlen der Lösung verlaufen. Ein Maß für die Ordnung eines Zustandes ist die *Entropie* (S). Endotherme Reaktionen sind mit einem Abbau der Ordnung verbunden. Wärmetönung (Enthalpie, H) und Entropie sind durch die *Freie Enthalpie* (G) verbunden:

$$\Delta G = \Delta H - T \cdot \Delta S \ (T \ \text{Temp. [K]}, \ G, \ H \ [kJ \cdot mol^{-1}], \ S \ [kJ \cdot mol^{-1} \cdot T^{-1}])$$

Die Differenzbildung Δ markiert G, H und S als sog. *Zustandsgrößen*. Edukte und Produkte beinhalten intrinsische Werte der Zustandsgrößen, deren Differenz beim Reaktionsablauf gebildet wird.

Für freiwillig verlaufende Reaktionen gilt: $\Delta G < 0$.

8.4 Kinetik

Die Geschwindigkeit einer Reaktion wird von der Thermodynamik nicht behandelt. Sie lässt sich beschreiben als Änderung der Konzentration eines der bei der Reaktion beteiligten Stoffe in der Zeiteinheit:

$$A + B \rightarrow C + D$$

$$-\frac{dc_{A(B)}}{dt} = K \cdot c_A \cdot c_B$$

Zur Reaktion von A mit B ist ein Zusammenstoß zweier Teilchen erforderlich. Die Wahrscheinlichkeit des Zusammenstoßes hängt von der Konzentration beider Stoffe ab. Die Wahrscheinlichkeit, dass ein Zusammenstoß zur Reaktion führt, kommt in der für die Reaktion charakteristischen Konstante K zum Ausdruck. Dies bedeutet, dass sich die Reaktionsgeschwindigkeit im Verlauf der Reaktion wegen der Abnahme von c_A und c_B verlangsamt. Der Wert von K ist u. a. von der Temperatur abhängig.

Der komplexe Zusammenhang zwischen der Reaktionsgeschwindigkeit und der Anregungsenergie, der Kinetik und Thermodynamik verbindet, soll hier nicht näher behandelt werden.

8.5   Stöchiometrie

Da im Verlauf einer chemischen Reaktion Atomsorten weder neu gebildet noch vernichtet werden können, müssen in der zuvor aufgestellten Reaktionsgleichung die in den Komponenten A, B, ... sowie C, D, ... enthaltenen Atomsorten mittels der Koeffizienten a, b, ..., c, d, ... derart ausgeglichen werden, dass auf der Seite der Edukte und Produkte jeweils die gleiche Zahl der Atomsorten zu stehen kommt.

Da nach der Reaktionsgleichung a Äquivalente A und b Äquivalente B zu c Äquivalenten C und d Äquivalenten D reagieren, müssen auch $N_L \cdot$ a Äquivalente A mit $N_L \cdot$ b Äquivalenten B, oder anders ausgedrückt, a Mol A und b Mol B zu der entsprechenden Zahl an Äquivalenten C und D reagieren. Da diese Mengenbegriffe über die Definition des Molbegriffs mit den Massen verbunden sind (1 Mol eines Stoffes = N_L Teilchen, entspricht der Masse des Formeläquivalents in Gramm), lassen sich hieraus die entsprechenden Massen der Komponenten beliebiger Molzahl leicht errechnen.

Zur Beherrschung dieser für die chemische Laborpraxis wichtigen Rechnungen bedarf es einer gewissen Übung. Beispiele hierzu sind in Anhang I enthalten.

Die Elemente der Gruppe 17 (Halogene)

9

9.1 Allgemeines

Den Elementen der Gruppe 17 ist die Valenzelektronenkonfiguration ns^2np^5 gemeinsam. Ihr chemisches Verhalten wird folglich dominiert von dem starken Bestreben, ein Elektron unter Bildung der nächstliegenden stabilen Edelgaskonfiguration aufzunehmen. Diese Tendenz macht die Halogene in ihrer elementaren Form zu reaktiven Substanzen.

Fluor, Chlor, Brom und Iod kommen deshalb in der Natur nur in Form ihrer Verbindungen vor (NaCl, NaBr und NaI gelöst im Meerwasser, NaCl, KCl, CaF_2 und $CaIO_3$ in Salzlagerstätten). Die Darstellung von Fluor und Chlor erfolgt durch Elektrolyse (vgl. E16) von Halogenid-Salzen. Brom und Iod hingegen werden aus den Halogenid-Salzen durch Oxidation mit Chlor erhalten (vgl. E15).

$$2\,NaBr + Cl_2 \rightleftharpoons 2\,NaCl + Br_2$$

Das radioaktive Astat soll hier nicht näher besprochen werden.

Tabelle 9.1 informiert über einige Eigenschaften der Elemente, deren Gang dem der Edelgase entspricht. Elementar liegen alle Halogene, wie auch der Wasserstoff, als zweiatomige Moleküle vor, in denen die Atome die Edelgaskonfiguration erreichen. Anders als beim Wasserstoff tragen die Halogenatome hier zusätzlich zum bindenden Elektronenpaar im Valenzbereich noch jeweils 3 nichtbindende Elektronenpaare, die meist gleichfalls als jeweils nur einem Atom zugeordnete Striche symbolisiert werden.

$$|\underline{\overline{X}}{-}\underline{\overline{X}}|$$

Eine Betrachtung der Bindungsenergien (Dissoziationsenergien) der Dihalogen-Moleküle ergibt im Vergleich mit dem H_2-Molekül deutlich niedrigere Werte. Allgemein nimmt die Bindungsstärke kovalenter Bindungen infolge des geringer werdenden Überlappungsintegrals beim Übergang zu den schwereren Elementen deutlich ab; hinzu kommt bei den Halogenen die – beim Wasserstoff nicht gegebene – Abstoßung der nichtbindenden Elektronenpaare jeweils des einen Halogenatoms

N. Kuhn und T. M. Klapötke, *Allgemeine und Anorganische Chemie*,
DOI: 10.1007/978-3-642-36866-0_9, © Springer-Verlag Berlin Heidelberg 2014

Tab. 9.1 Einige Eigenschaften der Gruppe-17-Elemente (Halogene)

	Fluor	Chlor	Brom	Iod
Ordnungszahl	9	17	35	53
Elektronenkonfiguration	[He] $2s^2 2p^5$	[Ne] $3s^2 3p^5$	[Ar] $3d^{10} 4s^2 4p^5$	[Kr] $4d^{10} 5s^2 5p^5$
Atommasse[a]	19,00	35,453	79,909	126,90
Atomradius [Å]	0,72	0,994	1,142	1,334
Schmelzpunkt [°C]	−220	−101	−7,3	114
Siedepunkt [°C]	−188	−34	59	185
Dissoziationsenergie [kJ/mol]	159	243	193	151
Elektronegativität	4,1	2,8	2,7	2,2
Elektronenaffinität [eV]	−3,4	−3,6	−3,4	−3,1
Ionisierungenergie [eV]	17,5	13,0	11,8	10,4

[a] bez. auf 1/12 der Masse des Kohlenstoffisotops ^{12}C

von denen des Benachbarten. Der innerhalb der Gruppe 17 beim Chlor beobachtete Höchstwert kann als Ergebnis der Superposition zweier gegenläufiger Effekte (das Überlappungsintegral und die bei den leichten Elementen auf Grund des geringeren Atomabstandes stärkere Abstoßung der nichtbindenden Elektronenpaare) interpretiert werden; eine weitere Erklärungsmöglichkeit als Folge einer π-Wechselwirkung wird an anderer Stelle (Abschn. 11.2) besprochen.

9.2   Verbindungen mit Wasserstoff

Sämtliche Halogene (X = F, Cl, Br, I) reagieren spontan mit Wasserstoff. zu den Halogenwasserstoffen H–X, die gleichfalls, unter Erreichen der Edelgaskonfiguration für H und X, als zweiatomige Moleküle vorliegen.

$$H_2 + X_2 \rightleftarrows 2HX$$

Da Wasserstoff nicht über freie Elektronenpaare verfügt, nimmt die Bildungsenergie gemäß der Reaktionsgleichung beim Übergang zu den schwereren Halogenen kontinuierlich zu: ΔH [kJ $\cdot$ mol^{-1}] = −536 (F), −184 (Cl), −105 (Br), 13 (I). Hierfür verantwortlich sind die beim Übergang zu den schweren Halogenen kleineren Überlappungsintegrale der Bindung sowie die in Folge der fallenden Elektronegativitätsdifferenz abnehmende Polarität der Halogene.

Bei der Umsetzung von Wasserstoff mit Iod beobachtet man, dass die Edukte nicht vollständig umgesetzt werden. Offensichtlich ist der endothermen Bildungsreaktion von HI eine Zerfallsreaktion unter Rückbildung der Edukte überlagert. Man spricht vom *chemischen Gleichgewicht*.

E6 Das chemische Gleichgewicht

Grundsätzlich sind alle chemischen Reaktionen Gleichgewichtsreaktionen. Korrekt müsste man schreiben:

$$H_2 + I_2 \rightleftarrows 2HI$$

Sie lassen sich kinetisch quantitativ beschreiben, wenn der „Hinreaktion"

$$H_2 + I_2 \rightarrow 2HI; \quad -\frac{dc_{H_2}}{dt} = \overrightarrow{k} \cdot c_{H_2} \cdot c_{I_2}$$

die „Rückreaktion"

$$2HI \rightarrow H_2 + I_2; \quad -\frac{dc_{HI}}{dt} = \overleftarrow{k} \cdot c_{HI} \cdot c_{HI}$$

gegenübergestellt wird. Die Reaktion kommt scheinbar zum Stillstand, wenn sich die Konzentrationen der beteiligten Komponenten nicht mehr ändern; in Wirklichkeit laufen beide Reaktionen unverändert, jedoch mit gleicher Geschwindigkeit, nebeneinander ab. Die Bildungs- und Zerfallsgeschwindigkeiten aller Komponenten sind nunmehr gleich, es gilt folglich:

$$-dc_{H_2} = -dc_{HI} = dc_{H_2} = dc_{HI}$$

$$\overrightarrow{k} \cdot c_{H_2} \cdot c_{I_2} = \overleftarrow{k} \cdot c_{HI} \cdot c_{HI}$$

oder

$$\frac{\overrightarrow{k}}{\overleftarrow{k}} = \frac{c_{HI} \cdot c_{HI}}{c_{H_2} \cdot c_{I_2}} = K$$

Allgemein gilt für die Reaktion

$$A + B \rightleftarrows C + D$$

$$\frac{\overrightarrow{k}}{\overleftarrow{k}} = \frac{c_C \cdot c_D}{c_A \cdot c_B} = K$$

Diese Gleichung wird aus historischen Gründen als *Massenwirkungsgesetz* bezeichnet. Für jede beliebige Reaktion existiert eine individuelle, nur von den Reaktionsbedingungen (z. B. der Temperatur) abhängige Gleichgewichtskonstante K, die bei „vollständig" ablaufenden Reaktionen $\gg 1$ wird. Entfernen einer Komponente, beispielsweise von C, aus dem Gleichgewicht durch

Ausfällen, Entweichen in die Gasphase oder Einbindung in eine Folgereaktion führt zur „Verschiebung" des Gleichgewichts durch Nachbildung von C.

Die sämtlich gasförmigen Halogenwasserstoffe HCl, HBr und HI sind in Wasser starke Säuren (die wäss. Lösung von HCl wird „Salzsäure" genannt), während der kurz oberhalb Raumtemperatur siedende Fluorwasserstoff HF als wäss. Lösung („Flusssäure") nur eine mittelstarke Säure darstellt.

E7 Brønstedt-Säuren und -Basen

Zur Definition des Säure-Base-Begriffs sind mehrere, meist historisch gewachsene Denkansätze in Gebrauch. Hier soll die für verdünnte wäss. Lösungen gültige nach *Brønstedt* vorgestellt werden.

In wäss. Lösung reagieren Brønstedt-Säuren HX als Protonendonatoren, während Brønstedt-Basen B als Protonenakzeptoren fungieren (man beachte, dass freie Protonen H^+ in chemischer Umgebung nicht existent sind):

$$HX + H_2O \rightleftharpoons H_3O^+ + X^-$$

$$B + H_2O \rightleftharpoons BH^+ + OH^-$$

X^- wird als korrespondierende Base der Säure HX, HB^+ als korrespondierende Säure der Base B bezeichnet. In der Säurereaktion agiert H_2O als Base (korrespondierende Säure H_3O^+), während in der Basereaktion H_2O als Säure (korrespondierende Base OH^-) fungiert. Säure-Base-Reaktionen nach Brønstedt sind folglich Konkurrenzreaktionen um Protonen, in denen jeweils 2 korrespondierende Säure-Base-Paare auftreten.

Auch diese Reaktionen sind selbstverständlich Gleichgewichtsreaktionen. Durch Anwendung des Massenwirkungsgesetzes lassen sich Gleichgewichtskonstanten K_S und K_B definieren:

$$\frac{c_{H_3O^+} \cdot c_{X^-}}{c_{HX} \cdot c_{H_2O}} = K_S' \quad c_{H_2O} = \text{const.}$$

$$K_S' \cdot c_{H_2O} = K_S$$

$$\frac{c_{BH^+} \cdot c_{OH^-}}{c_B \cdot c_{H_2O}} = K_B' \quad c_{H_2O} = \text{const.}$$

$$K_B' \cdot c_{H_2O} = K_B$$

K_S und K_B sind ein direktes Maß für die Stärke der Säure und Base; eine logarithmische Formulierung der Konstanten ist allgemein üblich:

$$-\log K_{S(B)} = pK_{S(B)}$$

Tab. 9.2 pK$_S$-Werte einiger Säure-Base-Paare

Säure		Base	pK$_s$
$HClO_4$	Perchlorsäure	ClO_4^-	$-10,0$
HCl	Salzsäure	Cl^-	$-7,00$
H_2SO_4	Schwefelsäure	HSO_4^-	$-3,00$
$HClO_3$	Chlorsäure	ClO_3^-	$-2,70$
H_3O^+	Hydronium-Ion	H_2O	$-1,74$
HNO_3	Salpetersäure	NO_3^-	$-1,37$
H_2SO_3	Schweflige Säure	HSO_3^-	$1,90$
HSO_4^-	Hydrogensulfat-Ion	SO_4^{2-}	$1,96$
$HClO_2$	Chlorige Säure	$HClO^-$	$1,97$
H_3PO_4	Phosphorsäure	$H_2PO_4^-$	$2,16$
$[Fe(H_2O)_6]^{3+}$	Hexaquo-Eisen(III)-Ion	$[Fe(OH)(H_2O)_5]^{2+}$	$2,46$
HF	Fluorwasserstoffsäure	F^-	$3,18$
$HCOOH$	Ameisensäure	$HCOO^-$	$3,70$
CH_3COOH	Essigsäure	CH_3COO^-	$4,75$
$[Al(H_2O)_6]^{3+}$	Hexaquo-Aluminium-Ion	$[Al(OH)(H_2O)_5]^{2+}$	$4,97$
H_2CO_3	Kohlensäure	HCO_3^-	$6,35$
$[Fe(H_2O)_6]^{2+}$	Hexaquo-Eisen(II)-Ion	$[Fe(OH)(H_2O)_5]^+$	$6,74$
H_2S	Schwefelwasserstoff	HS^-	$6,99$
$HClO$	Unterchlorige Säure	ClO^-	$7,54$
HSO_3^-	Hydrogensulfit-Ion	SO_3^{2-}	$7,20$
$H_2PO_4^-$	Dihydrogenphosphat-Ion	HPO_4^{2-}	$7,21$
$[Zn(H_2O)_6]^{2+}$	Hexaquo-Zink-Ion	$[Zn(OH)(H_2O)_5]^+$	$8,96$
HCN	Blausäure	CN^-	$9,21$
NH_4^+	Ammonium-Ion	NH_3	$9,25$
HCO_3^-	Hydrogencarbonat-Ion	CO_3^{2-}	$10,33$
H_2O_2	Wasserstoffperoxid	HO_2^-	$11,65$
HPO_4^{2-}	Hydrogenphosphat-Ion	PO_4^{3-}	$12,32$
HS^-	Hydrogensulfid-Ion	S^{2-}	$12,89$
H_2O	Wasser	OH^-	$15,74$
OH^-	Hydroxid-Ion	O^{2-}	$29,00$

Das heißt: je stärker negativ die pK-Werte, desto stärker die Säuren bzw. Basen. Tabelle 9.2 gibt einen Überblick über die pK_S-Werte wichtiger Säuren. Man kann zeigen, dass die pK-Werte von Säure-Base-Paaren in wäss. Lösung folgender Beziehung gehorchen (vgl. Abschn. 11.2.2, E21):

$$K_S \cdot K_B = 10^{-14}; \quad pK_S + pK_B = 14$$

Dies bedeutet, dass die korrespondierenden Basen starker Säuren schwache Basen sind und umgekehrt.

Die relativ geringe Säurestärke von wässriger HF gegenüber den anderen wässrigen Halogenwasserstoffsäuren erklärt sich aus der hohen Bindungsenergie; dies ist nicht auf den ersten Blick einleuchtend, da der tabellierten Bindungsenergie die homolytische Spaltung in Atome zu Grunde liegt, während die Säurestärke eher der heterolytischen Spaltung in Ionen (H^+ und X^-) zuzuordnen wäre. Eine genauere, hier nicht durchzuführende Betrachtung (*Born-Haber-Kreisprozess*) macht jedoch den experimentellen Befund verständlich. Außerdem bildet HF in Wasser Ionenpaare des Typs $H_2O–H^+\cdots F^-$ (vgl. E9), welche die Azidität weiter herabsetzen.

Dennoch soll nachfolgend auf das Problem der Polarität von Atombindungen eingegangen werden.

E8 Die Elektronegativität

Bei der Erklärung des Begriffs „Resonanz" am Beispiel des H_2– Moleküls (vgl. Abschn. 7.1, E4) haben wir 4 Grenzformeln gefunden, wobei den unpolaren I und II gegenüber den ionischen III und IV ein höheres Gewicht bei der Beschreibung der Bindung szustandes zukam, die beiden Paare I/II und III/IV jedoch untereinander gleichgewichtet waren. Beim Übergang zum HF-Molekül tritt eine andere Situation ein (A = H, B = F). Nun wird aus Berechnungen ersichtlich, dass der Grenzform IV (H^+F^-) wesentliches Gewicht zukommt, wohingegen die Grenzform III (H^-F^+) zur Beschreibung der Bindungssituation fast bedeutungslos ist.

Ein Vergleich der Ionisierungsenergien der Atomsorten H und F (13,2 bzw. 17,4 eV) weist dem Fluoratom gegenüber dem Wasserstoffatom die deutlich höhere Fähigkeit zu, sein äußerstes Elektron festzuhalten. In der kovalenten Bindung H–F hat dies offensichtlich zur Folge, dass das Fluoratom das bindende Elektronenpaar stärker anzieht und somit in Richtung auf seinen Kern verschiebt. Daraus folgt eine Umgewichtung der Resonanzformeln und somit auch eine Verschiebung der elektrischen Ladung („Polarisierung").

Die Fähigkeit einer Atomsorte, in einer kovalenten Einfachbindung das bindende Elektronenpaar anzuziehen, wird *Elektronegativität* genannt.

Der Gang der Elektronegativität und der der Ionisierungsenergie unter Berücksichtigung der Stellung der Elemente im Periodensystem sind vergleichbar. Anders als die physikalisch definierte und messbare Ionisierungenergie ist die Elektronegativität jedoch eine dimensionslose Vergleichsgröße,

Hauptgruppen

H 2,1						
Li 1,0	Be 1,5	B 2,0	C 2,5	N 3,0	O 3,5	F 4,0
Na 0,9	Mg 1,2	Al 1,5	Si 1,8	P 2,1	S 2,5	Cl 3,0
K 0,8	Ca 1,0	Ga 1,6	Ge 1,8	As 2,0	Se 2,4	Br 2,8
Rb 0,8	Sr 1,0	In 1,7	Sn 1,8	Sb 1,9	Te 2,1	I 2,5
Cs 0,7	Ba 0,9	Tl 1,8	Pb 1,9	Bi 1,9		

Nebengruppen

Sc 1,3	Ti 1,5	V 1,6	Cr 1,6	Mn 1,5	Fe 1,8	Co 1,9	Ni 1,9	Cu 1,9	Zn 1,6
Y 1,2	Zr 1,4	Nb 1,6	Mo 1,8	Tc 1,9	Ru 2,2	Rh 2,2	Pd 2,2	Ag 1,9	Cd 1,9
La 1,0	Hf 1,3	Ta 1,5	W 1,7	Re 1,9	Os 2,2	Ir 2,2	Pt 2,2	Au 2,4	Hg 1,9

[a] Werte der Pauling-Skala

Abb. 9.1 Elektronegativitäten der Elemente

wobei dem elektronegativsten Element Fluor auf der sog. Pauling-Skala will-kürlich – zur Vermeidung negativer Werte bei den elektropositiven Alkali-metallen – der Wert 4.0 zuerkannt wurde (Abb. 9.1).

Spätere Überlegungen haben den Begriff „Elektronegativität" durch Erweiterung der Definition auch Berechnungen zugänglich gemacht, worauf hier nicht eingegangen werden soll.

Die Ladungsverschiebung bei der Verknüpfung von Atomen verschiedener Sorten – bedingt durch die unterschiedlichen Elektronegativitäten – bewirkt entlang dieser Bindung die Ausbildung eines elektrischen Dipols. Das Ausmaß der Ladungsverschiebung in $X^{\delta+}-Y^{\delta-}$ wird auch als *partielle Ladung* bezeichnet. In mehratomigen Molekülen, d. h. solchen mit mehreren Bindungen, addieren sich die Dipolmomente der einzelnen Bindungen vektoriell, d. h. in Abhängigkeit von der Struktur (*Symmetrie*) des Moleküls. Bei hochsymmetrischen Molekülen kann dann, trotz hoher Polarität einzelner Bindungen, das Dipolmoment entfallen.

Die große Elektronegativitätsdifferenz der Elemente Wasserstoff und Fluor bewirkt ein hohes Dipolmoment des H–F-Moleküls, das Auswirkungen auf die physikalischen und chemischen Eigenschaften hat. Es kann zur Ausbildung einer besonderen Bindungsform führen.

E9 Die Wasserstoffbindung

Bei der Betrachtung der Edelgase und Dihalogen-Moleküle haben wir die mit der Ordnungszahl steigende Polarisierbarkeit der Systeme als Ursache für die in gleicher Richtung ansteigenden Siede- und Schmelzpunkte erkannt. Es ist verständlich, dass die Phasenübergänge in besonderem Maße auch von den permanenten Dipolmomenten beeinflusst werden, da – insbesondere beim Siedevorgang und Übertritt der Atome bzw. Moleküle als isolierte Teilchen in die Gasphase – die interatomaren (bei den Edelgasen) bzw. intermolekularen Kräfte, die ihren Zusammenhalt in der kondensierten Phase bewirken, gebrochen werden müssen.

Beim Fluorwasserstoff (und in ähnlicher Weise auch beim später zu besprechenden Wasser) finden wir selbst in der Gasphase, nahe dem Siedepunkt, noch Aggregate $(HF)_n$, deren intermolekulare Bindungsenergie die üblichen Dipolwechselwirkungen offenbar deutlich übersteigt. Im festen Zustand von HF liegen polymere Ketten hinsichtlich der Länge alternierender HF-Bindungen vor, wobei an den Wasserstoffatomen eine lineare, an den Fluoratomen jedoch eine gewinkelte Anordnung der Bindungen beobachtet wird. Noch extremer scheint die Situation im isolierten, sehr stabilen Anion HF_2^- (formal ein Addukt aus HF und F^-), das einen linearen, hinsichtlich der beiden Bindungen symmetrischen Aufbau aufweist (Abb. 9.2).

Offensichtlich bewirkt die Präsenz einer hohen positiven partiellen Ladung am Wasserstoffatom die Ausbildung spezieller Bindungen mit Atomen hoher negativer Ladungsdichte, die nichtbindende Elektronenpaare tragen. Solche Bindungen, die hinsichtlich ihrer Bindungsenergie zwischen Atombindungen und „normalen" Dipolwechselwirkungen liegen, werden *Wasserstoffbindungen* genannt. Ihre Beschreibung durch das VB-Modell verstößt auf den ersten Blick

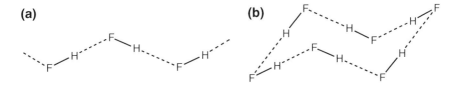

Abb. 9.2 Die Struktur von HF. **a** fester Zustand, **b** Gasphase

gegen das Pauli-Prinzip (4 Bindungselektronen im 1s-Orbital des Wasserstoffs), ist jedoch unter Zuhilfenahme der Resonanz möglich.

$$F^- \; H\text{-}F \leftrightarrow F\text{-}H \; F^-$$

Man beachte die unterschiedlichen Symbole für chemische Gleichgewichte (s. o.) und Resonanzgleichgewichte.

Wir werden später ein besseres Verfahren zur Beschreibung dieser Bindung kennenlernen (vgl. E19).

9.3 Interhalogen-Verbindungen

Ähnlich wie mit sich selbst oder mit Wasserstoffatomen können sich Halogen-atome auch mit Atomen anderer Halogene zu zweiatomigen Molekülen X–Y (X, Y = F, Cl, Br, I) verbinden. Die Darstellung erfolgt, wie auch bei den nachfolgend besprochenen mehratomigen Interhalogen-Verbindungen, aus den Elementen. Die hier vorliegende polarisierte Bindung führt gegenüber den Molekülen X–X zu einer deutlich erhöhten Reaktivität.

$$X_2 + Y_2 \rightarrow 2XY$$
$$X_2 + 3Y_2 \rightarrow 2XY_3$$
$$X_2 + 5Y_2 \rightarrow 2XY_5$$
$$X_2 + 7Y_2 \rightarrow 2XY_7$$

E10 Hypervalenz und Resonanz bei Einfachbindungen

Verbindungen der Typen XY_3, XY_5 und XY_7 erfordern bei Annahme klassi-scher Zweizentren-Zweielektronen-Bindungen (2c2e) die Beteiligung von d-Orbitalen des Zentralatoms X. Dies wird heute bei Hauptgruppenelementen wegen deren hoher energetischer Lage nicht mehr befürwortet. In der Valence-Bond-Betrachtung (VB) bedient man sich hier der Resonanz, beispielsweise.

$$XY_3 \leftrightarrow XY_2^+ Y^-$$

Hier ist zu beachten, dass diese Schreibweise keineswegs den Aufbau von XY_3 als Ionenpaar meint (ClF_3 liegt bei Normalbedingungen gasförmig vor). Auch die nachfolgend unter dem Aspekt der Hybridisierung diskutierte Molekülgestalt (vgl. E11, E12) ist hiervon nicht betroffen: In IF_7 beispielsweise ist das Zentralatom von den 7 Fluorsubstituenten in Art einer pentagonalen Bipyramide umgeben und liegt nicht etwa in Form von kationischen IF_6-Oktaedern, ergänzt durch Fluorid-Ionen, vor. Tatsächlich fordert die Anwendung des Resonanzbegriffs, d. h. die Beschreibung der kovalenten Bindung durch „mesomere Grenzformeln" wie oben für XY_3 gezeigt, die Lagekonstanz der Atome. Die reale Elektronenverteilung ergibt sich aus der Superposition der (hier mit unterschiedlichem Gewicht) angegebenen Grenzformeln.

Meist werden deshalb solche als „hypervalent" bezeichneten Verbindungen vereinfacht und in Kenntnis des Problems als Neutralmoleküle formuliert (vgl. hierzu auch E23). Eine weiterführende Diskussion findet sich in Kap. 19.

Tatsächlich sind auch Interhalogenverbindungen der Zusammensetzung XY_3 (ClF_3, BrF_3, IF_3, ICl_3), XY_5 (ClF_5, BrF_5, IF_5) und XY_7 (IF_7) bekannt. In diesen Verbindungen XY_n fungiert das jeweils schwerere Atom als Zentralatom X, das von n jeweils einfach gebundenen Y-Substituenten umgeben ist. Da diese durch Atombindungen verknüpft sind, überschreiten die Zentralatome X die Edelgaskonfiguration, was zur geringen Stabilität dieser Verbindungen beiträgt. Sämtliche Verbindungen sind wegen der geringen Elektronegativitätsdifferenz der beteiligten Elemente als Moleküle aufgebaut, in denen die Atome durch Atombindungen verknüpft sind.

E11 Räumliche Orientierung der Bindungen und Hybridisierung

Wir haben gesehen, dass bei Ausbildung von Atombindungen Atomorbitale (vgl. E4) überlappen. Die räumliche Orientierung der Orbitale (Abb. 9.3) sollte folglich den Bindungswinkel eines dreiatomigen Fragments, hier Y–X–Y, bestimmen. Wie wir, beispielsweise am später zu besprechenden Wassermolekül, noch sehen werden, sind Bindungswinkel von 90°, die wir bei Verwendung von zwei p-Orbitalen von X im obigen Fragment erwarten würden, selten. Tatsächlich werden meist größere Winkel beobachtet.

An dieser Stelle sollten wir uns in Erinnerung rufen, dass es sich bei Orbitalen um mathematisch konstruierte Raumsegmente handelt; sie lassen sich nicht im Bedarfsfall „verbiegen". Hingegen lassen sich Orbitale rechnerisch „mischen"; diesen Vorgang bezeichnet man als *Hybridisierung*. Bei der Bildung von Hybridorbitalen bleibt die Gesamtzahl der Orbitale erhalten.

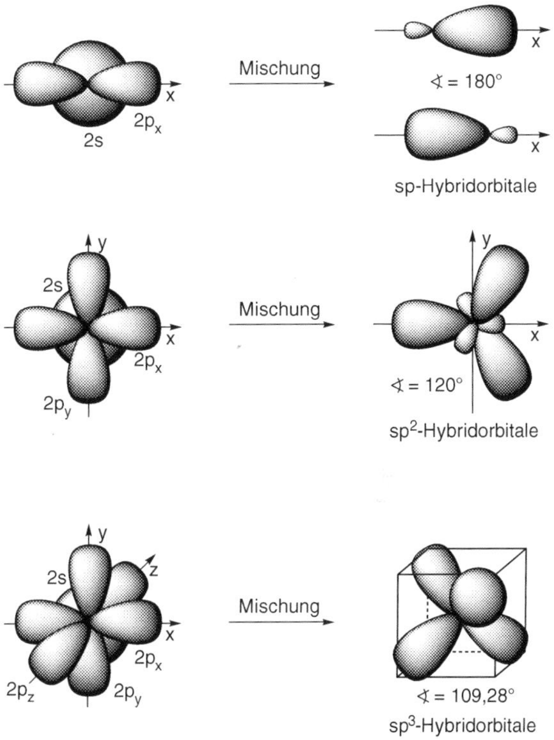

Abb. 9.3 Gestalt und
Ausrichtung der
Hybridorbitale sp^n (n = 1–3)
(adaptiert nach Erwin Riedel
u. Christoph Janiak (2011),
Anorganische Chemie, © De
Gruyter Berlin)

Es werden im Bereich der Hauptgruppenelemente jeweils Orbitale gleicher Hauptquantenzahl, aber verschiedener Nebenquantenzahl hybridisiert. Abbildung 9.3 zeigt gängige Formen der Hybridisierung und die Ausrichtung der Hybridorbitale im Koordinatensystem.

Wichtige Winkel zwischen Orbitalen unter Einbezug von Hybridorbitalen (und somit Bindungswinkel) sind in Tab. 9.3 aufgelistet. Die Angabe von Winkeln unter Beteiligung nichthybridisierter s-Orbitale ist wegen deren Kugelsymmetrie (fehlende räumliche Vorzugsausrichtung) nicht möglich.

In Wirklichkeit zeigen die experimentell gefundenen Bindungswinkel von den in Tab. 9.3 genannten Werten deutliche Abweichungen. Dies wird durch eine Variation der Mischungsverhältnisse erreicht. Hierauf kann hier nicht näher eingegangen werden.

Triebkraft der Hybridisierung ist das Erreichen des energetisch günstigsten Zustandes. Hierbei ist eine geringe Energiedifferenz der zu hybridisierenden Atomorbitale, die insbesondere bei den „leichten" Elementen etwa bis zum Kohlenstoff vorliegt, förderlich. Folglich ist die Hybridisierung nicht die Ursache einer Molekülgeometrie, sondern die Anpassung an eine energetische Vorgabe. Ein Molekül ist nicht tetraedrisch gebaut, weil das Zentralatom sp^3-hybridisiert ist; vielmehr ist das Zentralatom sp^3-hybridisiert, weil die Tetraedergeometrie das Energieminimum darstellt.

Tab. 9.3 Bindungswinkel zwischen Orbitaltypen

Orbitaltypen[a]	Zugehörige Bindungswinkel [°]	Geometrie
p/p	90	orthogonal
sp/p	90	orthogonal
sp/sp	180	linear
sp^2/p	90	orthogonal
sp^2/sp^2	120	gleichseitiges Dreieck
sp^3/sp^3	109	Tetraeder
sd/sd	90	orthogonal
pd/pd	180	linear
sp^2d	90 + 180	Quadrat[b]
$sp^3d = 3sp^2 + 2pd$	90 + 120 + 180	trigonale Bipyramide
sp^3d^2	90 + 180	Oktaeder

[a]Hybridisierung
[b]nur bei Nebengruppenelementen als dsp^2

Es sei an dieser Stelle betont, dass die Wissenschaft heute zur Beschreibung der Atombindung von Hauptgruppenelementen anderen Konzepten gegenüber der Hybridisierung den Vorzug gibt; dennoch dient sie, gerade in Lehrbüchern, als anschauliches Modell und fördert das Verständnis der Struktur von Molekülen.

E12 Das VSEPR-Modell

Sind an ein Zentralatom verschiedene Substituenten gebunden oder sind nichtbindende Elektronenpaare zugegen, so regelt das VSEPR-Konzept die Besetzung der Koordinationsstellen und die Beeinflussung der Winkel.

Hierbei wird zunächst die Summe der Bindungspartner und der nichtbindenden Elektronenpaare (hier als Koordinationszahl KZ bezeichnet) ermittelt und hieraus der energetisch günstigste Koordinationspolyeder gebildet. Dieser folgt aus der Verteilung der entsprechenden Zahl von negativen Ladungen auf einer Kugeloberfläche (Prinzip der minimalen Abstoßung) und liefert die linearen (KZ 2), trigonal-planaren (KZ 3), tetraedrischen (KZ 4), trigonal-bipyramidalen (KZ 5) und oktaedrischen (KZ 6) Geometrien, wie in Abb. 9.4 angegeben.

Zur Berücksichtigung der „Verzerrung" der idealen Polyedergeometrie gemäß den in Tab. 9.3 angegebenen Winkeln ist nun Folgendes zu beachten: Die in den Valenzorbitalen des Zentralatoms befindlichen Elektronenpaare stoßen sich, entsprechend ihrer negativen Ladung, voneinander ab. Diese Abstoßung wird umso größer, je höher die Elektronendichte im betrachteten Orbital in Kernnähe ist. Hieraus ergibt sich für die Abstoßung (manchmal irreführend als „Platzbedarf" bezeichnet; die Größe der Substituentenatome

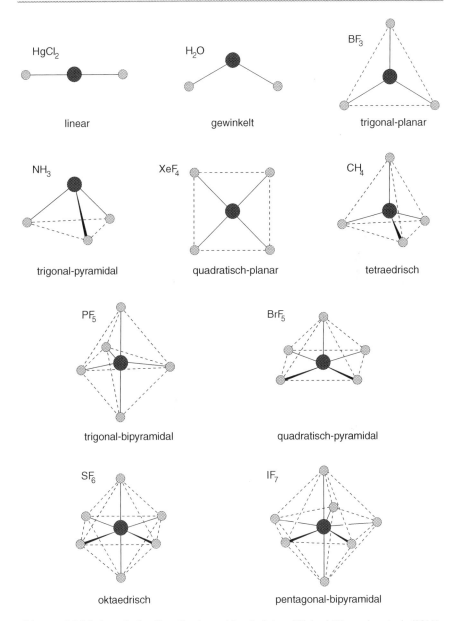

Abb. 9.4 Molekülgestalt der Koordinationszahlen 2–6 (aus Michael Binnewies et al. (2011), Allgemeine und Anorganische Chemie, © Springer Spektrum 2011)

findet im VSEPR-Konzept keine Berücksichtigung) folgende Hierarchie der bindenden (b) und nichtbindenden (nb) Elektronenpaare:

$$nb/nb > nb/b > b/b$$

Nichtbindende Elektronenpaare sind nur dem Zentralatom zugehörig, während bindende Elektronenpaare ihre „Elektronendichte" (negative Ladung) auf zwei Atome verteilen.

Einen Sonderfall der Polyeder bildet die trigonale Bipyramide (KZ 5), da hier die Koordinationspartner aus Sicht der Symmetrie unterschiedliche Positionen (2 axiale und drei äquatoriale Positionen) besetzen können. Hier gilt die Dominanz des kleinsten Winkels: Ein nichtbindendes Elektronenpaar besetzt bevorzugt eine äquatoriale Position, da hier nur zwei Nachbarn (in der axialen Position drei Nachbarn) im Winkel von 90° vorliegen.

Für KZ > 6 liefert das VSEPR-Konzept keine verlässlichen Vorhersagen.

Übertragen wir nun die gewonnenen Erkenntnisse auf die Stereochemie der Interhalogen-Verbindungen:

Im Verbindungstyp XY_5 verwendet das Zentralatom X 5 seiner 7 Valenzelektronen zur Ausbildung der 5 Atombindungen, so dass 2 Valenzelektronen als nichtbindendes Elektronenpaar verbleiben. Hieraus resultiert die KZ 6 (wegen der Präsenz eines nichtbindenden Elektronenpaars spricht man von „Ψ-Oktaeder"). Die fünf Substituenten Y bilden also mit dem Zentralatom X eine quadratische Monopyramide, während das nichtbindende Elektronenpaar die 6. Koordinationsstelle des Oktaeders besetzt. Wegen der oben genannten Abstoßungshierarchie wird die quadratische Monopyramide durch die Abstoßung nb/b in Art einer Regenschirmgeometrie verzerrt, d. h., die 4 äquatorialen Substituenten werden in Richtung auf den axialen Substituenten verschoben (Y_{ax}-X-Y_{eq} < 90°).

Im Verbindungstyp XY_3 liegt wegen der Präsenz zweier nichtbindender Elektronenpaare eine Ψ-trigonale Bipyramide vor, in der die nichtbindenden Elektronenpaare äquatoriale Positionen besetzen. Durch die oben genannte Abstoßungshierarche werden die axialen Substituenten in Richtung auf die äquatoriale Position unter Verzerrung der idealen T-Geometrie verschoben (Y_{ax}-X-Y_{ax} < 180°).

XY_7 weist wegen der Abwesenheit nichtbindender Elektronenpaare am Zentralatom die Idealgeometrie der pentagonalen Bipyramide auf.

Den elektroneutralen Interhalogen-Molekülen sind zahlreiche ionische Interhalogen-Verbindungen zur Seite zu stellen, die formal und meist auch in der Synthesepraxis aus den Neutralverbindungen durch Abstraktion oder Addition von Y^- entstehen. So lässt sich etwa BrF_3 in BrF_2^+ (Abstraktion von F^-) oder BrF_4^- (Addition von F^-) überführen.

$$BrF_3 \rightarrow BrF_2^+ + F^-$$

$$BrF_3 + F^- \rightarrow BrF_4^-$$

Für beide Ionen gilt die Strukturvorhersage des VSEPR-Konzepts. Das Triiodid-Ion I_3^-, die bekannteste ionische Interhalogen-Verbindung, ist in wäss. Lösung aus Iod und Kaliumiodid zugänglich („Iodiodkali") und linear gebaut (KZ 5, Ψ-trigonale Bipyramide, Besetzung der äquatorialen Positionen durch die nichtbindenden Elektronenpaare).

Hinsichtlich der Orbitalbeteiligungen an den chemischen Bindungen lassen sich den Koordinationspolyedern die in Tab. 9.3 angegebenen Hybridisierungen zuordnen. So entspräche dem linearen Aufbau des Triiodid-Ions eine sp^3d-Hybridisierung des zentralen Iodatoms. Zur Vermeidung einer Beteiligung der energetisch hoch liegenden (d. h. ungünstigen) d-Orbitale sollte besser die Resonanzschreibweise.

$$I - I \, I^- \leftrightarrow I^- \, I - I$$

angewendet werden. Wir werden später (vgl. E19) eine besser geeignete Beschreibung dieser Bindungssituation finden.

9.4 Verbindungen mit Edelgasen

Wir haben gesehen, dass die Edelgase wegen der bereits in ihren Atomen vorliegenden Edelgaskonfiguration nur eine geringe Neigung zur Ausbildung von chemischen Bindungen, d. h. zur Betätigung ihrer Valenzelektronen aufweisen. Ein Vergleich der Ionisierungsenergien der Edelgase (Tab. 6.1) ergibt unter Vernachlässigung von Rn für das Element Xenon die geringste Ionisierungsenergie umgekehrt weist innerhalb der Gruppe 17 das Element Fluor die größte Befähigung, Elektronen aufzunehmen, auf.

Tatsächlich ist eine Reihe stabiler Xenonfluoride

$$Xe + F_2 \rightarrow XeF_2$$
$$Xe + 2F_2 \rightarrow XeF_4$$
$$Xe + 3F_2 \rightarrow XeF_6$$

bekannt, die sämtlich aus den Elementen als hochreaktive, jedoch isolierbare Feststoffe gewonnen werden. XeF_2 und XeF_4 bilden im festen Zustand Gitter aus isolierten Molekülen, deren Aufbau der Vorhersage des VSEPR-Konzepts genügt (XeF_2: linear, KZ 5, Ψ-trigonal-bipyramidal, Besetzung der äquatorialen Positionen mit nichtbindenden Elektronenpaaren; XeF_4: quadratisch-planar, KZ 6, Ψ-oktaedrisch, nichtbindende Elektronenpaare in *trans*-Stellung). XeF_6 (KZ 7!) ist im festen Zustand nicht aus isolierten Molekülen aufgebaut. Auch hier tragen „ionische" Grenzformeln (z. B. F–Xe$^+$F$^-$) wesentlich zur Beschreibung der chemischen Bindung bei (vgl. E10).

XeF$_2$ ist im Handel erhältlich und wird bei Fluorübertragungsreaktionen als Ersatz für das schwer handhabbare Gas Fluor verwendet.

Die Elemente der Gruppe 1 (Alkalimetalle)

10

10.1 Allgemeines

Auch in der Gruppe 1 zeigen die Elemente den bei den Edelgasen und Halogenen gefundenen Gang der Eigenschaften (Tab. 10.1).

Auf Grund der Valenzelektronenkonfiguration ns^1 ihrer Atome weisen diese Elemente die ausgeprägte Eigenschaft aus, unter Abgabe des Valenzelektrons einfach positiv geladene Ionen der Valenzelektronenkonfiguration $1s^2$ (Li) bzw. ns^2p^6 (n = 2–6) (Na–Fr) zu bilden. Hingegen wird, anders als bei den Halogenen, die Edelgaskonfiguration durch Ausbildung von Atombindungen nicht erreicht. Man spricht von einem *Elektronenmangel*, der für die Elemente im Grundzustand die Ausbildung einer neuen Bindungsart zur Folge hat. Diese wird als *metallische Bindung* bezeichnet.

E13 Die metallische Bindung I – Elektronengas und VB-Betrachtung

Wir wollen an dieser Stelle zunächst eine sehr einfache Beschreibung der metallischen Bindung wählen. Durch metallische Bindungen aufgebaute Elemente, *Metalle* eben, bilden im festen Zustand ein dreidimensionales Polymersystem mit geordnetem Aufbau. Man kann sich ein Gitter von Atomrümpfen (Kationen) vorstellen, in dessen Zwischenräumen sich die Valenzelektronen als „Elektronengas" aufhalten. Im Sinne der VB-Theorie kann auch das Phänomen der Resonanz zur Beschreibung dienen. Nachfolgend ist ein eindimensionaler Ausschnitt aus dem dreidimensionalen Netzwerk gezeigt:

$$-M\,M - M\,M - M\,M - M\,M - M \leftrightarrow M - M\,M - M\,M - M\,M - M\,M-$$

Beide Betrachtungsweisen implizieren eine freie Beweglichkeit der Valenzelektronen im gesamten Metallgitter. Hierdurch wird für jedes einzelne Atom die Situation des Elektronenmangels verbessert und die besondere Eigenschaft des metallischen Zustandes (vgl. E28) begründet.

N. Kuhn und T. M. Klapötke, *Allgemeine und Anorganische Chemie*,
DOI: 10.1007/978-3-642-36866-0_10, © Springer-Verlag Berlin Heidelberg 2014

Tab. 10.1 Einige Eigenschaften der Gruppe-1-Elemente (Alkalimetalle)

	Lithium	Natrium	Kalium	Rubidium	Caesium
Ordnungszahl	3	11	19	37	55
Elektronenkonfiguration	[He] $2s^1$	[Ne] $3s^1$	[Ar] $4s^1$	[Kr] $5s^1$	[Xe] $6s^1$
Atommasse[a]	6,939	22,939	39,102	85,47	132,91
Atomradius [Å]	1,225	1,572	2,025	2,16	2,35
Ionenradius [Å]	0,76	1,02	1,38	1,52	1,67
Dichte [g/cm^3], 20 °C	0,535	0,971	0,862	1,532	1,90
Schmelzpunkt [°C]	181	98	64	39	28
Siedepunkt [°C]	1347	881	754	688	705
Elektronegativität	1,0	1,0	0,9	0,9	0,9
Ionisierungenergie [eV]	5,4	5,1	4,3	4,2	3,9

[a] bez. auf 1/12 der Masse des Kohlenstoffisotops ^{12}C

(a)   (b)   (c)

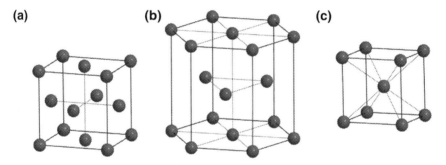

Abb. 10.1 Metallstrukturen. **a** kubisch-dichteste Packung, **b** hexagonal-dichteste Packung, **c** kubisch-raumzentriertes Gitter

Die Anordnung der Metallatome entspricht bestimmten Baumustern oder *Gittertypen*; generell ist die Tendenz eines engen Zusammenrückens der elektroneutralen Atome unter Bildung dichter Packungen zu beobachten (die elektrostatische Abstoßung der Kationen im Konzept der Elektronengas-Vorstellung wird durch die negative Ladung des Elektronengases kompensiert).

Von wenigen Ausnahmen abgesehen, sind Metallstrukturen drei Gittertypen zuzuordnen. Dies sind die

kubisch-dichteste Packung (kubisch-flächenzentriertes Gitter) (I, Cu-Typ),
hexagonal-dichteste Packung (II, Mg-Typ) sowie das
kubisch-raumzentrierte Gitter (III, W-Typ).

Die Metallstrukturen sind in Abb. 10.1 wiedergegeben; der in diesem Zusammenhang häufig verwendete Begriff der *Elementarzelle* ist kristallographisch definiert und hier nur auf 10.1a und 10.1c anwendbar.

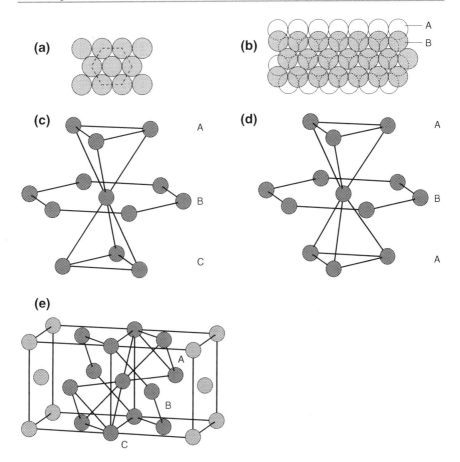

Abb. 10.2 Dichteste Kugelpackungen. **a** dichteste (hexagonale) Packung einer einzelnen Schicht, **b** dichteste Packung von zwei Schichten AB mit Oktaeder- und Tetraederlücken, **c** Schichtfolge ABC der kubisch-dichtesten Packung, **d** Schichtfolge ABA der hexagonal-dichtesten Packung, **e** Schichtfolge ABC der kubisch-dichtesten Packung in der verdoppelten Elementarzelle

Das Bauprinzip der dichtesten Kugelpackungen (Abb. 10.1a, b) lässt sich leichter durch Betrachtung der hierin vorliegenden Schichten verstehen (Abb. 10.2).

Schiebt man auf einer ebenen Unterlage Kugeln (oder Münzen) gleicher Größe möglichst dicht zusammen, so resultiert eine Anordnung, bei der jede Kugel von 6 Nachbarn in Form eines gleichseitigen Sechsecks umgeben ist; hierbei berühren alle Kugeln des Sechsecks die zentrale Kugel und die zwei Nachbarn des Sechsecks, so dass innerhalb einer Schicht (A) jede Kugel 6 Nachbarn aufweist (Abb. 10.2a). Legt man die nächste Schicht (B) in der Aufsicht gegenüber der ersten zur Gewährleistung einer dichtesten Packung „auf Lücke", so resultieren zwei Arten von Löchern zwischen den Schichten

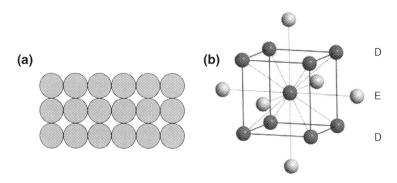

Abb. 10.3 Gitter der kubisch-raumzentrierten Struktur. **a** tetragonale Packung einer einzelnen Schicht, **b** Schichtfolge DED des kubisch-raumzentrierten Gitters

(Tetraederlücken und Oktaederlücken), die jedoch in den Metallgittern frei bleiben (Abb. 10.2b).

Beim Aufbringen einer dritten Schicht kann diese deckungsgleich zu A (Schichtfolge ABA…) oder gegenüber dieser verschoben (Schichtfolge ABCA…) angeordnet sein; hieraus resultieren die kubisch-dichteste Kugelpackung (Abb. 10.2c, ABCA, I) und die hexagonal-dichteste Kugelpackung (Abb. 10.2d, ABA, II).

Zur Abbildung der Schichtabfolge in der kubisch-dichtesten Kugelpackung muss deren Elementarzelle verdoppelt werden (Abb. 10.2e).

Das kubisch-raumzentrierte Gitter (Abb.10.3) ist aus Schichten eines anderen, nichtdichtesten Typs aufgebaut (Abb. 10.3a).

Ihm zu Grunde liegen Schichten einer quadratischen Anordnung der Kugeln, die innerhalb der Schicht nur 4 Nachbarn aufweisen (D). Wird die nächste Schicht (E) „auf Lücke" gelegt, so ergibt sich bei der Schichtfolge DED… die kubisch-raumzentrierte Struktur. Zu demselben Ergebnis gelangt man, wenn man Schichten „auf Deckung" stapelt (DDD…, sog. „kubisch-primitives Gitter") und jede der hierbei entstehenden Lücken (kubische Lücken) mit einer weiteren Kugel besetzt (Abb. 10.3b).

Im dreidimensionalen Gitter weist in I und II jedes Atom 12 nächste Nachbarn („dichteste Packung"), in III jedoch nur 8 nächste Nachbarn auf.

Die Alkalimetalle kristallisieren sämtlich im Gittertyp III. Häufig liegen jedoch innerhalb der Metalle einer Gruppe verschiedene Gittertypen vor, die sich offenbar aus der Valenzelektronenkonfiguration der Atome nicht herleiten lassen.

10.2 Vorkommen, Eigenschaften, Verwendung

Auf Grund ihrer hohen chemischen Reaktivität, insbesondere gegenüber Luft und Wasser, kommen auch die Elemente der Gruppe 1 nicht elementar als Metalle, sondern nur in Form ihrer Verbindungen vor. Hauptvorkommen sind die im

Meerwasser gelöst sowie in mineralischen Lagerstätten ohne Wasserzutritt fest vorliegenden Chlorid-Salze (vgl. Abschn. 10.4), aus denen die Metalle aufwendig mittels Schmelzflusselektrolyse (vgl. E16) gewonnen werden.

$$M^+ + e^- \rightarrow M \ (M \ = \ Li, \ Na, \ K, \ Rb, \ Cs)$$

Alle Alkalimetalle bilden in reiner Form weiche, „silberfarbige", tief schmelzende Feststoffe, deren Atome der Flamme eine charakteristische Färbung verleihen (vgl. Abschn. 18.2). Sie werden, wie bereits erwähnt, rasch unter dem Einfluss von Luft (Sauerstoff) und Wasser unter Abgabe des Valenzelektrons in ihre einwertigen Kationen überführt (zum Begriff der Redoxreaktion vgl. E15).

$$4M + O_2 \rightarrow 2M_2O \ (M = Li; \ vgl. \ hierzu \ Abschn.11.2.6)$$

$$2M + 2H_2O \rightarrow 2MOH + H_2 \ (M = Li, \ Na, \ K, \ Rb, \ Cs)$$

Natrium wird in großen Mengen als Ausgangsmaterial für chemische Verbindungen verwendet. Gemische der leichteren Gruppenelemente (Schmp. Na/Ka ca. -10 °C) werden wegen ihrer hohen Wärmekapazität als Kühlflüssigkeit in Hochtemperaturanlagen (z. B. Reaktoren) eingesetzt.

10.3   Verbindungen mit Wasserstoff

Alle Alkalimetalle (M) reagieren mit Wasserstoff in exothermer Reaktion zu den entsprechenden Metallhydriden MH:

$$2M + H_2 \rightarrow 2MH$$

Auf Grund der hohen Elektronegativitätsdifferenz der Alkalimetalle und des Wasserstoffs ($\Delta EN > 1,4$) sind in diesen Verbindungen die Atome nicht durch Atombindungen verknüpft; eine Beschreibung der Bindung nach dem VB-Modell würde zu einer Dominanz der Grenzstruktur IV (E4) führen. Vielmehr sind diese Verbindungen aus Alkalimetall-Kationen K^+ und Hydrid-Anionen H^-, aufgebaut, die im festen Zustand ein Ionengitter bilden; diese Bindungsart nennt man *Ionenbindung*.

E14 Die Ionenbindung I – Elektrostatische Wechselwirkung

Grundlage der Ionenbindung ist die Coulomb-Energie E_c, die für ein Ionenpaar $M^{a+}X^{b-}$ gem.

$$E_c = \frac{abe^2}{4\pi\varepsilon_0}r \qquad \begin{array}{l} e = \text{elektr. Elementarladung,} \\ \varepsilon_0 = \text{Dielektrizitätskonst. i. Vakuum} \\ r = \text{Ionenabstand} \end{array}$$

definiert ist. In einem Ionenkristall summieren sich die anziehenden und abstoßenden Wechselwirkungen der Koordinationssphären (vgl. E17). Die *Gitterenergie* ist definiert als Betrag der beim Zusammentreten der Ionen eines Mols der Formeleinheit aus der Gasphase zum Kristall freiwerden Energie; sie lässt sich nicht direkt messen.

E15 Oxidationszahlen und Redoxreaktionen

Mit der Bildung der Alkalimetallhydride haben wir einen neuen Reaktionstyp kennengelernt: die *Redoxreaktion*. Hierbei werden bei der Bildung von Salzen, ausgehend von Atomen, Elektronen unter Bildung von Ionen übertragen. Als Gleichgewicht formuliert, ist die Redoxreaktion also eine Konkurrenzreaktion um Elektronen, die sich, ähnlich wie die Säure-Base-Reaktion, in Teilschritte zerlegen lässt. Die Abgabe von Elektronen bezeichnet man als *Oxidation*, die Aufnahme von Elektronen als *Reduktion*.

$$M \rightarrow M^{a+} + a\ e^- \quad \text{Oxidation}$$

$$X + b\ e^- \rightarrow X^{b-} \quad \text{Reduktion}$$

Da Elektronen in einer chemischen Reaktion weder erzeugt noch vernichtet werden können, ist jede Oxidation eines Reaktionspartners von der Reduktion eines anderen begleitet. Bei der Reaktion wird das Oxidationsmittel X reduziert und das Reduktionsmittel M oxidiert. Da die Summe der Teilreaktionen keine Elektronen aufweisen darf, müssen die stöchiometrischen Faktoren a und b entsprechend angepasst werden. Dies erfolgt durch Multiplikation der Teilreaktionen jeweils mit dem Faktor der anderen Teilreaktion:

$$(M \rightarrow M^{a+} + a \cdot e^-) \cdot b = b \cdot M \rightarrow b \cdot M^{a+} + a \cdot b \cdot e^-$$

$$\left(X + b \cdot e^- \rightarrow X^{b-}\right) \cdot a = a \cdot X + a \cdot b \cdot e^- \rightarrow a \cdot X^{b-}$$

Als Summenreaktion ergibt sich

$$b\ M + a\ X \rightleftharpoons b\ M^{a+} + a\ X^{b-}$$

Die Anzahl der Ionenladungen muss auf beiden Seiten der Gleichung gleich sein. Die Indizes a und b bezeichnet man als *Oxidationszahlen* oder Oxidationsstufen von M und X. Sie sind in den Elementen immer gleich null.

Tatsächlich haben wir schon vor der Besprechung der Alkalimetallhydride Redoxreaktionen kennengelernt. Auch bei der Bildung der Halogenwasserstoffe HX (Abschn. 9.2) tritt ein Wechsel der Oxidationszahlen ein.

Da die Verbindungen HX (X = F, Cl, Br, I) nicht als Salze vorliegen, sondern die Atome durch Atombindungen verknüpft sind, muss die Bestimmung der Oxidationszahlen hier anders erfolgen. Hierzu werden, in einem Gedankenexperiment, die bindenden Elektronen der Atombindung vollständig dem elektronegativeren Bindungspartner, hier dem Halogenatom X, zugerechnet:

$$H - X \equiv H^+ X^-$$

Die Oxidationszahlen, als hochgestellte Indices römischer Zahlen geschrieben, entsprechen nun den Ionenladungen der „fiktiven" Ionen.

$$\overset{+I}{H} - \overset{-I}{X}$$

Die Summe der Oxidationszahlen entspricht der elektrischen Ladung des Moleküls bzw. Molekülions. Bei dieser Reaktion wird also der Wasserstoff oxidiert und das Halogen reduziert.

Sind zwei Atome gleicher Sorte durch eine Atombindung verknüpft, werden zur Berechnung der Oxidationszahlen die bindenden Elektronen zu gleichen Teilen auf die Atome verteilt. Hierdurch erhalten in jedem Element die Atome die Oxidationszahl 0.

Auch in den Interhalogen-Verbindungen und Xenonfluoriden lassen sich die Oxidationszahlen der beteiligten Elemente auf diese Weise bestimmen:

$$[BrF_4]^- \equiv Br^{3+} \text{ und } 4 \cdot F^-, \text{folglich } \overset{+III}{Br} \text{ und } \overset{-I}{F}$$

Molekülionen werden üblicherweise in [ ] gesetzt unter Hinzufügen der Ionenladung als hochgestellter arabischer Index.

Die Aufstellung der Redoxgleichungen von Molekülverbindungen folgt dem oben genannten Schema und bedarf sorgfältiger Übung (vgl. Anhang I).

10.4 Verbindungen mit Halogenen

Alkalimetallhalogenide MX sind in allen denkbaren Kombinationen bekannt; sie werden durch direkte Umsetzung der Elemente in einer Redoxreaktion erhalten:

$$2M + X_2 \rightarrow 2MX \ (M = Li, Na, K, Rb, Cs; X = F, Cl, Br, I)$$

Die auf Grund der hohen Elektronegativitätsdifferenzen sämtlich salzartig aufgebauten Verbindungen lösen sich mit Ausnahme von LiF (hohe Gitterenergie) gut in Wasser. Die Salze dienen als Ausgangsstoffe zur Darstellung der Metalle sowie, im Falle von Na und K, zur Synthese weiterer wichtiger Verbindungen dieser Elemente.

E16 Die Elektrolyse

Führt man in die Schmelze einer ionogenen Verbindung oder in die Lösung eines ionogen gebauten Stoffes zwei Elektroden ein, so fließt bei Anlegen einer genügend hohen Gleichspannung ein Strom (Abb. 10.4). Hierbei wandern die positiv geladenen Kationen zur negativ geladenen Kathode und die negativ geladenen Anionen zur positiv geladenen Anode.

An den Elektroden werden die Ionen unter Aufnahme (Kationen) bzw. Abgabe (Anionen) der ihrer Ladung entsprechenden Elektronen entladen; die an der Anode freigesetzten Elektronen fließen als Gleichstrom durch den Leitungsdraht zur Kathode und schließen so den Stromkreis.

Insgesamt laufen hierbei folglich zwei Teilschritte einer Redoxreaktion ab: Die Kationen werden an der Kathode reduziert, die Anionen an der Anode oxidiert. Der gesamte Vorgang wird als *Elektrolyse* bezeichnet.

Voraussetzung für den Ablauf einer Elektrolyse ist das Vorliegen beweglicher Ionen. Diese können auch durch Auflösen eines Salzes in einem Lösungsmittel erzeugt werden. Hier ist jedoch darauf zu achten, dass das Lösungsmittel mit den durch die Redoxreaktion gebildeten Stoffen reagieren kann.

Hier kann nun auch die zuvor erwähnte Darstellung der Alkalimetalle aus ihren Chloridsalzen als konkretes Beispiel einer Elektrolyse besprochen werden. Die technische Darstellung von Natrium aus einer Kochsalzschmelze verläuft wie folgt:

$$Na^+ + e^- \rightarrow Na \quad \text{kathodische Reduktion}$$

$$Cl^- \rightarrow Cl\cdot + e^- \quad \text{anodische Oxidation}$$

$$(2Cl\cdot \rightarrow Cl_2)$$

Da bei der zur Elektrolyse von NaCl erforderlichen Spannung (ca. 7 V; vgl. E22) an der Kathode an Stelle der Natrium-Ionen das Wasser (zur Autoprotolyse des Wassers vgl. E21) entladen wird, kann die Elektrolyse zur Darstellung von Natrium nicht in wäss. Lösung erfolgen.

$$H_3O^+ + e^- \rightarrow H\cdot + H_2O$$

$$(2H\cdot \rightarrow H_2)$$

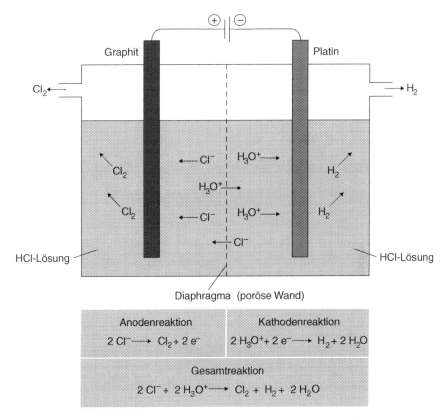

Abb. 10.4 Elektrolyse am Beispiel der Zersetzung von Salzsäure (adaptiert nach Erwin Riedel u. Christoph Janiak 2011, Anorganische Chemie, © De Gruyter Berlin)

Die Alkalimetallhalogenide kristallisieren, wie auch die Alkalimetallhydride, in Ionengittern, deren Systematik hier besprochen werden soll.

E17 Die Ionenbindung II – Packungen und Elementarzellen

Wir hatten zuvor die Ionenbindung als Wechselwirkung von Ionen im Kristallverband charakterisiert (vgl. E14) und am Beispiel der Metallbindung den Aufbau einiger Typen von Atomgittern (vgl. E13) besprochen. Die Kristallgitter vieler Salze, deren Kenntnis zum Verständnis der Gitterenergie erforderlich ist, lassen sich hieraus ableiten.

Die Mehrzahl der Alkalimetallhalogenide kristallisiert, wie auch alle Alkalimetallhydride, im *NaCl-Typ*. Dieser geht von der kubisch-dichtesten Kugelpackung der Chlorid-Ionen aus und besetzt sämtliche Oktaederlücken mit Natrium-Ionen. Analog aufgebaut sind alle Halogenide von Li, Na, K, Rb sowie

(a)   **(b)**

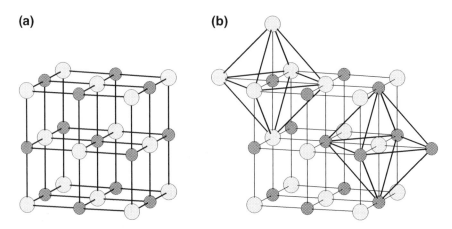

Abb. 10.5 Die Struktur des NaCl-Typs. **a** Elementarzelle, **b** Na- und Cl-zentrierte Oktaeder

Abb. 10.6 Die
Elementarzelle des CsCl-
Typs mit Besetzung der
Würfellücken A und B
(adaptiert nach Max Schmidt
1991, Anorganische Chemie,
Band 1, Bibliographisches
Institut Mannheim)

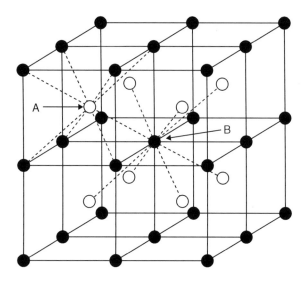

CsF (Abb. 10.5). Im NaCl-Typ weisen die Natrium-Ionen, da in Oktaederlücken platziert, 6 nächste Chlorid-Nachbarn auf. Umgekehrt sind auch alle
Chlorid-Ionen von jeweils 6 Natrium-Ionen in Form eines Oktaeders umgeben.

   Die Caesium-Salze der schwereren Halogenide gehören einem anderen Typ,
dem *CsCl-Typ* an. Er entspricht dem kubisch-raumzentrierten Atomgitter, stellt
also keine dichteste Kugelpackung dar (Abb. 10.6). Hierhin gelangt man, wenn
man aus den Halogenid-Ionen ein kubisch-primitives Gitter (vgl. E14) aufbaut
und die kubischen Lücken mit Kationen besetzt. Hierbei weisen beide Ionen-
arten jeweils 8 Gegenionen als nächste Nachbarn auf und befinden sich im
Zentrum eines Würfels.

Beide Gittertypen stellen sog. „invertierbare Gittertypen" dar, d. h., die Plätze der Ionensorten sind gegeneinander ohne Änderung des Gittertyps vertauschbar. Das ist nicht bei allen Gittertypen der Fall.

Man kann zeigen, dass in beiden Gittertypen die Anzahl der Packungsteilchen (in unserem Beispiel die Anionen) der Anzahl der zu besetzenden Oktaeder- bzw. Würfellücken entspricht. Im NaCl-Typ treten außerdem noch Tetraederlücken in der doppelten Zahl der Packungsteilchen auf. Auch weisen grundsätzlich in AB-Gittern die Ionen jeweils die gleiche Anzahl der Gegenionen als Nachbarn auf (sog. *Koordinationszahl*).

Die Ursache der Bildung unterschiedlicher Gittertypen bei den Alkalimetallhalogeniden hängt mit dem Problem der *Radienquotienten* r_{Kat}^+/r_{An}^- zusammen. Hierbei ist zu beachten, dass im Ionengitter (anders als im Atomgitter) die gleichsinnig geladenen Packungsionen einander abstoßen und durch die gegensinnig geladenen Lückenionen getrennt werden. Als Packungsion wird meist die größere Ionensorte, in der Regel das Anion, aufgefasst. Dies bedeutet, dass die zur Besetzung von Lücken in Ionengittern verwendeten Ionen die Lücken füllen müssen, folglich kaum zu groß, wohl aber im Sinne einer möglichst dichten Packung zu klein sein können. Da die Natrium-Ionen, anders als die größeren Caesium-Ionen, die Würfellücken der Anionen im Chloridgitter des CsCl-Typs nicht ausfüllen können, wird hier unter Ausbildung das NaCl-Typs die kleinere Oktaederlücke besetzt.

Die Elemente der Gruppe 16 (Chalkogene)

11.1 Allgemeines

Die Elemente E der Gruppe 16 weisen als Atome die Valenzelektronenkonfiguration ns^2np^4 auf. Sie benötigen zum Erreichen der Edelgaskonfiguration zwei zusätzliche Elektronen, die sie unter Bildung der Dianionen E^{2-} aufnehmen.

Ein Vergleich der Eigenschaften (Tab. 11.1) zeigt die zuvor bei den Elementen der Gruppen 1 und 17 beobachtete Abfolge. Allerdings treten hier insbesondere die Elektronegativität und die Ionisierungsenergie von Sauerstoff gegenüber den Gruppennachbarn deutlich abgesetzt auf. Zudem fehlen diesem Element im Valenzbereich die unbesetzten d-Orbitale. Dies führt zu deutlich differenzierten Eigenschaften, die eine gesonderte Besprechung des Kopfelements nahelegen.

11.2 Sauerstoff

11.2.1 Das Element

Der Sauerstoff ist mit einer Massenhäufigkeit von 46 % das häufigste Element auf der Erdoberfläche. Hauptvorkommen sind neben sauerstoffhaltigen Gesteinen (Carbonate, Sulfate, Silikate u. a.) insbesondere das Wasser sowie die Luft, worin der Sauerstoff in elementarer Form als O_2-Molekül zu ca. 20 % vorliegt. Die Gewinnung erfolgt nahezu ausschließlich durch fraktionierte Tieftemperaturdestillation der Luft.

Elementarer Sauerstoff kann in Form zweier verschiedener Modifikationen, als O_2- und als O_3-Molekül vorliegen. Wir wollen zunächst das wesentlich stabilere O_2-Molekül betrachten.

Ähnlich wie beim Wasserstoff und bei den Halogenen kann das Sauerstoffatom sein Elektronendefizit durch Ausbildung von Atombindungen mit einem weiteren Sauerstoffatom beheben. Zur Erreichung des Oktetts müssen im O_2-Molekül hierbei vier Elektronen jeweils beiden Atomen zugehören; man bezeichnet dies als

N. Kuhn und T. M. Klapötke, *Allgemeine und Anorganische Chemie*, DOI: 10.1007/978-3-642-36866-0_11, © Springer-Verlag Berlin Heidelberg 2014

Tab. 11.1 Einige Eigenschaften der Gruppe-16-Elemente (Chalkogene)

	Sauerstoff	Schwefel	Selen	Tellur
Ordnungszahl	8	16	34	52
Elektronenkonfiguration	[He] $2s^2 2p^4$	[Ne] $3s^2 3p^4$	[Ar] $3d^{10} 4s^2 4p^4$	[Kr] $4d^{10} 5s^2 5p^4$
Atommasse[a]	15,9994	32,064	78,96	127,60
Atomradius [Å]	0,74	1,04	1,14	1,37
Schmelzpunkt [°C]	-219	120^b	220^c	450
Siedepunkt [°C]	-183	445	685	1390
Dissoziationsenergie [kJ/mol]	498	425	333	258
Elektronegativität	3,5	2,4	2,5	2,0
Elektronenaffinität [eV]	$-1,46$	$-2,07$	$-2,02$	$-1,97$
Ionisierungsenergie [eV]	13,6	10,4	9,8	9,0

[a]bez. auf 1/12 der Masse des Kohlenstoffisotops ^{12}C
[b]monokliner Schwefel
[c]graues Arsen

Doppelbindung. Auch hierbei werden die Bindungen durch Überlappung von Atomorbitalen gebildet.

E18 Die Atombindung II – Mehrfachbindungen im Valence Bond-Konzept

Gemäß der VB-Vorstellung werden zur Aufnahme von 4 bindenden Elektronen 4 Atomorbitale benötigt. Wenn wir willkürlich annehmen, dass zunächst die Bindung des zweiatomigen Moleküls auf der z-Achse des Koordinatensystems platziert ist, können wir eine der Bindungen aus den p_z-Orbitalen der Atome bilden. Die zweite Bindung kann durch Überlappung zweier auf der z-Achse senkrecht stehende p-Orbitale (z. B. p_x) gebildet werden. Liegen, wie beim später zu besprechenden N_2-Molekül, 6 bindende Elektronen vor, kann auch das 3. Paar der p-Orbitale (p_y) zur Bindungsbildung, nun einer dritten Bindung (Dreifachbindung), herangezogen werden (Abb. 11.1).

Die drei Bindungen der Dreifachbindung unterscheiden sich in der Symmetrie: während die durch die p_z-Orbitale gebildete Bindung auf der Bindungsachse orientiert ist, liegt der Überlappungsbereich der p_x- und p_y- Orbitale außerhalb der Bindungsachse.

Bindungen, deren Überlappungsintegral *rotationssymmetrisch* zur Bindungsachse orientiert ist, nennt man *σ-Bindungen*.

Bindungen, deren Überlappungsintegral *nicht rotationssymmetrisch* zur Bindungsachse orientiert ist, nennt man *π-Bindungen*.

Einfachbindungen sind, von sehr wenigen Ausnahmen abgesehen, immer σ-Bindungen. Doppelbindungen setzen sich aus jeweils einer σ- und einer π-Bindung zusammen, während Dreifachbindungen eine σ- und zwei

Abb. 11.1 Schematische
Darstellung von σ- und π-
Bindungen. **a** σ-Bindungen,
b π-Bindungen (adaptiert
nach Erwin Riedel u.
Christoph Janiak (2011),
Anorganische Chemie, © De
Gruyter Berlin)

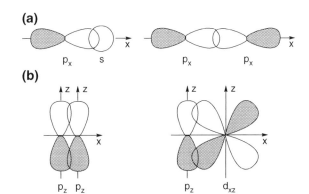

π-Bindungen enthalten. Die Anzahl der Bindungen zwischen zwei Atomen wird auch als *Bindungsordnung* bezeichnet.

Aus Abb. 11.1 wird ersichtlich, dass π-Bindungen ein geringeres Überlappungsintegral aufweisen als σ-Bindungen und somit in der Regel weniger stabil sind. Deshalb ist eine Doppelbindung weniger stabil als die Summe zweier Einfachbindungen gleicher Atomsorten.

Tatsächlich ist die Bindungsenergie des O_2-Moleküls (489,9 kJ $\cdot$ mol^{-1}) deutlich höher als die des F_2-Moleküls (159,1 kJ $\cdot$ mol^{-1}). Offensichtlich sind Doppelbindungen stabiler als Einfachbindungen.

In der Valenzstrichschreibweise liegen im O_2-Molekül nur Elektronenpaare, d. h. spingepaarte Elektronen vor. Magnetische Messungen ergeben jedoch das Vorliegen von zwei ungepaarten Elektronen pro Molekül. Die vielfach anzutreffende Valenzstrichformel des O_2-Moleküls.

$$\overline{\underline{O}} = \overline{\underline{O}}$$

berücksichtigt zwar das Vorliegen der Doppelbindung, vernachlässigt jedoch die Gegenwart der ungepaarten Elektronen im Molekül und ist somit nicht korrekt. Zur wellenmechanischen Betrachtungsweise des O_2-Moleküls vgl. Kap. 19.

Einen einfachen Weg zum Verständnis des O_2-Moleküls bietet das nachfolgend besprochene MO-Konzept.

E19 Die Atombindung III – Das Molecular-Orbital-Konzept (MO)

Wir sind bislang bei der Ausbildung von Atombindungen von der Überlappung von *Atomorbitalen* (VB-Methode) ausgegangen. Ein hiervon unabhängiges Modell behandelt die Bindungen durch Ausbildung von *Molekülorbitalen* (MO-Methode). Dieses Verfahren ist weniger anschaulich, liefert jedoch eine bessere Grundlage zur quantitativen Berechnung von Bindungseigenschaften und erklärt manche zuvor unklar gebliebenen Befunde. Wir wollen die Methode auf rein qualitativer Basis am Beispiel zunächst des H_2-Moleküls betrachten:

Abb. 11.2 MO-Diagramm
des H_2-Moleküls (aus
Michael Binnewies et al.
(2011), Allgemeine und
Anorganische Chemie, ©
Springer Spektrum 2011)

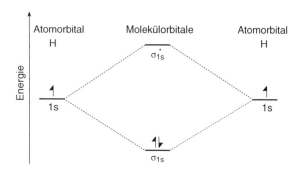

Molekülorbitale werden durch Kombination von Atomorbitalen gebildet.
Hierbei entspricht die Anzahl der verwendeten Atomorbitale der der gebildeten
Molekülorbitale. Durch Kombination der 1s-Orbitale der Wasserstoffatome im
H_2-Molekül resultieren folglich zwei Molekülorbitale. Die $\pm$-Zeichen der
Orbitale stellen die mathematischen Vorzeichen der Wellenfunktion (Kap. 18
und 19), nicht etwa elektrische Ladungen dar. Die Kombination von Atomor-
bitalen gleicher Symmetrie und gleichen Vorzeichens führt zu bindenden
Molekülorbitalen, die ungleichen Vorzeichens zu antibindenden Molekülorbi-
talen (Abb. 11.2).

Die Bindungsordnung (BO) ergibt sich entsprechend der Beziehung.

$$BO = (z_b - z_a)/2$$

z_b = Zahl der in bindenden, z_a = Zahl der in antibindenden Molekülorbitalen
befindlichen Elektronen.

Es ist ersichtlich, dass in der Reihe der denkbaren Teilchen H_2^+, H_2, H_2^-,
das neutrale Molekül (BO = 1) die größte Stabilität aufweist, während H_2^{2-}
und das hierzu „isoelektronische" Molekül He_2 (BO = 0) nicht existenzfähig
sind.

Nichtbindende Elektronenpaare im Valenzbereich tragen, wie am Beispiel
des F_2-Moleküls (Abb. 11.3) gezeigt, durch gleichgewichtete Besetzung bin-
dender und antibindender Molekülorbitale nicht zur chemischen Bindung bei.
Durch vollständige Besetzung der aus den 1s- und 2s-Atomorbitalen gebildeten
Molekülorbitale mit vier Elektronen leisten auch diese keinen Beitrag zur
Bindung.

Bei der Konstruktion des MO-Schemas für das O_2-Molekül müssen grundsätzlich alle Atomorbitale der Atome im Valenzbereich (n = 2) berücksichtigt
werden. Hierbei ist zu beachten, dass die im Atom entarteten, d. h. energiegleichen p-Orbitale nunmehr durch die anisotrope, d. h. richtungsabhängige
Orientierung der Bindungsachse (z-Achse) energetisch ungleich werden. Dies
führt zur Aufspaltung der Atomorbitale $p_z \neq p_{x,y}$ und somit der zugehörigen
Molekülorbitale (Abb. 11.4).

Abb. 11.3 MO-Diagramm des F_2-Moleküls (aus Michael Binnewies et al. (2011), Allgemeine und Anorganische Chemie, © Springer Spektrum 2011)

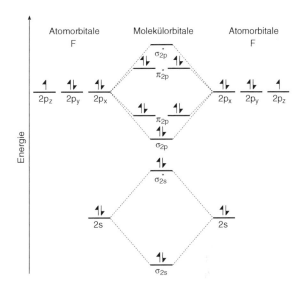

Abb. 11.4 MO-Diagramm des O_2-Moleküls (aus Michael Binnewies et al. (2011), Allgemeine und Anorganische Chemie, © Springer Spektrum 2011)

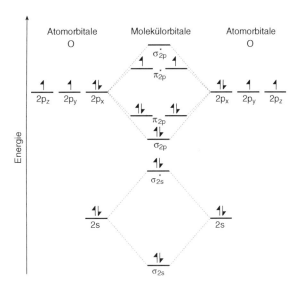

Bei der Besetzung der Molekülorbitale mit den 16 Elektronen des Moleküls ergibt sich für n = 1 kein bindender Zustand (BO = 0). Gemäß der Hund'schen Regel werden die beiden energiegleichen, aus p_x und p_y resultierenden Molekülorbitale jeweils einfach besetzt, woraus die Gegenwart von zwei ungepaarten Elektronen pro Molekül resultiert. Die Bindungsordnung 2 ergibt sich durch Anwendung der oben genannten Formel [BO = (10 − 6)/2 bzw. (8 − 4)/2 = 2]; im zweiten Ausdruck sind, wie auch in Abb. 11.4, die 1s-Atomorbitale und die hieraus resultierenden Molekülorbitale nicht berücksichtigt.

Abb. 11.5 MO-Diagramm
des $I_3{}^-$-Ions

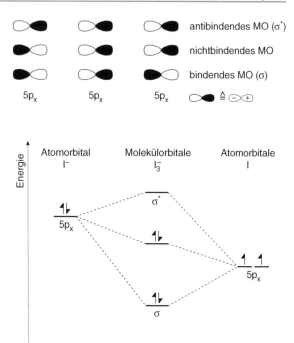

Auch dreiatomige Moleküle lassen sich unter Zuhilfenahme von MO-Diagrammen erklären. Dies wollen wir am Beispiel des $I_3{}^-$-Ions besprechen.

Die aus dem VSEPR-Konzept (E12) resultierende lineare Atomanordnung des $I_3{}^-$-Ions führt zu dem in Abb. 11.5 abgebildeten Orbitalschema. Hierzu besetzen die vier den σ-Bindungen zugehörigen Elektronen die aus den drei p_z-Orbitalen resultierenden bindenden und nichtbindenden Molekülorbitale; das antibindende Molekülorbital bleibt unbesetzt. Hierdurch folgt für das $I_3{}^-$-Ion die Bindungsordnung 1, für jede I-I-Bindung die Bindungsordnung 0,5. Die gegenüber dem I_2-Molekül vorliegende Schwächung der σ-Bindungen ergibt sich hier auch ohne Beteiligung der d-Orbitale. Dieser Bindungstyp wird auch als Dreizentren-Vierelektronen-Bindung (3c4e) bezeichnet.

Das O_2-Molekül ist ein starkes Oxidationsmittel, das jedoch (zur Spinumkehr) eine hohe Aktivierungsenergie aufweist und in verdünntem Zustand (Luft) deshalb nur langsam reagiert.

Im Gegensatz zu O_2 liegen im dreiatomigen Ozonmolekül O_3 (Sdp. $-112\ ^\circ$C, Schmp. $-93\ ^\circ$C) keine ungepaarten Elektronen vor. Das Molekül lässt sich als Valenzstrichformel mit äquidistanten O–O-Bindungen nur unter Anwendung der Resonanz abbilden; für die Bindung resultiert hiermit BO = 1,5 und somit eine deutliche Schwächung gegenüber dem O_2-Molekül. Entsprechend dem VSEPR-Konzept liegt eine gewinkelte Struktur vor.

$$|O^{\nearrow \overline{O}}_{\oplus} \diagdown \overline{O}|^{\ominus} \longleftrightarrow {}^{\ominus}|\overline{O}^{\diagup \overline{O}}_{\oplus} \diagdown O|$$

Zur wellenmechanischen Betrachtungsweise des O_3-Moleküls vgl. Kap. 19.

E20 Einige Begriffe der Atombindung im Rückblick

An dieser Stelle seien rückblickend nochmals einige Begriffe der Atombindung zusammengefasst:

Resonanz meint die Beschreibung einer Elektronenverteilung durch Grenzformeln, die nicht gleiches Gewicht haben müssen. Sie werden durch den Resonanzpfeil ↔ verbunden. Die Superposition ergibt den realen Zustand. In den Resonanzformeln müssen die Atome gleiche Lagen haben (keine Änderung der Bindungslängen und -winkel!).

Partialladungen geben die Verteilung der elektrischen Ladung innerhalb einer Bindung in Folge der Elektronegativitätsdifferenz als realphysikalische Größe an. Hieraus kann ein Dipolmoment resultieren.

Formalladungen beschreiben die formale Ladungsverteilung einer Resonanzstruktur. Zur Ermittlung werden die bindenden Elektronen einer Bindung auf die Bindungspartner zu gleichen Teilen aufgeteilt und sodann die Elektronenbilanzen der Atome durch Vergleich mit dem freien Atom erstellt. Die Ionenladung einatomiger Ionen kann als Sonderfall der Formalladung aufgefasst werden, die wie oben für O_3 vermerkt angegeben wird.

Wertigkeit nannte man früher, unter Rückgriff auf die Mengenverhältnisse bei der Ausbildung von Verbindungen (Gesetz der konstanten Proportionen) den Faktor, in dem sich eine bestimmte Atomsorte mit Wasserstoff (Wertigkeit +1) bzw. Sauerstoff (Wertigkeit −2) verbindet. Heute wird dieser Begriff zur besseren Differenzierung durch die folgenden ersetzt.

Oxidationszahl (auch „Oxidationsstufe" genannt) meint in der Atombindung das Resultat der formalen Spaltung der Bindung gemäß der Elektronegativität; hierbei werden die bindenden Elektronen dem Partner höherer Elektronegativität zugerechnet (in Ionenverbindungen einatomiger Ionen entspricht die Oxidationszahl der Ionenladung).

Koordinationszahl eines Atoms nennt man die Zahl seiner nächsten Nachbarn (der Begriff wird auch für Ionengitter verwendet).

Bindigkeit bezeichnet die Anzahl der Atombindungen eines Atoms; sie kann in einem Resonanzgleichgewicht für die einzelnen Resonanzformeln unterschiedlich ausfallen.

Die Verdeutlichung der Begriffe an Beispielen ist sinnvoll. Im Ozonmolekül etwa liegt für die Sauerstoffatome die Oxidationszahl 0 vor; das mittlere Sauerstoffatom hat die Koordinationszahl 2, die endständigen die Koordinationszahl 1. Bindigkeit (3 für das zentrale Sauerstoffatom, 1 bzw. 2 für die endständigen Sauerstoffatome) und formale Ladungen (vgl. Resonanzgleichgewicht von O_3)

ergeben, je nach gewählter Resonanzformel, für die endständigen Sauerstoff-atome unterschiedliche Werte.

Ozon bildet sich durch Einwirkung von Energie auf O_2-Moleküle.

$$O_2 \rightarrow 2O$$
$$O + O_2 \rightarrow O_3$$

Dies geschieht in den oberen Schichten der Atmosphäre durch Einwirkung von UV-Strahlung. Die so gebildete Ozonschicht schützt die Erdoberfläche durch Absorption der „harten" UV-Strahlung aus dem Weltall. In neuerer Zeit wurde ein Abbau der Ozonschicht („Ozonloch"), möglicherweise unter Einwirkung der leicht flüchtigen Fluorchlorkohlenwasserstoffe (FCKW, weit verbreitet als Kühl- und Treibmittel) beobachtet.

In der organischen Synthese wird Ozon, *in situ* erzeugt durch Einwirkung einer elektrischen Entladung auf O_2, in hoher Verdünnung als selektives Oxidations-mittel verwendet.

11.2.2 Verbindungen mit Wasserstoff

Sauerstoff bildet mit Wasserstoff zwei stabile Verbindungen:

H_2O Wasser H_2O_2 Wasserstoffperoxid

Wasser kommt in großen Mengen (s. o.) in der Natur in Form von Flüssen, Seen, Meeren, in der Atmosphäre sowie als Bestandteil der belebten Welt (der Mensch besteht zu ca. 60 % aus Wasser) vor.

Wasser bildet sich aus den Elementen in einer stark exothermen Reaktion ($\Delta H = -284{,}7 \text{ kJ} \cdot \text{mol}^{-1}$):

$$H_2 + {}^1/_2\, O_2 \rightarrow H_2O$$

Die hohe Bildungswärme wird zum autogenen Schweißen („Daniell'scher Hahn", T ca. 2000 °C) sowie in Antriebsmotoren („Brennstoffzellen") verwendet. Zur Einleitung der Reaktion muss die stabile H-H-Bindung gespalten werden (hohe Aktivierungsenergie); anschließend erfolgt eine Radikalkettenreaktion („Knallgasreaktion"):

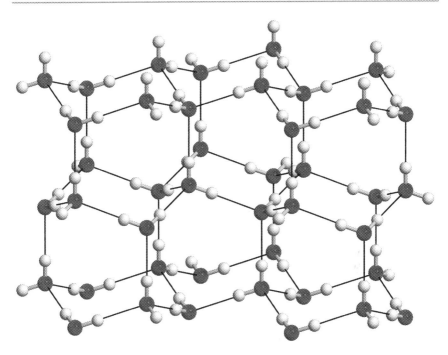

Abb. 11.6 Die Kristallstruktur von Eis (aus Michael Binnewies et al. (2011), Allgemeine und Anorganische Chemie, © Springer Spektrum 2011)

$$H_2 \rightarrow 2H\cdot \quad \text{(Startreaktion)}$$

$$H\cdot + O_2 \rightarrow OH + O\cdot \quad \text{(Kettenreaktion)}$$
$$OH + H_2 \rightarrow H_2O + H\cdot$$

$$OH + H\cdot \rightarrow H_2O \quad \text{(Kettenabbruch)}$$
$$O\cdot + H_2 \rightarrow H_2O$$

Im festen Zustand (Eis) liegen die Wassermoleküle, durch Wasserstoffbrücken verknüpft, in einer große Hohlräume enthaltenden Struktur vor (Abb. 11.6).

Offensichtlich bricht die Struktur beim Schmelzen (0 °C) nur schrittweise zusammen, was die *Anomalie des Wassers* (größte Dichte bei 4 °C) erklärt; dieser Umstand ist für die Biologie (Zufrieren der Gewässer „von oben") essentiell. Auch jenseits des Siedepunkts (100 °C) werden in der Gasphase zunächst Oligomere, $(H_2O)_n$ (n = 3–8), und erst bei höheren Temperaturen isolierte monomere Moleküle beobachtet. In der belebten Natur laufen sämtliche Reaktionen in kondensierter Phase in wäss. Lösungen ab. Das für die sehr guten Lösungseigenschaften des Wassers verantwortliche hohe Dipolmoment resultiert aus der gewinkelten Struktur des Moleküls (H-O-H 104,4°); die O-H-Bindungen werden entsprechend dem VSEPR-Konzept (vgl. E12) aus Sauerstofforbitalen mit hohem p-Anteil gebildet (p-Anteil $sp^3 = 75\ \%$, Bindungswinkel 109°; p-Anteil $p^3 = 100\ \%$, Bindungswinkel 90°; vgl. Tab. 9.3).

E21 Der pH-Wert

Wir haben zuvor (vgl. E7) gesehen, dass sich Säure-Base-Reaktionen nach Brønstedt in wäss. Lösung abspielen. Wir wollen nun den Säuregehalt solcher Lösungen quantitativ betrachten. Nachfolgend benannte Konzentrationen c werden in der Einheit $mol \cdot L^{-1}$ angegeben.

Wasser zeigt selbst in hochreiner Form eine geringe elektrische Leitfähigkeit, die auf das Vorliegen von Ionen gemäß nachfolgender Gleichung zurückzuführen ist (H^+ und OH^- liegen in wäss. Lösung hyratisiert vor; die hier gewählte Formulierung als H^+ und OH^- folgt dem Gebrauch der meisten Lehrbücher):

$$H_2O \rightleftharpoons H^+ + OH^-$$

$$K_c = \frac{c_{H^+} \cdot c_{OH^-}}{c_{H_2O}}$$

Da nur ein geringer Bruchteil der Wassermoleküle dissoziiert ist, gilt (Molmasse $H_2O = 18\ g \cdot mol^{-1}$, c_{H_2O} in $H_2O = 55,5\ mol \cdot L^{-1}$):

$$C_{H_2O} \cdot K_c = K_W$$

$$K_w = c_{H^+} \cdot c_{OH^-} = 10^{-14}\ mol \cdot L^{-1}\ \text{(bei 298 K)}$$

Dieser Ausdruck wird *Ionenprodukt des Wassers* genannt.
Da $c_{H^+} = c_{OH^-}$ gilt, folgt:

$$c_{H^+} = \sqrt{10^{-14}}\ mol \cdot L^{-1} = 10^{-7}\ mol \cdot L^{-1}$$

$$- \log c_{H^+} = pH$$

Der pH-Wert von reinem Wasser (Neutralwert) beträgt folglich 7.
Für saure Lösungen gilt: pH < 7.
Für basische (alkalische) Lösungen gilt: pH > 7.
Außerdem gilt:

$$pH + pOH = 14$$

Die zuvor genannten Säure- und Basekonstanten (E7, Tab. 9.2) erlauben nun die Berechnung von pH-Werten wäss. Lösungen.

Für starke Säuren ($pK_S < 0$) und Basen ($pK_B < 0$) kann in verdünnter Lösung ($c < 10^{-1}\ mol \cdot L^{-1}$) vollständige Dissoziation angenommen werden. Es gilt dann:

$$c_{H^+} = c_{HX} \quad \text{bzw.} \quad c_{OH^-} = c_B$$

c_{HX} und c_B entspricht der Konzentration (Menge) der eingesetzten Säure bzw. Base.

Für schwache Säuren HX gilt:

$$\frac{c_{H^+} \cdot c_{X^-}}{c_{HX} \cdot c_{H_2O}} = K_S'$$

Bei den Konzentrationen c handelt es sich um die Gleichgewichtskonzentrationen.

In verdünnter wäss. Lösung gelten folgende Vereinfachungen:

$c_{H_2O} = \text{const.}$ (55.5 mol $\cdot$ L^{-1})

$K_s = K_S' \cdot \text{const.}$

$c_{HX} = $ Gesamtmenge HX

$c_{H^+} = c_{X^-}$

Hieraus folgt:

$$c_{H^+} = \sqrt{K_S \cdot c_{HX}} \quad pH = -\log c_{H^+}$$

Analog gilt für die Berechnung des pH-Werts schwacher Basen:

$$c_{OH^-} = \sqrt{K_B \cdot c_B} \quad pOH = -\log c_{OH^-} \quad pH = 14 - pOH$$

Salze schwacher Säuren HX bzw. Basen B verhalten sich in wäss. Lösung nicht neutral. Es gilt

$$X^- + H_2O \rightleftharpoons HX + OH^-$$

$$HB^+ + H_2O \rightleftharpoons B + H_3O^+$$

Die Anionen schwacher Säuren (korrespondierende Basen) reagieren in wäss. Lösung folglich basisch, die Kationen schwacher Basen (korrespondierende Säuren) hingegen sauer. Dieses Verhalten wird als *Hydrolyse* bezeichnet. Für die Berechnung der pH-Werte gilt (am Beispiel des Salzes einer schwachen Säure HX, K_B' sei die Basekonstante der zu HX korrespondierenden Base):

$$\frac{c_{H^+} \cdot c_{X^-}}{c_{HX} \cdot c_{H_2O}} = K_S' \qquad K_S = K_S' \cdot c_{H_2O}$$

$$\frac{c_{BH^+} \cdot c_{OH^-}}{c_B \cdot c_{H_2O}} = K_B' \qquad K_B = K_B' \cdot c_{OH^-}$$

$$K_S \cdot K_B = \frac{c_{H_3O^+} \cdot c_{X^-} \cdot c_{HX} \cdot c_{OH^-}}{c_{HX} \cdot c_{X^-}} = K_W = 10^{-14}$$

$$pK_S + pK_B = 14 \quad pK_B = 14 - pK_S$$

Für den pH-Wert des Salzes einer schwachen Säure gilt unter Berücksichtigung der zuvor genannten Näherungen:

$$c_{OH^-} = \sqrt{K_B \cdot c_{X^-}} \quad -\log c_{OH^-} = pOH \quad pH = 14 - pOH$$

Analog gilt für den pH-Wert des Salzes einer schwachen Base:

$$c_{H_3O^+} = \sqrt{K_S \cdot c_{BH^+}}$$

Ein weiterer wichtiger Begriff im Bereich des pH-Werts ist der des *Puffers*.

Mischt man verdünnte wäss. Lösungen schwacher Säuren mit denen ihrer Salze, d. h. ihrer korrespondierenden Basen, so gilt:

$$HX + H_2O \rightleftharpoons X^- + H_3O^+$$
$$X^- + H_2O \rightleftharpoons HX + OH^-$$

Das Gleichgewicht beider Gleichungen liegt infolge des geringen Dissoziationsgrades auf der Seite der Edukte. Externe Säuren oder Basen werden bis zum vollständigen Verbrauch von X^- bzw. HX unter Verschiebung der Gleichgewichte neutralisiert; der pH-Wert der Lösung bleibt hierbei weitgehend konstant. Puffer dienen somit der Abschirmung des pH-Werts wäss. Lösungen gegenüber externen Säuren und Basen; sie sind in der Biochemie von essentieller Bedeutung.

Für den pH-Wert eines Puffers am Beispiel einer schwachen Säure gilt unter Berücksichtigung der zuvor genannten Näherungen:

$$K_S = \frac{c_{H_3O^+} \cdot c_{X^-}}{c_{HX}} \qquad c_{H_3O^+} = \frac{K_S \cdot c_{HX}}{c_{X^-}}$$

c_{HX} und c_{X^-} stellen hier die Gesamtmengen der eingesetzten Säure bzw. ihres Salzes dar. Sind beide Mengen bzw. Konzentrationen gleich, ergibt sich:

$$c_{H_3O^+} = K_S \qquad pH = pK_S$$

Dieser Zusammenhang eignet sich zur Bestimmung der pK_S-Werte (vgl. Tab. 9.2).

Analog gilt für den pH-Wert des Puffers einer schwachen Base

$$c_{OH^-} = \frac{K_B \cdot c_B}{c_{BH^+}}$$

Beispiele zur Berechnung von pH-Werten sind in Anhang I enthalten.

Im Wasserstoffperoxid, H_2O_2, sind die Sauerstoffatome im nicht planar gebauten Molekül durch eine Einfachbindung zusammengehalten; die Sauerstoffatome weisen hier die für Peroxoverbindungen charakteristische Oxidationszahl $-I$ auf. Die gegenüber dem O_2-Molekül (BO = 2) leichter zu spaltende O-O-Bindung führt zu einer drastisch erhöhten Reaktivität und macht diese Verbindung zu einer wichtigen Industriechemikalie. In reinem, d. h. unverdünntem Zustand ist es explosiv, im Handel befindlich sind 30 %ige wäss. Lösungen („Perhydrol").

H_2O_2 wurde früher technisch durch Hydrolyse von elektrochemisch erzeugter Peroxodischwefelsäure (Abschn. 11.3.6) gewonnen; im heute verwendeten *Anthrachinon-Verfahren* wird Wasserstoff mit Sauerstoff unter der katalytischen Wirkung (zur Katalyse vgl. E27) von Anthrachinon zur Reaktion gebracht. Die Verbindung ist heute Ausgangsmittel aller anorganischer und organischer Peroxoverbindungen (Verwendung z. B. als Bleichmittel in Waschmitteln).

E22 Das Redoxpotential

Wir haben Redoxreaktionen (E15) als Konkurrenzreaktionen um Elektronen kennengelernt. Ähnlich wie die Säure-/Basestärke von Säuren und Basen lässt sich die Oxidations-/Reduktionskraft von Verbindungen in wäss. Lösung als stoffspezifische Konstante verstehen. Die korrekte Ableitung erfordert die thermodynamische Behandlung des chemischen Gleichgewichts und soll hier nicht weiter besprochen werden.

Das elektrochemische Potential [V] einer Teilreaktion, in der die oxidierte Form einer Verbindung bzw. Atomsorte (Ox) im Gleichgewicht mit der reduzierten Form (Red) steht,

$$Ox + z\,e^- \rightleftarrows Red$$

wird durch die *Nernst'sche Gleichung* beschrieben:

$$E' = E^\circ + \frac{0,059}{z} V \cdot \log \frac{c_{Ox}}{c_{Red}}$$

Ox/Red wird als Redoxpaar bezeichnet. In der Gleichung bedeutet E° das sog. *Standardpotential*, eine für das Redoxpaar ($c_{Ox} = c_{Red}$) charakteristische Stoffkonstante (s. u.); das reale Potential E' wird durch einen Konzentrationsterm beeinflusst. z gibt die Zahl der bei der Redoxreaktion übertragenen Elektronen pro Formeleinheit an. Die vollständige Redoxreaktion setzt sich aus zwei Redoxpaaren zusammen.

$$Ox^1 + Red^1 \rightleftarrows Ox^2 + Red^2$$

Wir wollen den Vorgang am Beispiel der Reaktion

$$Cu^{2+} + Zn \rightleftarrows Cu + Zn^{2+}$$

näher betrachten. Die Potentiale beider Teilreaktionen (Redoxpaare)

$$Cu^{2+} + 2e^- \rightleftarrows Cu$$

$$Zn \rightleftarrows Zn^{2+} + 2e^-$$

lassen sich in Kenntnis der Standardpotentiale $E^\circ_{(Cu)}$ und $E^\circ_{(Zu)}$ sowie der Konzentrationen der gelösten Ionen errechnen. Die Konzentrationen reiner fester Phasen (Metalle) treten in der Nernst'schen Gleichung nicht auf.

$$E = E^\circ + \frac{0,059}{z} V \cdot \log c_{Ox}$$

Taucht man einen Zinkstab in eine Cu^{2+}-Salzlösung, so beobachtet man die Abscheidung von metallischem Kupfer; zugleich geht Zink in Form von Zn^{2+} in Lösung. Hingegen wird beim Eintauchen eines Kupferstabes in eine Zn^{2+}-Salzlösung keine Reaktion beobachtet. Ersichtlich ist Cu^{2+} das stärkste Oxidationsmittel und Zn das stärkste Reduktionsmittel. Ein Vergleich der Standardpotentiale (Zn/Zn^{2+} −0,76 V, Cu/Cu^{2+} +0,34 V) zeigt, dass negative Standardpotentiale reduzierenden (d. h. „unedlen") Metallen zuzuordnen sind (die Konvention des Vorzeichens ergibt sich aus dem thermodynamischen Zusammenhang, der hier außer Acht bleiben soll).

Taucht man einen Kupferstab in eine Kupfersalzlösung sowie einen Zinkstab in eine Zinksalzlösung, so ergeben sich zwei sog. „Halbelemente", die eine Potentialdifferenz gemäß der Nernst'schen Gleichung aufweisen. Bei Verbindung der Stäbe mit einem Leiter fließt, entsprechend der Potentialdifferenz (Spannung), ein Strom, wobei das unedlere Metall Zink in Lösung geht und das edlere Metall Kupfer sich aus der Lösung abscheidet (Abb. 11.7).

Mit dem Transport der Elektronen durch den Leiter muss zugleich, zum Ladungsausgleich, eine gegenläufig gerichtete Wanderung der Anionen in Lösung erfolgen.

Eine solche Anordnung bezeichnet man als *galvanisches Element*. Die hierdurch erzeugte Spannung errechnet sich aus der Potentialsumme (die Normalpotentiale sind als Reduktionspotentiale aufzufassen) der Halbelemente. Da an einem der Halbelemente ein Oxidationsprozess abläuft, ist dort das Vorzeichen zu wechseln; tatsächlich ergibt sich die Spannung des Elements also aus der Differenz der Reduktionspotentiale. Für das Cu^+/Zn-Element (*Daniell-Element*) gilt somit.

$$E_{Zn/Zn^{2+}} = E^\circ_{Zn/Zn^{2+}} + \frac{0,059}{2} V \cdot \log c_{Zn^{2+}}$$

$$E_{Cu/Cu^{2+}} = E^\circ_{Cu/Cu^{2+}} + \frac{0,059}{2} V \cdot \log c_{Cu^{2+}}$$

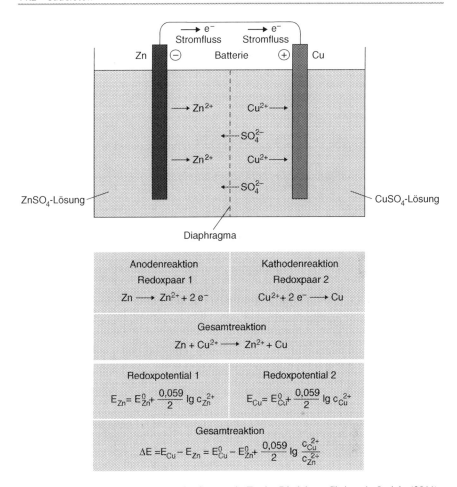

Abb. 11.7 Das Daniell-Element (adaptiert nach Erwin Riedel u. Christoph Janiak (2011), Anorganische Chemie, © De Gruyter Berlin)

Die durch das Element erzeugte Spannung beträgt somit

$$|\Delta E| = E_{Cu/Cu^{2+}} - E_{Zn/Zn^{2+}} + \frac{0,059}{2} V \cdot \log \frac{c_{Cu^{2+}}}{c_{Zn^{2+}}}$$

Bei gleicher Konzentration der Ionen ($c_{Cu^{2+}} = c_{Zn^{2+}}$) ergibt sich

$$|\Delta E| = E^{\circ}_{Cu/Cu^{2+}} - E^{\circ}_{Zn/Zn^{2+}} = 1,1 \text{ V}$$

Die Normalpotentiale der chemischen Redoxpaare sind in der sog. *elektrochemischen Spannungsreihe* (Tab. 11.2) aufgeführt.

Tab. 11.2 Die elektrochemische Spannungsreihe (Ausschnitt)

Reduzierte Form	$\rightleftharpoons$	Oxidierte Form	$+ze^-$	Standartpotential E^0 in V
Li	$\rightleftharpoons$	Li^+	$+e^-$	$-3{,}04$
K	$\rightleftharpoons$	K^+	$+e^-$	$-2{,}92$
Ba	$\rightleftharpoons$	Ba^{2+}	$+2e^-$	$-2{,}90$
Ca	$\rightleftharpoons$	Ca^{2+}	$+2e^-$	$-2{,}87$
Na	$\rightleftharpoons$	Na^+	$+e^-$	$-2{,}71$
Mg	$\rightleftharpoons$	Mg^{2+}	$+2e^-$	$-2{,}36$
Al	$\rightleftharpoons$	Al^{3+}	$+3e^-$	$-1{,}68$
Mn	$\rightleftharpoons$	Mn^{2+}	$+2e^-$	$-1{,}19$
Zn	$\rightleftharpoons$	Zn^{2+}	$+2e^-$	$-0{,}76$
Cr	$\rightleftharpoons$	Cr^{3+}	$+3e^-$	$-0{,}74$
S^{2-}	$\rightleftharpoons$	S	$+2e^-$	$-0{,}48$
Fe	$\rightleftharpoons$	Fe^{2+}	$+2e^-$	$-0{,}41$
Cd	$\rightleftharpoons$	Cd^{2+}	$+2e^-$	$-0{,}40$
Co	$\rightleftharpoons$	Co^{2+}	$+2e^-$	$-0{,}28$
Sn	$\rightleftharpoons$	Sn^{2+}	$+2e^-$	$-0{,}14$
Pb	$\rightleftharpoons$	Pb^{2+}	$+2e^-$	$-0{,}13$
Fe	$\rightleftharpoons$	Fe^{3+}	$+3e^-$	$-0{,}04$
$H_2 + H_2O$	$\rightleftharpoons$	H_3O^+	$+2e^-$	$\pm\,0$
Sn^{2+}	$\rightleftharpoons$	Sn^{4+}	$+2e^-$	$+0{,}15$
Cu^+	$\rightleftharpoons$	Cu^{2+}	$+e^-$	$+0{,}15$
$SO_2 + 6H_2O$	$\rightleftharpoons$	$SO_4^{2-} + 4H_3O^+$	$+2e^-$	$+0{,}17$
Cu	$\rightleftharpoons$	Cu^{2+}	$+2e^-$	$+0{,}34$
Cu	$\rightleftharpoons$	Cu^+	$+e^-$	$+0{,}52$
$2I^-$	$\rightleftharpoons$	I_2	$+2e^-$	$+0{,}54$
$H_2O_2 + 2H_2O$	$\rightleftharpoons$	$O_2 + 2H_3O^+$	$+2e^-$	$+0{,}68$
Fe^{2+}	$\rightleftharpoons$	Fe^{3+}	$+e^-$	$+0{,}77$
Ag	$\rightleftharpoons$	Ag^+	$+e^-$	$+0{,}80$
Hg	$\rightleftharpoons$	Hg^{2+}	$+2e^-$	$+0{,}85$
$NO + 6H_2O$	$\rightleftharpoons$	$NO_3^- + 4H_3O^+$	$+3e^-$	$+0{,}96$
$2Br^-$	$\rightleftharpoons$	Br_2	$+2e^-$	$+1{,}07$
Pt	$\rightleftharpoons$	Pt^{2+}	$+2e^-$	$+1{,}12$
$6H_2O$	$\rightleftharpoons$	$O_2 + 4H_3O^+$	$+4e^-$	$+1{,}23$
$2Cr^{3+} + 21H_2O$	$\rightleftharpoons$	$Cr_2O_7^{2-} + 14H_3O^+$	$+6e^-$	$+1{,}33$

(Fortsetzung)

Tab. 11.2 (Fortsetzung)

Reduzierte Form	$\rightleftharpoons$	Oxidierte Form	$+ze^-$	Standartpotential E^0 in V
$2Cl^-$	$\rightleftharpoons$	Cl_2	$+2e^-$	$+1,36$
$Pb^{2+} + 6H_2O$	$\rightleftharpoons$	$PbO^2 + 4H_3O^+$	$+2e^-$	$+1,46$
Au	$\rightleftharpoons$	Au^{3+}	$+3e^-$	$+1,50$
$Mn^{2+} + 12H_2O$	$\rightleftharpoons$	$MnO_4^- + 8H_3O^+$	$+5e^-$	$+1,51$
$3H_2O + O_2$	$\rightleftharpoons$	$O_3 + 2H_3O^+$	$+2e^-$	$+2,07$
$2F^-$	$\rightleftharpoons$	F_2	$+2e^-$	$+2,87$

Die Werte beziehen sich auf die willkürlich als Referenzelektrode gewählte *Standardwasserstoffelektrode* ($E^o = 0$ V), bei der ein Platinblech, eintauchend in eine wäss. Lösung des pH-Werts 0 $\left(c_{H_3O^+} = 1\right)$, von Wasserstoff des Drucks 1 bar umspült wird ($E_{H_2/H_3O^+} = E^{\circ}_{H_2/H_3O^+}$, heterogener Reaktionsverlauf). Dem Halbelement liegt folgender Reaktionsverlauf zu Grunde:

$$H_2 + 2H_2O \rightleftharpoons 2H_3O^+ + 2e^-$$

Hieraus lässt sich das Potential (auch *elektromotorische Kraft* genannt) des neutralen Wassers ($E^o = 0$ V, $c_{H_3O^+} = 10^{-7}$ mol $\cdot$ L^{-1}) errechnen:

$$E = 0 + \frac{0,059}{2} \text{ V} \cdot \log\left(10^{-7}\right)^2 = 0,41 \text{ V}$$

Dies bedeutet, dass sich alle Metalle mit $E^o < -0,41$ V in Wasser unter Entwicklung von Wasserstoff und Bildung von Metallkationen lösen sollten. In der Praxis (z. B. bei Mg, Al) wird dies vielfach durch sog. *Passivierung*, d. h. durch Bildung einer schützenden Oxidschicht auf der Metalloberfläche, verhindert.

Die Standardpotentiale der Redoxpaare, obwohl für elektrochemische Reaktionsführung normiert, geben wichtige Hinweise zum chemischen Verhalten von redoxaktiven Substanzen in chemischen Reaktionen.

Beispiele zur Berechnung von Redoxpotentialen sind im Anhang I enthalten.

11.2.3 Verbindungen mit Edelgasen

Wir hatten gesehen, dass nur das schwerste Edelgas Xenon in der Lage ist, mit dem Halogen höchster Elektronegativität, dem Fluor, stabile Verbindungen zu bilden.

Tatsächlich ist bereits Sauerstoff, das Element mit der nach Fluor höchsten Elektronegativität, nicht mehr in der Lage, selbst unter extremen Bedingungen (Druck, Temperatur) mit Xenon zu reagieren. Jedoch lässt sich das Oxid XeO_3 durch gezielte Hydrolyse des Fluorids erhalten:

$$XeF_6 + 3H_2O \rightarrow XeO_3 + 6HF$$

Verbindungen des achtwertigen Xenons werden durch Disproportionierung (E24) der Xenate^{+VI} erhalten. Im Gegensatz zu den stabilen Perxenaten^{+VIII} ist das hieraus zugängliche XeO_4 extrem explosiv.

$$XeO_3 + H_2O \rightarrow H_2XeO_4$$
$$H_2XeO_4 + Ba(OH)_2 \rightarrow BaXeO_4 + 2H_2O$$

$$2\overset{+VI}{Ba}XeO_4 \rightarrow Ba_2\overset{+VIII}{Xe}O_6 + \overset{0}{Xe} + O_2$$
$$Ba_2XeO_6 + 2H_2SO_4 \rightarrow XeO_4 + 2BaSO_4 + 2H_2O$$

Perxenate XeO_6^{4-} sind sehr starke Oxidationsmittel ($E^\circ = +2{,}36$ V).

XeO_3 und XeO_4 sind molekular (KZ Xe = 3, 4) aufgebaut; die Molekülgeometrie (pyramidal bzw. tetraedrisch) ergibt sich aus dem VSEPR-Konzept (E12).

In den Xenaten XeO_4^{2-} und Perxenaten XeO_6^{4-} (KZ 4, 6) bewirkt die Erhöhung der Koordinationszahl durch die hiermit verbundene Abschirmung eine Stabilisierung der Komplexanionen.

E23 Hypervalenz, Elektronendelokalisation und Resonanz bei Doppelbindungen

Das bereits zuvor angesprochene Problem der Beteiligung von d-Orbitalen bei der Ausbildung kovalenter Bindungen mit Hauptgruppenelementen (vgl. E10) stellt sich auch bei der Behandlung von Doppelbindungen und kann analog durch Anwendung des Resonanzbegriffs behandelt werden. Für XeO_4 beispielsweise kann folglich geschrieben werden:

(4 x)

(6 x)   (4 x)

Auch hier wird die energetisch ungünstige d-Orbitalbeteiligung durch Ladungstrennung umgangen. Die den beteiligten Atomen zugeschriebenen Formalladungen wirken sich als Partialladungen auf die chemischen Eigenschaften der Verbindungen aus (vgl. E20).

Resonanzgleichgewichte werden auch verwendet zur Markierung einer Elektronendelokalisation. So weisen im Nitrat-Ion (vgl. Abschn. 13.2.6) alle NO-Bindungen die gleiche Länge auf.

Die Zusammenführung beider Aspekte – Vermeidung der Beteiligung von d-Orbitalen zur Bindungsbildung und Beschreibung einer „symmetrischen" Elektronenverteilung – liegt beispielsweise im SO_3-Molekül (vgl. Abschn. 11.3.5) vor.

In den nachfolgend formulierten Resonanzgleichgewichten wird aus Gründen der Übersichtlichkeit jeweils nur die jeweils ladungsärmste Grenzform angegeben. Eine weiterführende Behandlung des Problems findet sich in Kap. 19.

11.2.4 Verbindungen mit Halogenen

Die isolierbaren binären, d. h. nur aus zwei Atomsorten bestehenden Verbindungen des Sauerstoffs mit Fluor, Chlor und Brom sind wegen der geringen Elektronegativitätsdifferenz sämtlich molekular aufgebaut (bei Normalbedingungen gasförmig) und wenig stabil. Gut untersuchte Verbindungen sind OF_2, Cl_2O, ClO_2, Cl_2O_7.

In OF_2 liegt Sauerstoff der Oxidationszahl +II vor. In allen anderen Verbindungen weisen die Halogene positive Oxidationszahlen auf.

ClO_2 bildet ein stabiles Radikal; die Dimerisierung unterbleibt bei Raumtemperatur wegen der durch die hohe Elektronegativität der beteiligten Atomsorten geringen Orbitalenergie (d. h. hohen Ionisierungsenergie) des ungepaarten Elektrons, wird jedoch im festen Zustand bei tiefer Temperatur beobachtet. Die zur Entkeimung (Trinkwasser) und als Bleichmittel verwendete Verbindung wird trotz ihrer Brisanz (in reiner Form explosiv), verdünnt mit Sauerstoff, technisch hergestellt.

$$2NaClO_3 + SO_2 + H_2SO_4 \rightarrow 2ClO_2 + 2NaHSO_4$$

Cl_2O und Cl_2O_7 sind Anhydride (E25) der ensprechenden Chlorsauerstoffsäuren (Abschn. 11.2.5). Die weniger wichtigen Bromoxide sollen hier nicht besprochen werden.

Auf Grund höherer Polarität liegt I_2O_5 bei Normalbedingungen als molekular gebauter Feststoff vor und ist von deutlich höherer Stabilität (allerdings gleichfalls ein kräftiges Oxidationsmittel).

Es wird als Anhydrid durch Entwässern der Iodsäure (vgl. Abschn. 11.2.5) bei
200 °C gewonnen.

$$2HIO_3 \rightarrow I_2O_5 + H_2O$$

11.2.5 Halogensauerstoffsäuren

Die instabile Unterfluorige Säure HOF, erst in neuerer Zeit dargestellt, enthält
Sauerstoff der Oxidationszahl 0 und soll hier nicht weiter besprochen werden.

Chlor, Brom und Iod (E) bilden Sauerstoffsäuren HEO_n (n = 1–4; die vollständige Reihe ist nur für E = Cl bekannt), bei denen an das zentrale Halogenatom
1, 2, 3 oder 4 Sauerstoffatome gebunden sind. Ein Sauerstoffatom trägt dabei noch
ein Wasserstoffatom, das leicht an eine Base abgegeben werden kann. Wir wollen
diese Substanzklasse am Beispiel der Chlorverbindungen näher betrachten.

$$\overset{+I}{HClO} \qquad \text{Unterchlorige (``Hypochlorige'') Säure}$$

$$|\overline{\underline{Cl}} - \overline{\underline{O}} - H$$

$$\overset{+III}{HClO_2} \qquad \text{Chlorige Säure}$$

$$O = \overline{\underline{Cl}} - \overline{\underline{O}} - H$$

$$\overset{+V}{HClO_3} \qquad \text{Chlorsäure}$$

$$|\overline{O} \diagdown \!\!\! \overline{\underline{Cl}} - \overline{\underline{O}} - H$$
$$\diagup\!\!/ |O$$

$$\overset{+VII}{HClO_4} \qquad \text{Perchlorsäure}$$

$$O = \overset{\displaystyle O}{\underset{\displaystyle O}{Cl}} - \overline{\underline{O}} - H$$

Die Bindungen kann man als polare Atombindungen ansehen. Hierbei nehmen die
vier sp^3-Hybridorbitale des zentralen Chloratoms die nichtbindenden Elektronenpaare sowie die zur Ausbildung der σ-Bindungen verwendeten Elektronenpaare auf; dies führt zu einer verzerrt-tetraedrischen Umgebung der Chloratome.
Das Resonanzgleichgewicht der π-Bindungen liegt wegen der energetisch

ungünstigen Lage der d-Orbitale des Chloratoms weitgehend auf der Seite der hier nicht formulierten polaren Grenzstrukturen.

Die Säurestärke steigt in der oben genannten Reihe an, da die Sauerstoffsubstituenten die OH-Bindung mit steigender Zahl zusätzlich polarisieren. Perchlorsäure ist die derzeit stärkste Brønstedt-Säure ($pK_S = -10$).

In wasserfreiem Zustand ist nur die Perchlorsäure bekannt; die anderen Säuren, sämtlich durch Umsetzung ihrer Salze mit Schwefelsäure als wäss. Lösungen erhältlich, zersetzen sich beim Versuch der Isolierung.

Das beständige Natriumsalz der Hypochlorigen Säure (Natriumhypochlorit) wird durch Umsetzung von Chlor mit Natronlauge erhalten. Es lässt sich thermisch zu Natriumchlorat ($NaClO_3$) disproportionieren. Die technische Synthese von Natriumperchlorat ($NaClO_4$) erfolgt elektrochemisch durch anodische Oxidation von Natriumchlorat:

$$Cl_2 + 2NaOH \rightarrow NaCl + NaOCl + H_2O$$

$$3NaClO \rightarrow NaClO_3 + 2NaCl$$

$$ClO_3^- + 3H_2O \rightarrow ClO_4^- + 2H_3O^+ + 2e^-$$

Die wasserfreie Perchlorsäure wird durch Umsetzung ihrer Salze mit Schwefelsäure und nachfolgende Destillation im Vakuum (Sdp. 120 °C) erhalten.

$$NaClO_4 + H_2SO_4 \rightarrow HClO_4 + NaHSO_4$$

Sämtliche Chlorsauerstoffsäuren und ihre Salze sind starke Oxidationsmittel. Wasserfreie Perchlorsäure explodiert mit brennbaren Substanzen. Natriumhypochlorit wird als Bleichmittel verwendet; ein wichtiges technisches Produkt ist das aus Kalkmilch (s. u.) und Cl_2 zugängliche $Ca(OCl)Cl$ (*Chlorkalk*). Natriumchlorat und Natriumperchlorat sind als Oxidationsmittel z. B. in Zündholzköpfen und Feuerwerkskörpern enthalten.

Die Sauerstoffsäuren des Broms sollen hier nicht näher besprochen werden. $HBrO_4$ und ihre Salze gehören zu den stärksten Oxidationsmitteln (Radienkontraktion der Elemente Ga–Kr durch zuvor beim Aufbau der Elemente erfolgte Besetzung der 3d-Orbitale).

Die entsprechenden Sauerstoffsäuren des Iods, HIO_3 und HIO_4, sind gleichfalls starke Oxidationsmittel, reagieren jedoch schwächer sauer. Iodsäure lässt sich durch direkte Oxidation von Iod erhalten, Periodsäure wird elektrochemisch analog der Perchlorsäure hergestellt.

$$I_2 + 6H_2O + 5Cl_2 \rightarrow 2HIO_3 + 10HCl$$

$$IO_3^- + 3H_2O \rightarrow IO_4^- + 2H_3O^+ + 2e^-$$

Die Säuren und ihre Alkalimetallsalze bilden stabile Feststoffe. Bedingt durch den gegenüber Chlor größeren Atomradius von Iod bevorzugt das Zentralelement in der Periodsäure und ihren Salzen die KZ 6 (IO_6-Oktaeder), die durch Ausbildung von Polymeren erreicht wird. Das gleiche Resultat wird erreicht durch Addition von zwei Äquivalenten Wasser; die hierbei entstandene *ortho*-Periodsäure H_5IO_6 wie auch ihr Anion sind aus monomeren IO_6-Oktaedern aufgebaut.

E24 Komproportionierung und Disproportionierung

Bei der Betrachtung der Chlorsauerstoffsäuren haben wir gesehen, dass insbesondere bei thermischer Belastung Elemente oder Verbindungen in Komponenten unterschiedlicher Oxidationszahlen überführt werden. Die Oxidationszahlen der Produkte liegen dann oberhalb und unterhalb der des Edukts. Eine solche Reaktion bezeichnet man als *Disproportionierung*.

Auch der hierzu inverse Vorgang ist bekannt, wenn bei Redoxreaktionen zwei Komponenten der gleichen Atomsorte, aber verschiedener Oxidationszahl, zu einem Produkt dieser Atomsorte reagieren. Redoxreaktionen dieses Typs bezeichnet man als *Komproportionierung* oder Synproportionierung. Die Oxidationszahl des Elements im Produkt muss dann folglich zwischen denen der Edukte liegen. Der Vorteil solcher Reaktionen liegt, vor allem im Bereich der Metallchemie, im Auftreten nur eines Produkts, so dass im Falle vollständig verlaufender Reaktionen keine Trennprobleme anfallen.

E25 Anhydride und Säurehalogenide

Wir haben bereits mehrfach gesehen, dass Verbindungen der Nichtmetalle unter Abspaltung von einem Äquivalent Wasser zu Derivaten, meist Oxiden, reagieren können. Umgekehrt nehmen viele Nichtmetalloxide Wasser auf unter Bildung von Sauerstoffsäuren. Da hierbei die Oxidationszahl des Zentralelements nicht wechselt, handelt es sich nicht um Redoxreaktionen, auch nicht um Säure-Base-Reaktionen im Sinne der Brønstedt-Definition. Die durch Wasserabspaltung aus den Sauerstoffsäuren erhaltenen Oxide bezeichnet man als deren *Anhydride*.

Verbindungen, in denen die azide OH-Gruppe gegen ein Halogenatom ersetzt ist, bezeichnet man als *Säurehalogenide*. Sie reagieren mit Wasser unter Abspaltung von Halogenwasserstoff (z. B. HCl) zu den zugehörigen Säuren.

Nachfolgend sind einige Beispiele aufgeführt, die z. T. später ausführlicher besprochen werden (Tab. 11.3).

Nicht alle Anhydride bzw. Säurechloride reagieren mit Wasser zur genannten Säure (z. B. Kohlensäure, Kieselsäure, Schweflige Säure). Jedoch bilden sich in allen Fällen bei Verwendung von Basen (z. B. NaOH) die Metallsalze der Säuren.

Tab. 11.3 Sauerstoffsäuren, ihre Anhydride und Säurechloride

Säure		Anhydrid	Säurechlorid
H_3BO_3	Borsäure	B_2O_3	BCl_3
H_2CO_3	Kohlensäure	CO_2	$COCl_2$
HCOOH	Ameisensäure	CO	HCOCl
$RCOOH^a$	Essigsäure	$(RCO)_2O$	RCOCl
H_4SiO_4	Kieselsäure	SiO_2	$SiCl_4$
HNO_3	Salpetersäure	N_2O_5	NO_2Cl
HNO_2	Salpetrige Säure	N_2O_3	NOCl
H_3PO_4	Phosphorsäure	P_4O_{10}	$POCl_3$
H_3PO_3	Phosphorige Säure	P_4O_6	PCl_3
H_2SO_4	Schwefelsäure	SO_3	SO_2Cl_2
H_2SO_3	Schweflige Säure	SO_2	$SOCl_2$
$HClO_4$	Perchlorsäure	Cl_2O_7	ClO_3Cl
$HClO_3$	Chlorsäure	Cl_2O_5	ClO_2Cl
$HClO_2$	Chlorige Säure	Cl_2O_3	ClOCl
HClO	Unterchlorige Säure	Cl_2O	Cl_2

$^aR = CH_3$

11.2.6 Verbindungen mit Alkalimetallen

Sauerstoff reagiert mit Alkalimetallen spontan zu Metalloxiden der Zusammensetzung M_2O, M_2O_2 und MO_2.

$$4M + O_2 \rightarrow 2M_2O \quad (M = Li, Lithiumoxid)$$
$$2M + O_2 \rightarrow M_2O_2 \quad (M = Na, Natriumperoxid)$$
$$M + O_2 \rightarrow MO_2 \quad (M = K, Rb, Cs, Metallhyperoxid)$$

Als Ursache für die Bildung unterschiedlicher Produkte wird die für den Aufbau stabiler Gitter (Gitterenergie) vergleichbare Ionengröße angenommen.

Die Oxide der schwereren Alkalimetalle sind durch thermische Zersetzung der Carbonate oder Hydroxide (Abschn. 11.2.7) zugänglich.

$$M_2CO_3 \rightarrow M_2O + CO_2$$
$$2M(OH) \rightleftarrows M_2O + H_2O$$

Als starke Basen reagieren diese Oxide mit Wasser zu Hydroxiden. Die Hydrolyse der Peroxide und Hyperoxide führt zur Bildung von H_2O_2; beide Verbindungsklassen sind starke Oxidationsmittel.

$$M_2O + H_2O \rightarrow 2M(OH)$$
$$M_2O_2 + 2H_2O \rightarrow 2M(OH) + H_2O_2$$
$$2MO_2 + 2H_2O \rightarrow 2M(OH) + H_2O_2 + O_2$$

Sämtliche Verbindungen bilden Salze, in denen neben den Kationen M^+ die Anionen O^{2-} (Oxidationszahl $-$II), O_2^{2-} (Oxidationszahl $-$I) und O_2^- (Oxidationszahl $-0,5$) vorliegen. Der Aufbau der zweiatomigen Anionen lässt sich aus dem MO-Schema des O_2-Moleküls (vgl. Abb. 11.4) herleiten, wobei im Falle von O_2^- 1 Elektron (Bindungsordnung 1,5, paramagnetisch), im Falle von O_2^{2-} 2 Elektronen (Bindungsordnung 1, diamagnetisch) in das tiefstliegende antibindende Molekülorbital eingefügt werden. O_2^{2-} hat folglich die gleiche Elektronenstruktur wie das F_2-Molekül; man sagt, es ist hierzu *isoelektronisch* (vgl. E33).

Die Struktur des Salzes Li_2O lässt sich aus der zuvor besprochenen kubisch-dichtesten Kugelpackung der Anionen herleiten; hierin besetzen die Kationen sämtliche Tetraederlücken (KZ 4 für Li, KZ 8 für O).

Die aus den Carbonaten in großem Umfang *in situ* erzeugten Oxide spielen eine wichtige Rolle bei der Glasherstellung (vgl. E36).

11.2.7 Alkalimetallhydroxide

Die zuvor bereits genannten Alkalimetallhydroxide sind sämtlich sehr gut in Wasser löslich (stark exotherme Reaktion!). Sie ziehen im festen Zustand aus der Luft Wasser an (diese Eigenschaft nennt man *hygroskopisch*) und kommen deshalb nicht in der Natur vor. Die als starke Basen in großem Umfang technisch hergestellten Hydroxide NaOH und KOH erhält man tatsächlich durch Reaktion der Metalle mit Wasser.

$$2M + 2H_2O \rightarrow 2M(OH) + H_2$$

Hierbei werden die Metalle auf elektrochemischem Wege (Elektrolyse) *in situ* aus den wäss. Lösungen der Metallchloride erhalten (*Chloralkali-Elektrolyse*),

$$Cl^- \rightarrow {}^1\!/_2Cl_2 + e^- \text{ (Anode)}$$
$$M^+ + e^- \rightarrow M \text{ (Kathode)}$$
$$\underline{2M + 2H_2O \rightarrow 2MOH + H_2 \text{ (Kathode)}}$$
$$2Cl^- + 2H_2O + 2M^+ \rightarrow Cl_2 + H_2 + 2OH^- + 2M^+$$

so dass sich als Nebenprodukte zugleich in großen Mengen Wasserstoff und Chlor bilden. Zur Vermeidung der Reaktion von OH^- mit Cl_2

$$2OH^- + Cl_2 \rightarrow Cl^- + OCl^- + H_2O$$

müssen die Elektrodenräume durch eine Membran getrennt werden (Abb. 11.8).

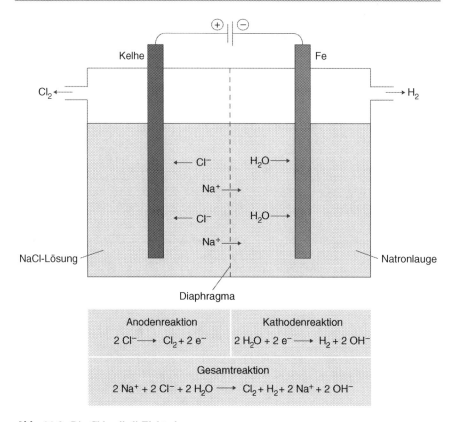

Abb. 11.8 Die Chloralkali-Elektrolyse

Auch die Alkalimetallhydroxide kristallisieren als Salze; hierin sind die Hydroxid-Ionen untereinander durch Wasserstoffbindungen verknüpft.

11.3 Schwefel, Selen, Tellur

Gegenüber dem häufigen und wichtigen Element Schwefel sind seine schwereren Gruppennachbarn von untergeordneter Bedeutung und zudem dem Schwefel ähnlich; ihre Chemie soll deshalb nur zur Kennzeichnung von Unterschieden erwähnt werden.

Schwefel kommt in der Natur in großem Umfang elementar (als S_8) sowie in Form von Metallsulfaten ($CaSO_4$) und Metallsulfiden (FeS) vor. Selen und Tellur treten hierin in sehr geringem Umfang als Verunreinigungen, viel seltener in Form reiner Mineralien, auf.

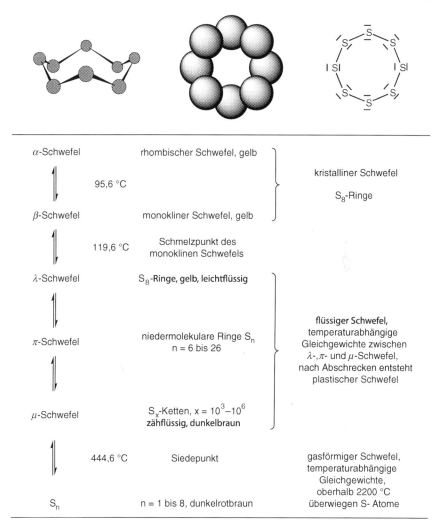

Abb. 11.9 Formen des elementaren Schwefels

11.3.1 Die Elemente

Im Gegensatz zu seinem leichteren Gruppennachbarn ist beim Schwefel das zweiatomige Molekül S_2 nur bei hohen Temperaturen in der Gasphase existent. Bei Normalbedingungen liegt Schwefel in fester Form als ringförmiges S_8-Molekül vor (Abb. 11.9).

In der Schmelze (Schmp. 120 °C) und in der Gasphase (Sdp. 445 °C) lassen sich weitere Moleküle S_n nachweisen (n z. B. 6, 7, 10, 12, 18), von denen einige auch in reiner Form strukturanalytisch charakterisiert wurden. Die sämtlich

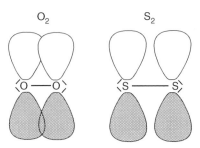

Abb. 11.10 Schematische Darstellung der Überlappungsintegrale (π-Bindungen) für O_2 und S_2

gleichfalls als Ringe und Käfige vorliegenden Moleküle wandeln sich unter dem Einfluss von Wärme und Licht rasch in S_8-Moleküle um.

E26 Die Doppelbindungsregel

Der trotz gleicher Gruppenzugehörigkeit (nl^x) unterschiedliche Aufbau der Elemente Sauerstoff und Schwefel ist auffällig und bedarf einer Begründung.

Wir hatten zuvor gesehen (E18), dass im Bereich der Atombindung Mehr-fachbindungen (BO > 1) aus σ- und π-Bindungen zusammengesetzt sind. Hierbei findet die Bindungsstärke im „Überlappungsintegral" der Atomorbitale ihren Niederschlag.

Es ist leicht einzusehen, dass bei steigendem Atomradius die Überlap-pungsintegrale der π-Bindungen rasch abnehmen und somit die Mehrfachbin-dungen gegenüber der Summe der Einfachbindungen instabiler werden (Abb. 11.10).

Aus diesem Grunde lagern sich Moleküle der schwereren Hauptgruppenele-mente (n > 2), in denen die Atome durch Mehrfachbindungen zusammenge-halten werden, in Oligomere oder Polymere um, die nur Einfachbindungen enthalten. Diesen Vorgang nennt man Oligomerisation oder Polymerisation, z. B.

$$4S_2 \rightarrow S_8$$

Neben π-Bindungen unter Beteiligung von p-Orbitalen der Atome, sog. $(p \rightarrow p)_\pi$-Bindungen werden auch solche diskutiert, in denen besetzte p-Orbi-tale (nichtbindende Elektronenpaare) mit unbesetzten d-Orbitalen in Wechsel-wirkung treten. Diese $(p \rightarrow d)_\pi$-Bindungen genannten Bindungsformen treten häufig bindungsverstärkend als Resonanz auf und spielen beispielsweise bei der Stabilisierung der S–S-Bindung in S_8 eine wichtige Rolle.

$$-\overline{\underline{S}}-\overline{\underline{S}}- \quad \longleftrightarrow \quad -\overline{\underline{S}}^{\ominus}\!=\!\underline{S}^{\oplus}\!-$$

Jedoch muss erwähnt werden, dass im Bereich der Hauptgruppenelemente die Beteiligung von d-Orbitalen an chemischen Bindungen wegen ihrer energetisch ungünstigen Lage zunehmend kritisch gesehen wird.

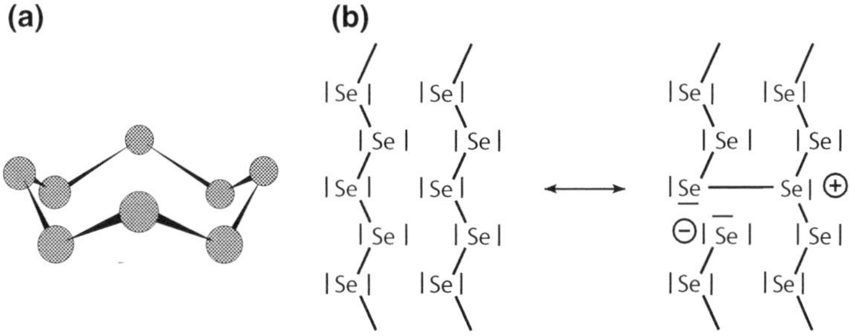

(a)   **(b)**

Abb. 11.11 Formen des elementaren Selens. **a** Struktur des roten Selens, Se_8 (a), **b** Struktur des grauen Selens, Se_∞

Die relative Schwäche der O–O-Bindung im Peroxid-Fragment O_2 (z. B. in H_2O_2) mag aus dem Ausbleiben dieser Bindungsverstärkung durch das Fehlen der 2d-Orbitale resultieren, kann jedoch auch mit der stark abstoßenden Wechselwirkung der nichtbindenden Elektronenpaare begründet werden.

Selen und Tellur bilden polymere spiralförmige, eng beieinander liegende Ketten (Se_∞ und Te_∞). Der kurze Abstand zwischen den Atomen benachbarter Ketten deutet bereits eine Erhöhung der Koordinationszahl in Richtung auf eine Metall-struktur an, die im Element Polonium (KZ 6) realisiert wird (Abb. 11.11).

Schwefel wird in großem Umfang in der Anorganischen und Organischen Synthesechemie eingesetzt. Im Vordergrund stehen die Produktion von Schwe-felsäure (Abschn. 11.3.6), S_2Cl_2 (Abschn. 11.3.3) und schwefelhaltigen organi-schen Verbindungen. Der hierzu benötigte Schwefel wird im sog. *Frasch-Verfahren* aus elementaren Lagern oder aus H_2S im sog. *Claus-Prozess* gewonnen.

$$2H_2S + 3O_2 \rightarrow 2SO_2 + 2H_2O$$
$$2H_2S + SO_2 \rightarrow 3/8S_8 + 2H_2O$$

11.3.2 Verbindungen mit Wasserstoff

Die dem Wasser entsprechenden Verbindungen H_2E (E = S, Se, Te) bilden hierzu analog dreiatomige, gewinkelt gebaute Moleküle (Sulfan, Selan, Tellan), in denen die Chalkogenatome die Oxidationszahl $-II$ besitzen.

Auf Grund des geringeren Dipolmoments weisen sie wesentlich schwächere in-termolekulare Wechselwirkungen (Wasserstoffbindungen, vgl. E9) und somit niedrigere Siedepunkte auf; sie bilden sämtlich bei Raumtemperatur giftige, übelriechende Gase.

Der steigende Atomradius der Chalkogenatome führt in der Bindungsbildung mit den Wasserstoffatomen zu geringeren Überlappungsintegralen und somit zu schwächeren Bindungen. Hiermit in Zusammenhang steht, analog zur Situation der Halogenwasserstoffe HX (X = F, Cl, Br, I), eine Zunahme der Säurestärke [pK_S 10^{-16} (O), 10^{-7} (S), 10^{-4} (Se), 10^{-3} (Te)] und Abnahme der chemischen Stabilität für H_2E beim Übergang zu den schwereren Halogenatomen; H_2Te zerfällt bereits bei Raumtemperatur in die Elemente.

Die Darstellung der Verbindungen erfolgt am besten durch Umsetzung der aus den Elementen leicht zugänglichen Metallchalkogenide (Abschn. 11.3.4) mit Säuren.

$$Na_2E + 2HCl \rightarrow H_2E + 2NaCl \, (E = S, \; Se, \; Te)$$

Anders als bei Se und Te bildet H_2S das Anfangsglied einer homologen Reihe H_2S_n (n = 2–20, Polysulfane). Auch diese Verbindungen lassen sich aus ihren Salzen gewinnen.

$$Na_2S_n + 2HCl \rightarrow H_2S_n + 2NaCl$$

Hierin weist der Schwefel negative, gebrochene Oxidationszahlen ($-I$ bis 0) auf. H_2S_2 ist ähnlich gebaut wie H_2O_2, zeigt jedoch wegen der höheren Stabilität der S–S-Bindung keine oxidierenden Eigenschaften.

11.3.3 Verbindungen mit Halogenen

Sämtliche Halogenide der Chalkogene sind infolge der geringen Elektronegativitätsdifferenz molekular aufgebaut.

Mit Fluor bildet Schwefel die Verbindungen,

die sämtlich bei Raumtemperatur gasförmig sind und aus isolierten Molekülen bestehen. Ihre Struktur lässt sich nach dem VSEPR-Konzept (vgl. E12) korrekt vorhersagen.

Die wichtigen Verbindungen SF_4 und SF_6 werden technisch aus den Elementen erhalten; im Labor kann SF_4 durch Disproportionierung dargestellt werden.

$$1/8\ S_8 + 2F_2 \rightarrow SF_4$$
$$1/8\ S_8 + 3F_2 \rightarrow SF_6$$
$$3SCl_2 + 4NaF \rightarrow SF_4 + S_2Cl_2 + 4NaCl$$

SF_6 ist wegen der hohen sterischen Abschirmung des Schwefelzentrums ungewöhnlich stabil (keine Reaktion mit 500 °C heißem Wasserdampf oder mit geschmolzenem Natrium). Es findet deshalb und auf Grund der hohen Dielektrizitätskonstante Verwendung als Isoliergas in Hochspannungsanlagen. SF_4 ist ein wichtiges Fluorierungsmittel in der organischen Synthesechemie.

$$R_2C = O + SF_4 \rightarrow R_2CF_2 + S(O)F_2$$

Schwefelchloride bilden übelriechende Flüssigkeiten. Sie können aus den Elementen erhalten werden

$$n/8\ S_8 + Cl_2 \rightarrow S_nCl_2$$

und zersetzen sich langsam unter Bildung des stabilen S_2Cl_2, das als Vulkanisierungsmittel in der Gummiindustrie umfangreiche Verwendung findet.

$$2SCl_2 \rightarrow S_2Cl_2 + Cl_2$$
$$S_nCl_2 \rightarrow S_2Cl_2 + (n-2)/8S_8$$

SCl_4 ist nur bei tiefen Temperaturen stabil; hingegen kennt man die stabilen Salze des Kations $[SCl_3]^+$.

Als einzige binäre Verbindung des Schwefels mit Brom ist das aus den Elementen zugängliche sehr labile S_2Br_2 beschrieben worden. Stabile binäre Verbindungen des Schwefels mit Iod sind nicht bekannt.

Bei Selen und Tellur dominiert die Chemie der stabilen Tetrahalogenide EX_4 (E = Se, Te; X = F, Cl, Br, I), jedoch sind auch E_2Cl_2 und EF_6 bekannt.

11.3.4 Verbindungen mit den Alkalimetallen

Alle Alkalimetallchalkogenide M_2X (M = Alkalimetall, X = S, Se, Te) liegen im festen Zustand in Form von Ionengittern vor. Die aus den Elementen leicht zugänglichen Salze

$$2M + X \rightarrow M_2X$$

reagieren infolge der hohen Basizität der Anionen rasch mit Wasser.

$$M_2X + 2H_2O \rightarrow 2M(OH) + H_2X$$

Auch Chalkogen-reichere Salze M_2X_n sind, insbesondere von Schwefel, bekannt.

11.3.5 Verbindungen mit Sauerstoff

Schwefel bildet mit Sauerstoff zwei stabile Oxide, SO_2 und SO_3,

die aus den Elementen zugänglich und molekular aufgebaut sind. Die Bildung von SO_2, einem farblosen, stechend riechenden Gas (Sdp. $-10\ °C$), ist Grundlage technischer Prozesse, erfolgt aber auch unerwünscht in großem Umfang bei der Verbrennung schwefelhaltiger fossiler Brennstoffe (z. B. in Kraftwerken, Heizungen und Verbrennungsmotoren).

$$1/8\ S_8 + O_2 \rightarrow SO_2$$

Auch beim „Rösten" von sulfidischen Metallerzen werden große Mengen an SO_2 freigesetzt.

$$4FeS + 7O_2 \rightarrow 4SO_2 + 2Fe_2O_3$$

SO_2 löst sich gut in Wasser; die Lösungen enthalten jedoch nur in geringen Mengen die instabile „Schweflige Säure".

Die Oxidation von SO_2 zu SO_3 ist thermodynamisch möglich, bedarf jedoch wegen der kinetischen Hemmung eines Katalysators.

$$2SO_2 + O_2 \rightarrow 2SO_3; \Delta H = -98,4\ kJ/mol$$

Einzelheiten zu diesem technisch hochbedeutenden Vorgang sollen im nachfolgenden Kapitel besprochen werden.

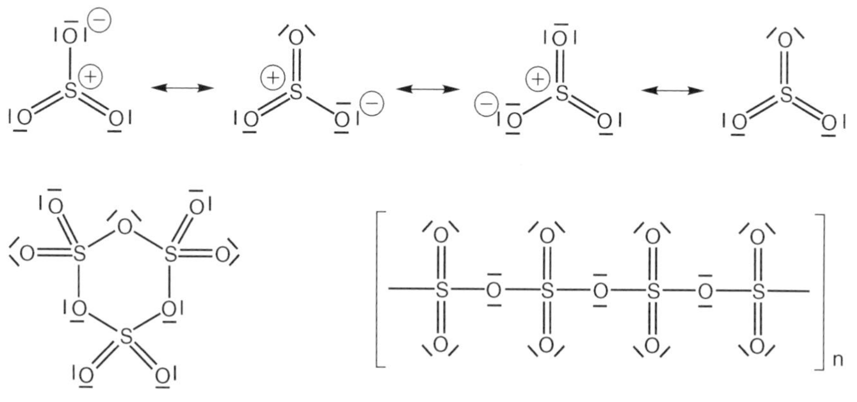

Abb. 11.12 Oligomere Formen des Schwefeltrioxids

SO_3 bildet im Gaszustand (Sdp. 44 °C) monomere Moleküle; im festen Zustand existieren eine trimere sowie eine polymere Form (Abb. 11.12).

Mit Wasser reagiert SO_3 in einer stark exothermen Reaktion zu Schwefelsäure.

$$SO_3 + H_2O \rightarrow H_2SO_4$$

Die Oxide des Selens und Tellurs sind formal analog zusammengesetzt. SeO_2 und die stark oxidierend wirkenden SeO_3 und TeO_3 besitzen einen polymeren Aufbau. TeO_2 kristallisiert in einem Ionengitter.

11.3.6 Chalkogensauerstoffsäuren und Säurechloride

Zahlreiche Verbindungen der allgemeinen Zusammensetzung $H_2S_nO_x$ werden in der Literatur erwähnt (Tab. 11.4); die meisten sind jedoch nur in verdünnter wäss. Lösung oder in Form ihrer Metallsalze bekannt. Verbindungen mit ungeraden Oxidationszahlen des Schwefels enthalten eine S-S-Bindung. Wir wollen uns auf die Besprechung wichtiger Verbindungen beschränken.

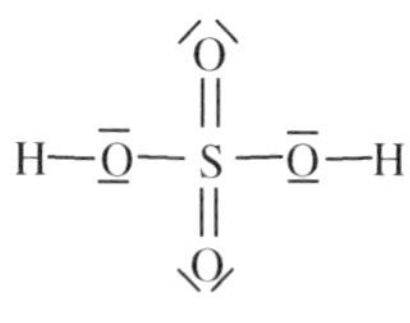

Schwefelsäure (H_2SO_4, Sdp. 338 °C, Schmp. 10 °C) wird in großem Umfang technisch durch Umsetzung von SO_3 mit Wasser hergestellt (zur Vermeidung der Überhitzung bei der stark exothermen Reaktion wird SO_3 in verdünnte Schwefelsäure eingeleitet) und gehört zu den wichtigsten Industriechemikalien überhaupt.

Tab. 11.4 Sauerstoffsäuren des Schwefels

Oxidationszahl	Säuren des Typs und ihre Salze	H_2SO_n SO_n^{2-}	Säuren des Typs und ihre Salze	$H_2S_2O_n$ $S_2O_n^{2-}$
+1			Thioschweflige Säure	$H_2S_2O_2$
			Thiosulfite	$S_2O_2^{2-}$
+2	Sulfoxylsäure	H_2SO_2	Thioschwefelsäure	$H_2S_2O_3$
	Sulfoxylate	SO_2^{2-}	Thiosulfate	$S_2O_3^{2-}$
+3			Dithionige Säure	$H_2S_2O_4$
			Dithionite	$S_2O_4^{2-}$
+4	Schweflige Säure	H_2SO_3	Dischweflige Säure	$H_2S_2O_5$
	Sulfite	SO_3^{2-}	Disulfite	$S_2O_5^{2-}$
+5			Dithionsäure	$H_2S_2O_6$
			Dithionate	$S_2O_6^{2-}$
+6	Schwefelsäure	H_2SO_4	Dischwefelsäure	$H_2S_2O_7$
	Sulfate	SO_4^{2-}	Disulfate	$S_2O_7^{2-}$
+6	Peroxoschwefelsäure	H_2SO_5	Peroxodischwefelsäure	$H_2S_2O_8$
	Peroxosulfate	SO_5^{2-}	Peroxodisulfate	$S_2O_8^{2-}$

Wie bereits erwähnt, reagiert SO_2 mit Luftsauerstoff nicht spontan zu SO_3, so dass zur Durchführung ein zusätzliches Hilfsmittel, hier V_2O_5, verwendet wird. Hieraus ergibt sich folgender Reaktionsverlauf:

$$\overset{+IV}{2SO_2} + \overset{+V}{2V_2O_5} \rightarrow \overset{+VI}{2SO_3} + \overset{+IV}{4VO_2}$$

$$\overset{+IV}{4VO_2} + O_2 \rightarrow \overset{+V}{2V_2O_5}$$

$$\overline{2SO_2 + O_2 \rightarrow 2SO_3}$$

$$SO_3 + H_2O \rightarrow H_2SO_4$$

E27 Katalyse

Wie aus der vorstehenden Gleichung ersichtlich wird, liegt der die Oxidation von SO_2 zu SO_3 bewirkende Stoff V_2O_5 nach Abschluss der Reaktionsfolge unverändert vor. Er kann deshalb „unterstöchiometrisch", d. h. in geringen Mengen, zugesetzt werden. Einen solchen Stoff bezeichnet man als *Katalysator*.

Der Katalysator verändert nicht die Energiebilanz der Gesamtreaktion und somit auch nicht deren Gleichgewichtslage. Er greift jedoch in den Reaktionsablauf, den sog. *Reaktionsmechanismus*, ein. Hieraus resultiert eine

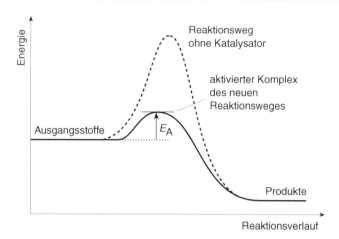

Abb. 11.13 Energiediagramm einer Katalysereaktion (aus Michael Binnewies et al. (2011), Allgemeine und Anorganische Chemie, © Springer Spektrum 2011)

Veränderung der Reaktionskoordinate (Abb. 11.13) hinsichtlich der energetischen Lage des sog. *Übergangszustandes.*

Der direkte Angriff des SO_2-Moleküls auf ein O_2-Molekül und dessen Spaltung erfordert eine hohe *Anregungsenergie.* Hingegen lässt sich VO_2 unter den Reaktionsbedingungen des Syntheseprozesses leichter mit O_2 zur Reaktion bringen (beide Substanzen enthalten ungepaarte Elektronen). Das hierbei resultierende V_2O_5 ist ein starkes Oxidationsmittel.

Insgesamt können wir also die Katalyse bezüglich der Gesamtreaktion als kinetisch gesteuerten Prozess auffassen. Da im vorliegenden Falle SO_2, SO_3, Wasser und die Vanadiumoxide (beide Oxide sind in Wasser und in Säuren unlöslich) in getrennten Phasen vorliegen, spricht man von *heterogener Katalyse.*

In der Produktionsanlage (Abb. 11.14) wird zur Oxidation das Gemisch aus SO_2 und O_2 einer festen Oberfläche aus V_2O_5/VO_2 nur kurzzeitig ausgesetzt (*Kontaktverfahren*). Zur Vermeidung von Überhitzung wird SO_3, an Stelle in Wasser, in verdünnte Schwefelsäure eingeleitet.

In früheren Produktionsanlagen wurde als Katalysator an Stelle der Vanadiumoxide ein Gemisch aus Nitrosen Gasen (vgl. Abschn. 13.2.5) verwendet, das in Wasser löslich ist.

Wegen der in Bleikammern erfolgenden Produktionsführung (Blei wird durch Schwefelsäure „passiviert", da $PbSO_4$ in Schwefelsäure unlöslich ist) wird dieses Verfahren *Bleikammerverfahren* genannt.

Hier ergibt sich neben anderen Nachteilen das Problem der Abtrennung des Katalysators vom Produkt, so dass dieses Verfahren heute nicht mehr verwendet wird.

Schwefelsäure ist eine starke Säure ($pK_S = -3$) und wirkt in konzentrierter Form stark oxidierend. Da bei der Verdünnung mit Wasser Wärmeenergie freigesetzt wird, zieht sie beim Stehen an der Luft Wasser an (sie ist *hygroskopisch*)

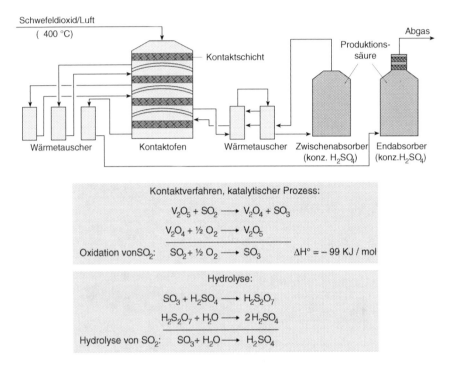

Schwefeldioxid/Luft
(400 °C)

Abgas

Produktions-
säure

Kontaktschicht

Wärmetauscher   Kontaktofen   Wärmetauscher   Zwischenabsorber   Endabsorber
                                                      (konz. H₂SO₄)   (konz.H₂SO₄)

Kontaktverfahren, katalytischer Prozess:

$$V_2O_5 + SO_2 \longrightarrow V_2O_4 + SO_3$$

$$V_2O_4 + \tfrac{1}{2}\,O_2 \longrightarrow V_2O_5$$

Oxidation von SO₂: $SO_2 + \tfrac{1}{2}\,O_2 \longrightarrow SO_3$ $\Delta H° = -99\ KJ\,/\,mol$

Hydrolyse:

$$SO_3 + H_2SO_4 \longrightarrow H_2S_2O_7$$

$$H_2S_2O_7 + H_2O \longrightarrow 2\,H_2SO_4$$

Hydrolyse von SO₂: $SO_3 + H_2O \longrightarrow H_2SO_4$

Abb. 11.14 Anlage zur Produktion von Schwefelsäure (aus Michael Binnewies et al. (2011), Allgemeine und Anorganische Chemie, © Springer Spektrum 2011)

und wird deshalb als Trockenmittel (Wasserentzug) von gegenüber Schwefelsäure resistenten Gasen verwendet.

Schwefelsäure wird in großen Mengen in vielen Bereichen der Chemie eingesetzt. Die Hauptmengen werden benötigt zur Gewinnung der sog. „Nassphosphorsäure" (Abschn. 13.3.5) sowie von „Weißpigmenten" (TiO₂).

Wegen der hohen Azidität der Schwefelsäure reagieren ihre Salze, die Sulfate (SO_4^{2-}), in Wasser neutral. Sie kommen in beachtlichen Mengen insbesondere als CaSO₄ (Gips) in der Natur vor. Die Hydrogensulfate (HSO_4^-) besitzen noch ausgeprägt saure Eigenschaften ($pK_S = 1{,}92$):

$$HSO_4^- + H_2O \rightleftarrows H_3O^+ + SO_4^{2-}$$

Peroxodischwefelsäure ($H_2S_2O_8$) enthält gleichfalls Schwefel der Oxidationszahl +VI sowie eine die Schwefelatome verbrückende O₂-Gruppe, in der die Sauerstoffatome die Oxidationszahl −I aufweisen. Sie ist, wie auch ihre Salze, ein starkes Oxidationsmittel.

Ihre Darstellung erfolgt durch elektrochemische Oxidation von Schwefelsäure.

$$2HSO_4^- \rightarrow H_2S_2O_8 + 2e^-$$

Schweflige Säure (H_2SO_3) ist, wie bereits erwähnt, nur in Form ihrer Salze bekannt, die durch Einleiten von SO_2 in wäss. Lösungen von Basen erhalten werden.

$$SO_2 + 2NaOH \rightarrow Na_2SO_3 + H_2O$$

Sulfite und Hydrogensulfite (HSO_3^-) werden in großem Umfang als Reduktionsmittel sowie zur Extraktion in der Papierherstellung verwendet.

Ein wesentlich effizienteres Reduktionsmittel bildet das Natriumsalz der *Dithionigen Säure* ($H_2S_2O_4$), das durch kathodische Reduktion von $NaHSO_3$ erhalten wird (man beachte die ungewöhnliche Reaktion eines Anions an der Kathode!).

$$2HSO_3^- + 2e^- \rightleftarrows S_2O_4^{2-} + 2OH^-$$

$$^{\ominus}|\overline{O} - \overline{\underline{S}} - \overline{\underline{S}} - \overline{O}|^{\ominus}$$

Die rasche Reduktionswirkung in wäss. Lösung beruht auf dem Dissoziationsgleichgewicht des diamagnetischen Dianions zum paramagnetischen Monoanion.

$$S_2O_4^{2-} \rightleftarrows 2SO_2^- \rightarrow 2SO_2 + e^-$$

Gleichfalls von technischer Bedeutung sind die durch Umsetzung von Sulfiten mit Schwefel leicht zugänglichen Salze der *Thioschwefelsäure* ($H_2S_2O_3$).

$$SO_3^{2-} + S \rightarrow S_2O_3^{2-}$$

$$^{\ominus}|\overline{O} - S - \overline{\underline{S}}|^{\ominus}$$

$Na_2S_2O_3$ (Natriumthiosulfat) bildet in wäss. Lösung stabile lösliche Komplexe mit Silbersalzen und wird in der Photographie (schwarz-weiß) als „Fixiersalz" verwendet. Von Bedeutung in der analytischen Chemie ist die Oxidation mit Iod unter Bildung des Tetrathionat-Ions („Iodometrie").

$$2S_2O_3^{2-} + I_2 \rightarrow S_4O_6^{2-} + 2I^-$$

$$^{\ominus}|\overline{\underline{O}} - \overset{\overset{\nearrow\overline{O}\nwarrow}{\|}}{S} - \overline{\underline{S}} - \overline{\underline{S}} - \overset{\overset{\nearrow\overline{O}\nwarrow}{\|}}{S} - \overline{\underline{O}}|^{\ominus}$$

Die bekannten Oxidchloride SOCl$_2$ (Thionylchlorid, Sdp. 79 °C) und SO$_2$Cl$_2$ (Sulfurylchlorid, Sdp. 69 °C) können als Säurechloride der Schwefligen Säure bzw. Schwefelsäure aufgefasst werden (auch die Fluoride sind bekannt).

$$|\overline{\underline{C}l} - \overset{\overset{\displaystyle\|}{\overline{S}}}{\underset{\nearrow\overline{O}\nwarrow}{}} - \overline{\underline{C}l}|$$

$$|\overline{\underline{C}l} - \overset{\overset{\nearrow\overline{O}\nwarrow}{\|}}{\underset{\nearrow\overline{O}\nwarrow}{S}} - \overline{\underline{C}l}|$$

Sie werden technisch in großem Umfang hergestellt und finden Verwendung in der anorganischen und organischen Synthesechemie, z. B. zum Aufbau von organischen Sulfonsäurechloriden (RSO$_2$Cl).

$$SO_2 + Cl_2 \rightarrow SO_2Cl_2$$
$$SCl_2 + SO_3 \rightarrow SOCl_2 + SO_2$$

Beim Übergang zu den schwereren Chalkogenen nehmen die Säurestärke der Chalkogensauerstoffsäuren (H$_2$SeO$_4$, H$_6$TeO$_6$) ab und ihre oxidierende Wirkung zu.

Die Elemente Der Gruppe 2 (Erdalkalimetalle)

12.1 Allgemeines

Die Elemente der Gruppe 2 weisen die Valenzelektronenkonfiguration ns^2 auf; sie liegen in ihren Verbindungen sämtlich in der Oxidationszahl +II vor (Tab. 12.1).

Durch Ausbildung konventioneller Atombindungen kann die Edelgaskonfiguration nicht erreicht werden. Infolge der Elektronenmangelsituation liegen die Elemente folglich als Metalle vor.

E28 Die Metallische Bindung II – Das Energiebändermodell

Wir konnten die durch Elektronenmangel erzeugte metallische Bindung als Spezialfall der Atombindung unter Zuhilfenahme der Resonanz durch ein VB-Modell beschreiben (E13). Die Kenntnis des MO-Modells (E19) gestattet nun ein tieferes Verständnis dieses Phänomens.

Das MO-Schema des in der Gasphase nachweisbaren Li_2-Moleküls weist in der Hauptquantenzahl 2 zwei Molekülorbitale auf, von denen das energetisch günstigere, ähnlich wie im H_2-Molekül, mit zwei Elektronen besetzt ist (KZ 1, Bindungsordnung 1). Beim Übergang zum Kristallverband (KZ ∞) resultiert nun, aus der unendlichen Anzahl der Atomorbitale, eine Aneinanderreihung energetisch eng beieinanderliegender Molekülorbitale. Hierbei wird die Energielücke zwischen bindenden und antibindenden Molekülorbitalen aufgehoben. Man spricht von einer *Bandstruktur* der Orbitale (Abb. 12.1).

In dieser Struktur ist die durch die Quantenbedingungen erzeugte Separierung der Energieniveaus aufgehoben. Da im Falle der Metalle das Band nicht vollständig mit Elektronen besetzt ist, kann durch Einwirkung geringfügiger, nicht den Quantenbedingungen gehorchender Energiebeträge eine Anregung der Elektronen erfolgen. Hierdurch werden die Elektronen über den gesamten Kristallverband „beweglich", was die charakteristischen metallischen Eigenschaften (elektrische und thermische Leitfähigkeit, metallischer Glanz) bewirkt. Die durch Temperaturerhöhung bewirkte Schwingung der Atome im Gitter stört

N. Kuhn und T. M. Klapötke, *Allgemeine und Anorganische Chemie*,
DOI: 10.1007/978-3-642-36866-0_12, © Springer-Verlag Berlin Heidelberg 2014

Tab. 12.1 Einige Eigenschaften und Strukturen der Gruppe-2-Elemente (Erdalkalimetalle)

	Be	Mg	Ca	Sr	Ba	Ra
Ordnungszahl	4	12	20	38	56	88
Elektronenkonfiguration	[He] $2s^2$	[Ne] $3s^2$	[Ar] $4s^2$	[Kr] $5s^2$	[Xe] $6s^2$	[Rn] $7s^2$
Atommasse[a]	9,012	24,312	40,08	87,62	137,36	226,05
Atomradius [Å]	0,889	1,364	1,736	1,914	1,981	
Ionenradius [Å]	0,31	0,65	0,94	1,10	1,29	1,50
Dichte [g/cm^3], 20 °C	1,86	1,75	1,55	2,6	3,59	~5
Schmelzpunkt [°C]	1285	650	845	771	726	~960
Siedepunkt [°C]	2477	1105	1483	1385	1696	~1140
Elektronegativität	1,5	1,2	1,0	1,0	0,9	
1. Ionisierungsenergie [eV]	9,3	7,6	6,1	5,7	5,2	5,2
2. Ionisierungsenergie [eV]	18,2	15,0	11,9	11,0	10,0	10,1
E_0[V] Me $\rightleftarrows$ Me^{2+} + 2e$^-$	−1,70	−2,34	−2,87	−2,89	−2,90	−2,92

[a]bez. auf 1/12 der Masse des Kohlenstoffisotops ^{12}C

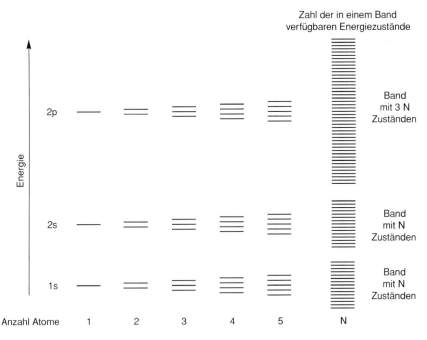

Abb. 12.1 Schematische Darstellung der metallischen Bindung in Li$_\infty$ (adaptiert nach Max Schmidt 1991, Anorganische Chemie, Band 1, Bibliographisches Institut Mannheim)

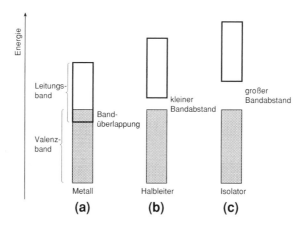

Abb. 12.2 Energiebändermodell. **a** metallischer Leiter, **b** Halbleiter, **c** Nichtleiter bzw. Isolator (aus Michael Binnewies et al. 2011, Allgemeine und Anorganische Chemie, © Springer Spektrum 2011)

diese Beweglichkeit; hierdurch kommt es bei Metallen zur Abnahme der elektrischen Leitfähigkeit mit steigender Temperatur.

Bei Halbleitern und Nichtleitern besteht eine *Bandlücke* zwischen dem vollständig besetzten Valenzband und dem nichtbesetzten Leitungsband, da die bindenden und antibindenden Molekülorbitale nicht überlappen. Zur Verschiebung von Elektronen aus dem Valenzband in das Leitungsband ist nun die Zufuhr von (thermischer) Energie erforderlich. Für solche Strukturen (Halbleiter) steigt deshalb die elektrische Leitfähigkeit mit zunehmender Temperatur. Bei Nichtleitern (Isolatoren) liegt die erforderliche Anregungsenergie außerhalb des durch thermische Anregung erreichbaren Bereichs (Abb. 12.2).

Ein Vergleich der Ionisierungsenergien der Elemente von Gruppe 2 weist dem Beryllium eine Sonderstellung zu. Seine Chemie soll deshalb gesondert besprochen werden.

12.2 Beryllium

Das seltene Element Beryllium findet sich in dem Mineral $Be_3Al_2Si_6O_{18}$, das je nach seiner (von geringfügigen Verunreinigungen herrührenden) Farbe als Beryll, Smaragd oder Aquamarin bezeichnet wird. Das Metall wird durch Schmelzflusselektrolyse des Chlorids erhalten.

$$Be^{2+} + 2e^- \rightarrow 2Be$$

Metallisches Beryllium findet Verwendung als Moderatormaterial (Einfang von Neutronen in Kernreaktoren), als Fenstermaterial in Röntgengeräten sowie als Bestandteil von Metalllegierungen.

In Folge seiner hohen Ionisierungsenergie bildet Beryllium nur mit den Elementen höchster Elektronegativität Salze (BeF_2, BeO).

In $BeCl_2$ liegen bereits (stark polarisierte) Atombindungen vor. Im isolierten (monomeren) Molekül erreicht das Metallzentrum bei Ausbildung von zwei Atombindungen die Edelgaskonfiguration nicht. Der hierdurch bewirkte Elektronenmangel wird durch Ausbildung einer polymeren Struktur unter Einbindung von nichtbindenden Elektronenpaaren der Halogenatome behoben, so dass die Halogenatome nunmehr eine Brückenfunktion wahrnehmen. In dieser Struktur weisen die Berylliumatome unter Verwendung von vier sp^3-Hybridorbitalen eine verzerrt-tetraedrische Koordinationsumgebung von jeweils 4 Chloratomen auf; diese stellen jeweils 3 Elektronen (als Chlorid-Ionen gegenüber dem Be^{2+}-Zentrum 4 Elektronen, sog. 3c4e-Bindung) zur Bindung bereit, so dass das Metallzentrum nunmehr das angestrebte Elektronenoktett erreicht (ein weiterer Typ der 3c4e-Bindung, der z. B. im I_3^--Ion vorliegt, wird in E19 besprochen).

In wäss. Lösungen hingegen liegt $BeCl_2$ als Komplexsalz $[Be(H_2O)_4]Cl_2$ gelöst vor.

E29 Komplexverbindungen I – Die koordinative Bindung

Wir haben beim Aufbau des polymeren $BeCl_2$ gesehen, dass Atome oder Anionen zur Ausbildung von Atombindungen nichtbindende Elektronenpaare verwenden können. In einem formalen Sinne stammt in diesem Falle das bindende Elektronenpaar von nur einem der Bindungspartner. Solche Bindungen nennt man *koordinative Bindungen*. Die hierdurch gebildeten Verbindungen bezeichnet man als *Komplexverbindungen*. Hierbei fungieren die koordinative Bindungen ausbildenden Anionen oder Moleküle als *Liganden*, die an das Komplexzentrum koordiniert sind.

$$[Be(H_2O)_4]^{2+}$$
$$[BeCl_4]^{2-}$$

Da in Komplexverbindungen die Donatoratome der Liganden gegenüber dem Zentrum elektronegativer sind, handelt es sich bei der Bildung bzw. dem Zerfall von Komplexen nicht um Redoxreaktionen. Die Stabilität von Komplexen kann durch Anwendung des Massenwirkungsgesetzes und der hieraus resultierenden *Komplexbildungskonstante* K beschrieben werden. Am Beispiel der Bildung von $[BeCl_4]^{2-}$ ergibt sich somit:

$$\text{Be}^{2+} + 4\ \text{Cl}^- \rightleftarrows [\text{BeCl}_4]^{2-}$$

$$K = \frac{c_{\text{BeCl}_4^{2-}}}{c_{\text{Be}^{2+}} \cdot c_{(Cl^-)}^4}$$

Stabile Komplexe weisen hohe Komplexbildungskonstanten auf ($K \gg 1$). Die reziproken Werte 1/K bezeichnet man als *Komplexzerfallskonstanten*.

Die als Elektronenpaardonatoren fungierenden Liganden werden in der *Säure-Base-Theorie nach Lewis* als Basen, die Komplexzentren als Säuren bezeichnet (vgl. E34). Die Ausbildung der koordinativen Bindung entspricht der Neutralisation. Die Säure-Base-Reaktion nach Brønstedt (E7) stellt mit der Säure H^+ und der Base OH^- sowie der Bildung von H_2O als Neutralisation somit einen Spezialfall der Säure-Base-Reaktion nach Lewis dar.

Im gleichfalls polymer gebauten Berylliumhydrid (BeH_2) entfällt die Möglichkeit der Stabilisierung durch koordinative Bindungen. Der hier vorliegende Bindungstyp (3c2e-Bindung) wird an anderer Stelle besprochen (vgl. E31).

12.3 Magnesium, Calcium, Strontium, Barium

Die schwereren Erdalkalimetalle kommen als in Wasser schwerlösliche Fluoride, Sulfate, Carbonate und Silikate, insbesondere als $Mg(Ca)CO_3$ (Dolomit) vor; Magnesium und Calcium finden sich zudem in gelöster Form ihrer Chloride in beträchtlichen Mengen im Meerwasser. Die Metalle werden durch Schmelzflusselektrolyse der Chloride gewonnen; vor allem Mg und Ca finden als Legierungsbestandteile und starke Reduktionsmittel umfangreiche Verwendung. Trotz ihrer stark negativen Redox-potentiale (vgl. E22) lösen sie sich nicht in Wasser („Passivierung").

Sämtliche Halogenide MX_2, die aus den Elementen sowie durch Umsetzung der Oxide mit den entsprechenden Säuren leicht zugänglich sind, sind bekannt.

$$M + X_2 \rightarrow MX_2\ (M = Mg, Ca, Sr, Ba; X = F, Cl, Br, I)$$
$$MO + 2HX \rightarrow MX_2 + H_2O$$

Sie sind sämtlich salzartig aufgebaut. Das als Mineral *Flussspat* in der Natur haüfig vorkommende CaF_2 liegt im Fluorit-Typ (invers zu Li_2O; in der kubisch-dichtesten Kugelpackung der Kationen besetzen die Anionen alle Tetraederlücken) vor. Es ist wegen seiner hohen Gitterenergie in Wasser sehr schwer löslich und dient zur Darstellung von Fluor und Fluorwasserstoff.

E30 Löslichkeit und Löslichkeitsprodukt

Im Bereich der Chemie wird die Löslichkeit (L) eines Salzes üblicherweise in der Einheit $[\text{mol} \cdot \text{L}^{-1}]$ angegeben. Häufig jedoch findet sich auch die Angabe als *Löslichkeitsprodukt* (K_L). Der Zusammenhang ergibt sich für ein Salz der Zusammensetzung AB (z. B. NaCl) aus dem Massenwirkungsgesetz:

$$AB \rightleftarrows A^+ + B^-$$

$$K_L' = \frac{c_{A^+} \cdot c_{B^-}}{c_{AB}}$$

Die sehr geringe, bei Vorliegen einer gesättigten Lösung (Bodensatz an ungelösten AB) konstante Konzentration an undissoziiert gelöstem AB (c_{AB}) kann in die Gleichgewichtskonstante einbezogen werden:

$$K_L \left[mol^2 \cdot L^{-2} \right] = K_L' \cdot c_{AB} = c_{A^+} \cdot c_{B^-}$$

Für Salze der Zusammensetzung AB gilt:

$$L \left[mol \cdot L^{-1} \right] = c_{A^+} = c_{B^-} = \sqrt{K_L}$$

Tabellierte Werte K_L gelten für wäss. Lösungen bei Normalbedingungen (T = 20 °C). Für Salze anderer stöchiometrischer Zusammensetzung ergibt sich für L als $f(K_L)$ ein komplexerer Zusammenhang. So gilt für Salze der Zusammensetzung A_2B:

$$K_L = \left[mol^3 \cdot L^{-3} \right] = c_{A^+}^2 \cdot c_{B^{2-}}$$

$$L \left[mol \cdot L^{-1} \right] = c_{B^{2-}} = \frac{1}{2} c_{A^+}$$

$$c_{A^+} = 2\, c_{B^{2-}}$$

$$K_L = 4\, c_{B^{2-}}^3 \qquad L = \sqrt[3]{\frac{K_L}{4}}$$

Die dem Löslichkeitsprodukt entsprechende Konzentration eines Salzes ergibt den Zustand der *gesättigten Lösung*. Die Zugabe eines löslichen Salzes AC zu einer gesättigten Lösung von AB führt folglich zum Ausfällen von AB, da durch Erhöhen von c_A dessen Löslichkeitsprodukt überschritten wird.

Das Löslichkeitsprodukt eines Salzes beschreibt seine Löslichkeit, begründet sie jedoch nicht. Allgemein weisen Salze hoher Gitterenergie geringe Löslichkeiten auf. Jedoch ist zu beachten, dass die eine hohe Gitterenergie bewirkenden Faktoren (z. B. hohe Ionenladung, geringer Ionenradius) auch eine hohe Hydratationsenergie zur Folge haben können; dies erschwert die Abschätzung der Löslichkeit. Eine hohe Gitterenergie wird durch Ionen vergleichbarer Größe begünstigt. So weist in der Reihe der Alkalimetallfluoride

CsF, wegen der unterschiedlichen Ionengröße, die geringste Gitterenergie und höchste Löslichkeit auf.

Die Erdalkalimetalloxide MO werden durch „Brennen", d.h. Erhitzen der Carbonate, gewonnen und liegen sämtlich als Salze des Steinsalz-Typs vor.

$$MCO_3 \rightarrow MO + CO_2$$

Besondere Bedeutung kommt hier, auch in kulturgeschichtlicher Hinsicht, dem gebrannten Kalk (CaO) zu, der sich durch Zugabe von Wasser („Kalklöschen") in eine Suspension aus $Ca(OH)_2$ („Kalkmilch") überführen lässt. Geringere Mengen von Wasser führen zum „Kalkbrei", der, vermischt mit Sand, als „Mörtel" dient. Im Verlauf eines langen Zeitraums erfolgt unter Einwirkung des CO_2-Gehalts der Luft eine Rückbildung zu $CaCO_3$ unter Verfestigung („Abbinden"). Durch Beimengen von „Tonen" (Alumosilikate) entsteht Zement, der durch Zugabe von Steinen in Beton überführt wird.

Magnesiumoxid („Magnesia") wird gleichfalls durch Brennen des Carbonats gewonnen, kommt jedoch auch als Mineral in der Natur vor.

Die Elemente der Gruppe 15 (Pnikogene)

13

13.1 Allgemeines

Die Elemente der Gruppe 15 weisen die Valenzelektronenkonfiguration ns^2p^3 ($n = 2-6$) auf und ermöglichen hierdurch Oxidationszahlen im Bereich von +V bis −III; geradzahlige Oxidationszahlen werden nur bei Vorliegen von E-E-Bindungen bzw. in stabilen Radikalen realisiert. Nur im N^{3-}-Ion (z. B. in Li_3N) wird die Edelgaskonfiguration durch Ausbildung von Ionen erreicht, da in anderen Fällen die hochgeladenen Ionen E^{3-} bzw. E^{5+} durch die Gegenionen unter Ausbildung von Atombindungen polarisiert werden. Einen Überblick über die Eigenschaften der Atomsorten gibt Tab. 13.1.

Auch hier geben die deutlich abgesetzten Eigenschaften des Kopfelements Anlass zu gesonderter Besprechung.

13.2 Stickstoff

Stickstoff kommt in elementarer Form (N_2) in großen Mengen in der Luft (ca. 79 Vol.-%), sehr viel seltener mineralisch in Form von Ammonium- und Nitratsalzen (NH_4X bzw. MNO_3) vor.

13.2.1 Das Element

Elementarer Stickstoff liegt ausschließlich als zweiatomiges Molekül vor.

$$|N \equiv N|$$

Hierin erreichen beide Atome durch Ausbildung einer Dreifachbindung die Edelgaskonfiguration; auch das MO-Schema (Abb. 13.1) ergibt die Bindungsordnung 3. Die gegenüber O_2 veränderte Abfolge der Molekülorbitale im Energieschema ist

N. Kuhn und T. M. Klapötke, *Allgemeine und Anorganische Chemie*,
DOI: 10.1007/978-3-642-36866-0_13, © Springer-Verlag Berlin Heidelberg 2014

Tab. 13.1 Einige Eigenschaften der Gruppe-15-Elemente (Pnikogene)

	N	P	As	Sb	Bi
Ordnungszahl	7	15	33	51	83
Elektronenkonfiguration	[He] $2s^2 2p^3$	[Ne] $3s^2 3p^3$	[Ar] $3d^{10}4s^2 4p^3$	[Kr] $4d^{10}5s^2 5p^3$	[Xe] $4f^{14}5d^{10}6s^2 6p^3$
Atommasse[a]	14,007	30,974	74,92	121,75	208,98
Atomradius [Å]	0,74	1,10	1,21	1,41	1,52
Schmelzpunkt [°C]	−210	44[b]	817[c]	630	271
Siedepunkt [°C]	−196	280[b]	616 (Subl.)[d]	1635	1580
Elektronenaffinität [eV]	0,07	−0,75	−0,81	−1,07	−0,95
Elektronegativität	3,0	2,1	2,2	1,8	1,7
Ionisierungsenergie [eV]	14,54	11,0	10,0	8,64	8,0

[a]bez. auf 1/12 der Masse des Kohlenstoffisotops ^{12}C
[b]weißer Phosphor
[c]graues Arsen unter Luftausschluss bei 27 bar
[d]sublimiert bei Normaldruck

Abb. 13.1 MO-Diagramm des N_2-Moleküls (aus Michael Binnewies et al. 2011, Allgemeine und Anorganische Chemie, © Springer Spektrum 2011)

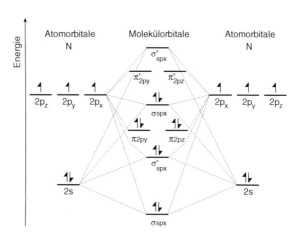

für das chemische Verhalten von N_2 von Bedeutung, soll hier jedoch nicht diskutiert werden.

Die extrem hohe Bindungsenergie (946,2 kJ · mol^{-1}) des N_2-Moleküls bewirkt seine außerordentliche Reaktionsträgheit; selbst bei 3000 °C ist noch keine Dissoziation in die Atome feststellbar. Zur Spaltung der Bindung sind folglich katalytische Methoden erforderlich, die für das Verständnis des Lebens bedeutsam sind und insbesondere im Bereich der Biochemie („Stickstofffixierung") intensiv untersucht werden.

Elementarer Stickstoff wird durch Verflüssigung der Luft und nachfolgende Destillation (*Linde-Verfahren*) in großen Mengen gewonnen und technisch zur Synthese von Ammoniak (somit mittelbar zur Herstellung von Salpetersäure und Nitraten) verwendet.

13.2.2 Verbindungen mit Wasserstoff

Mit Wasserstoff bildet Stickstoff drei wichtige binäre Verbindungen.

NH$_3$ (Ammoniak)   N$_2$H$_4$ (Hydrazin)

$$\overline{N}\quad\quad\quad\overline{N}-\overline{N}$$

HN$_3$ (Stickstoffwasserstoffsäure)

Ammoniak bildet bei Raumtemperatur ein farbloses Gas (Sdp. $-33\ °$C, Schmp. $-78\ °$C), das sich sehr gut in Wasser löst. Die wäss. Lösung reagiert schwach basisch (pK$_B$ = 4,79).

$$NH_3 + H_2O \rightleftharpoons NH_4^+ + OH^-$$

Wegen der nur in geringem Umfang natürlich vorkommenden Ammoniumsalze (NH$_4$X) ist deren Umsetzung mit starken Basen zur Gewinnung von Ammoniak unbedeutend.

$$NH_4^+ + OH^- \rightarrow NH_3 + H_2O$$

Die Darstellung erfolgt vielmehr aus den Elementen unter katalytischen Bedingungen. Das sog. *Haber-Bosch-Verfahren* gehört hinsichtlich seiner Entwicklung und seines Umfangs zu den bedeutendsten Verfahren der Technischen Chemie (Abb. 13.2).

Die Bildungsreaktion aus den Elementen ist exotherm ($\Delta H = -96{,}3\ \text{kJ} \cdot \text{mol}^{-1}$) und thermodynamisch erlaubt ($\Delta G < 0$), verläuft jedoch wegen der hohen, zur Spaltung der sehr stabilen N-N- und H-H- Bindungen erforderlichen Aktivierungsenergie sehr langsam (als reagierende Spezies fungieren die Atome!). Eine Temperatursteigerung bewirkt die Verschiebung des Reaktionsgleichgewichts auf die Seite der Edukte.

$$N_2 + 3H_2 \rightleftharpoons 2NH_3 \left(\Delta H = -96{,}3\ \text{kJ} \cdot \text{mol}^{-1}\right)$$

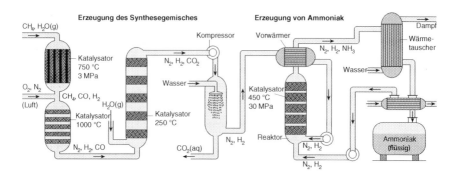

Abb. 13.2 Anlage zur Produktion von Ammoniak (aus Michael Binnewies et al. 2011, Allgemeine und Anorganische Chemie, © Springer Spektrum 2011)

Zur Überwindung der Aktivierungsenergie bei moderaten Bedingungen (500 °C, 300 bar) ist ein Katalysator erforderlich. Hierzu wird Fe_3O_4 als Ummantelung des aus Stahl bestehenden Druckreaktors verwendet, das unter den Reaktionsbedingungen von Wasserstoff zu metallischem (Kohlenstoff-freiem) Eisen reduziert wird. Es wird davon ausgegangen, dass durch Anlagerung der Moleküle an die Metalloberfläche die N-N- bzw. H-H- Bindung geschwächt wird und somit die Moleküle leichter in Atome überführt werden können.

Zur Vermeidung von unerwünschten Nebenreaktionen (Knallgasreaktion, Oxidation von Ammoniak, Deaktivierung des Katalysators) muss die Bildungsreaktion von Ammoniak in Abwesenheit von Sauerstoff durchgeführt werden. Früher wurden zur Bereitstellung der Edukte abwechselnd Wasserdampf und Luft über glühende Kohle geleitet („Griff in die Luft"):

$$H_2O + C \rightarrow H_2 + CO \quad \text{(Wassergas)}$$
$$N_2/O_2 \text{ (Luft)} + 2C \rightarrow N_2 + 2CO \quad \text{(Generatorgas)}$$

Die Entfernung des störenden Kohlenstoffmonoxids aus dem Gasgemisch stellte eines der Hauptprobleme des Haber-Bosch-Verfahrens dar. In modernen Anlagen wird Wasserstoff aus der Chloralkali-Elektrolyse und Stickstoff aus dem Linde-Verfahren verwendet.

Der vergleichsweise hohe Siedepunkt von Ammoniak steht in Zusammenhang mit den starken Wasserstoffbindungen (vgl. E9) und dem pyramidalen Bau des Moleküls, der sich aus dem VSEPR-Konzept (vgl. E12) erklärt. Bereits bei Raumtemperatur erfolgt ein rasches Durchschwingen des Stickstoffatoms durch die Ebene der Wasserstoffatome, das als „Inversion" bezeichnet wird.

Ammoniak dient neben seiner Verwendung als schwache Base (wäss. Lösung, korrespondierende Säure ist das Ammonium-Ion NH_4^+) zur Darstellung von Salpetersäure (Abschn. 13.2.6), Nitraten und deren Folgeprodukten. Als sehr schwache Säure ($pK_S = 23$!) bildet Ammoniak als korrespondierende Base das

Amid-Ion, dessen Natriumsalz technisch hergestellt und als sehr starke Base in der organischen Synthese verwendet wird.

$$2NH_3 + 2Na \rightarrow 2NaNH_2 + H_2$$

In wasserfreiem flüssigen Ammoniak lösen sich Alkalimetalle; die hier bei tiefen Temperaturen ($<-40\ °C$) auftretende tiefblaue Farbe wird den solvatisierten Elektronen zugeschrieben.

$$n\ NH_3 + Na \rightarrow Na^+ + \left[e(NH_3)_n\right]^-$$

Hydrazin (Sdp. 113 °C, Schmp. 2 °C) dient in der Technik als Reduktionsmittel sowie als Synthesebaustein in der Organischen Chemie und wird gleichfalls in technischem Maßstab nach dem *Raschig-Verfahren* gewonnen.

$$2NH_3 + OCl^- \rightarrow N_2H_4 + H_2O + Cl^-$$

Hydrazin, ein nicht planar gebautes Molekül, ist etwas schwächer basisch als Ammoniak und bildet zwei Reihen von Salzen ($N_2H_5^+$, $N_2H_6^{2+}$).

Stickstoffwasserstoffsäure (Sdp. 37 °C) wird am besten durch Umsetzung ihrer Salze mit verdünnter Schwefelsäure erhalten.

$$2NaN_3 + H_2SO_4 \rightarrow 2HN_3 + Na_2SO_4$$

Die in reinem Zustand hochexplosive Verbindung ist in wäss. Lösung eine mittelstarke Säure ($pK_S \approx 5$); etherische, *in situ* erzeugte Lösungen werden in der organischen Synthese zum Aufbau von Heterozyklen verwendet. Die ionisch gebauten Salze der Alkalimetalle enthalten das stabile, hochsymmetrische Azidion N_3^-.

$$\overset{\ominus}{\diagdown}N{=}N{\overset{\oplus}{=}}N\overset{\ominus}{\diagup}$$

Natriumazid wird technisch aus N_2O („Lachgas", vgl. Abschn. 13.2.5) und Natriumamid gewonnen.

$$NaNH_2 + N_2O \rightarrow NaN_3 + H_2O$$

In HN_3 weist der Sickstoff formal die mittlere Oxidationszahl $-1/3$ auf. Man beachte jedoch, dass in diesem Molekül Stickstoffatome verschiedener chemischer Umgebung vorliegen und es sich deshalb um einen arithmetischen Mittelwert handelt.

13.2.3 Verbindungen mit Halogenen

Stickstoff-Halogen-Verbindungen können formal als Derivate des Ammoniaks (NX_3), des Hydrazins (N_2X_4) und der Stickstoffwasserstoffsäure (N_3X) aufgefasst werden. Es ist zu beachten, dass in den Fluorverbindungen Stickstoff in positiver Oxidationszahl vorliegt. In den Verbindungen der schwereren Halogene ist der Stickstoff der jeweils elektronegativere Bindungspartner; die hieraus resultierenden Verbindungen weisen eine geringe Stabilität auf: NCl_3 und NBr_3 beispielsweise sind explosiv, NI_3 ist nur bei tiefen Temperaturen existenzfähig.

Trifluoramin (Sdp $-129\,°C$, Schmp. $-206\,°C$) wird durch Fluorierung von Ammoniak erhalten.

$$4NH_3 + 3F_2 \rightarrow NF_3 + 3NH_4F$$

Das stabile, farblose Gas weist ein sehr geringes Dipolmoment (0,23 D) auf, das dem des Ammoniaks (1,47 D) entgegengerichtet ist. Hieraus resultieren für diese Verbindung nur sehr schwach basische Eigenschaften. Offensichtlich bewirkt die hohe Elektronegativität des Fluors nicht nur eine Polarisierung der N-F-Bindungen, sondern darüber hinaus durch die positive Partialladung am Stickstoffatom eine geringe Verfügbarkeit („Nukleophilie") des nichtbindenden Elektronenpaars.

Halogenazide (X = Cl, Br, I) werden durch Umsetzung der Halogene mit Natriumazid gewonnen. N_3F wird aus HN_3 und Fluor erhalten.

$$NaN_3 + X_2 \rightarrow XN_3 + NaX \ (X = Cl, Br, I)$$
$$4HN_3 + 2F_2 \rightarrow 3N_3F + N_2 + NH_4F$$

Sie sind infolge der relativ geringen Elektronegativitätsdifferenz zwischen Stickstoff und den Halogenen molekular aufgebaut und wegen der analog zu HN_3 „unsymmetrischen" Elektronenverteilung im N_3-Fragment explosiv.

13.2.4 Verbindungen mit Alkali- und Erdalkalimetallen

Binäre Verbindungen des Stickstoffs mit Alkali- und Erdalkalimetallen sind wegen der hohen Elektronegativitätsdifferenz der beteiligten Elemente salzartig aufgebaut. Sie lassen sich als Derivate der sehr schwachen Säure NH_3 auffassen und sind aus den Elementen zugänglich, z. B.:

$$6Li + N_2 \rightarrow 2Li_3N$$

Li_3N findet als Ionenleiter Verwendung. Auch Derivate des Hydrazins sind bekannt. Sämtliche Salze reagieren als korrespondierende Basen der zugehörigen sehr schwachen Säuren stark basisch.

Die gleichfalls diesem Kapitel zuzuordnenden technisch wichtigen Metallazide (z. B. NaN_3, s. o.) sind im Gegensatz zur freien Säure ihres salzartigen Aufbaus wegen (isolierte symmetrische N_3-Anionen) stabil.

Tab. 13.2 Binäre Oxide des Stickstoffs

Oxidationszahl	+1	+2	+3	+4	+5
Stickstoffoxide	N_2O	NO	N_2O_3	NO_2	N_2O_5
		N_2O_2		N_2O_4	

13.2.5 Verbindungen mit Sauerstoff

Binäre Stickstoffoxide („Stickoxide") sind in allen positiven Oxidationszahlen des Stickstoffs bekannt. Die in den Oxidationszahlen +II und +IV des Stickstoffs vorliegenden Verbindungen bilden bei Normalbedingungen stabile monomere Radikale, die bei tiefen Temperaturen im festen Zustand dimerisieren (Tab. 13.2). Abgesehen von N_2O sind alle Stickstoffoxide hochgiftig; ihre unerwünschte Bildung stellt ein bedeutendes Umweltproblem dar.

Distickstoffmonoxid („Lachgas", Sdp. −88 °C, Schmp. −91 °C) bildet sich als farbloses Gas bei der thermischen Zersetzung („intramolekulare Komproportionierung") von Ammoniumnitrat.

$$NH_4NO_3 \rightarrow N_2O + 2H_2O$$

Die Bindungssituation im linear gebauten Molekül lässt sich durch Resonanzformeln beschreiben. N_2O dient als Edukt bei der Synthese von Natriumazid, zum Aufbau organischer Heterozyklen sowie als Narkotikum.

Stickstoffmonoxid (Sdp. −152 °C, Schmp. −63 °C) bildet sich bei Hochtemperaturprozessen (T > 2000 °C, z. B. in Verbrennungsmotoren und Kraftwerken) aus den Bestandteilen der Luft als farbloses Gas. Technisch wird es im Zuge der Salpetersäuredarstellung (vgl. Abschn. 13.2.6) durch katalytische Verbrennung von Ammoniak gewonnen. Die chemische Bindung lässt sich aus dem MO-Schema von O_2 (Abb. 11.4) qualitativ durch Wegnahme eines Elektrons verstehen (BO 2,5); man beachte jedoch die unterschiedliche Lage der Atomorbitale auf der Energieskala.

Distickstofftrioxid N_2O_3 bildet sich beim Abkühlen gleicher Mengen von NO und NO_2.

Es liegt im festen Zustand als Salz $[NO]^+[NO_2]^-$ („Nitrosylnitrit") vor und zerfällt bereits oberhalb −10 °C in Umkehrung der Bildungsgleichung. Als Anhydrid der Salpetrigen Säure reagiert es mit Laugen zu Nitrit-Salzen.

$$NO + NO_2 \rightarrow N_2O_3$$

$$N_2O_3 + 2NaOH \rightarrow 2NaNO_2 + H_2O$$

Stickstoffdioxid bildet sich in einer Gleichgewichtsreaktion aus NO und Sauerstoff (bei 600 °C liegt das Gleichgewicht vollständig auf der linken Seite).

$$2NO + O_2 \rightleftarrows 2NO_2$$

In der Gasphase liegt NO_2 als gewinkelt gebautes, gelb gefärbtes Molekül vor;

der feste Zustand (ab -11 °C) besteht aus planaren braunen N_2O_4−Molekülen. NO_2 ist ein starkes Oxidationsmittel.

$$NO_2 + e^- \rightarrow NO_2^-$$

Distickstoffpentoxid wird durch Entwässern von Salpetersäure als deren Anhydrid gewonnen. Es liegt im festen Zustand als Salz $[NO_2]^+[NO_3]^-$ („Nitrylnitrat") vor und ist gleichfalls ein sehr starkes Oxidationsmittel.

$$2HNO_3 \rightarrow N_2O_5 + H_2O$$

Außer den elektroneutralen Stickoxiden existieren noch kationische und anionische Spezies. Nitrosylhydrogensulfat bildet sich bei der Einwirkung von N_2O_3 auf Schwefelsäure.

$$N_2O_3 + 2H_2SO_4 \rightarrow 2[NO]^+[HSO_4]^- + H_2O$$

Das Kation NO^+ enthält eine NO-Dreifachbindung und ist isoelektronisch (vgl. E33) zu N_2 und CO.

Das *Nitrylkation* NO_2^+ ist aus Salpetersäure bzw. deren Säurehalogeniden NO_2X in Form stabiler Salze zugänglich.

$$NO_2F + BF_3 \rightarrow [NO_2]^+[BF_4]^-$$

Das stark oxidierende Kation ist, wie auch das hierzu isoelektronische CO_2, linear gebaut.

Die Anionen NO_x^- (x = 2, 3) werden als Derivate der Stickstoffsauerstoffsäuren nachfolgend beschrieben.

13.2.6 Stickstoffsauerstoffsäuren und Säurehalogenide

Verbindungen der allgemeinen Zusammensetzung H_xNO_y sind für Stickstoff der Oxidationszahlen +V, +III, +I und −I bekannt.

Salpetersäure   Salpetrige Säure   Hyposalpetrige Säure

HNO_3 HNO_2 $(HNO)_2$

Hydroxylamin

H_3NO

Die unbeständige, in fester Form dimere Hyposalpetrige Säure soll hier nicht weiter besprochen werden.

Salpetersäure (HNO_3) wird technisch in großem Umfang nach dem *Ostwald-Verfahren* durch katalytische Verbrennung von Ammoniak an einem Platinnetz und nachfolgende Einleitung der resultierenden Stickoxide unter Einwirkung von Sauerstoff in Wasser gewonnen.

$$4NH_3 + 5O_2 \rightarrow 4NO + 6H_2O$$

$$2NO + O_2 \rightarrow 2NO_2$$

$$4NO_2 + O_2 + 2H_2O \rightarrow 4HNO_3$$

In Abwesenheit des Katalysators führt die Verbrennung von Ammoniak nur zu N_2.

Hierzu alternativ wurde früher im *Birkeland-Eyde-Verfahren* NO aus den Elementen im elektrischen Lichtbogen gewonnen und analog weiterverarbeitet.

Salpetersäure bildet bei Normalbedingungen eine farblose Flüssigkeit (Sdp. 84 °C, Schmp. −42 °C), die jedoch in der Praxis durch Gegenwart von NO_2 meist gelb gefärbt ist. Die sehr starke Säure ($pK_S = -1{,}37$) zersetzt sich unter Lichteinwirkung in Umkehrung der Bildungsgleichung.

In konzentrierter Form ist Salpetersäure ein starkes Oxidationsmittel ($E° = +0{,}96$ V), das auch Edelmetalle wie Silber, nicht aber Gold, löst (*Scheidewasser*). Man beachte, dass hier, anders als bei unedlen Metallen (z. B. Na), das Säureanion und nicht das im Gleichgewicht vorliegende Hydroniumion H_3O^+ als Oxidationsmittel fungiert.

$$3Ag + 4HNO_3 \rightarrow 3AgNO_3 + NO + 2H_2O$$
$$2Na + 2HNO_3 \rightarrow 2NaNO_3 + H_2$$

Im Gemisch mit Salzsäure (*Königswasser*) vermag Salpetersäure jedoch sogar Gold aufzulösen. Als Oxidationsmittel wirkt hierbei „aktives" (möglicherweise atomares) Chlor.

$$HNO_3 + 3HCl \rightarrow NOCl + Cl_2 + 2H_2O$$

Eine Mischung von Salpetersäure und Schwefelsäure wird *Nitriersäure* genannt, da hierin das Nitrylkation NO_2^+ vorliegt, das organische Verbindungen nitriert.

$$HNO_3 + 2H_2SO_4 \rightarrow NO_2^+ + H_3O^+ + 2HSO_4^-$$
$$C_6H_6 + NO_2^+ + H_2O \rightarrow C_6H_5NO_2 + H_3O^+$$

Die Bedeutung der Salpetersäure liegt in der Herstellung anorganischer Nitrate als *Düngemittel* sowie in der Produktion organischer Nitroverbindungen als *Farbstoffe* und *Sprengstoffe*.

Nitrate enthalten als Salze der Salpetersäure das symmetrisch und trigonal-planar gebaute Nitrat-Ion NO_3^-.

Fast alle Nitratsalze lösen sich gut in Wasser. Mineralische Vorkommen als $NaNO_3$ („Chilesalpeter") und KNO_3 („Kalisalpeter") sind nicht häufig und an die Gegenwart wasserundurchlässiger Formationen gebunden. Nitrate wirken erst bei hohen Temperaturen stark oxidierend.

$$2KNO_3 \rightarrow 2KNO_2 + O_2$$

Salpetrige Säure (HNO_2) ist nur in verdünnter wäss. Lösung stabil und dort eine schwache Säure ($pK_S \approx 5$). Ihre Salze, aus denen die Salpetrige Säure durch Ansäuern erhalten wird, sind durch Umsetzung der Hydroxide mit N_2O_3 bzw. durch Reduktion der Nitrate mit Kohle zugänglich.

$$2NaOH + N_2O_3 \rightarrow 2NaNO_2 + H_2O$$
$$NaNO_3 + C \rightarrow NaNO_2 + CO$$
$$NaNO_2 + HCl \rightarrow HNO_2 + NaCl$$

Salpetrige Säure wirkt in wäss. Lösung schwach oxidierend, z. B.:

$$HNO_2 + NH_3 \rightarrow 2H_2O + N_2$$

Wäss. Lösungen der Salpetrigen Säure werden in der organischen Synthese eingesetzt:

$$C_6H_5NH_3^+Cl^- + NaNO_2 + H_3O^+ \rightarrow C_6H_5N_2^+ + 3H_2O + NaCl$$

$NaNO_2$ enthält das gewinkelt gebaute Nitrit-Ion und dient zur Konservierung von Lebensmitteln („Pökelsalz").

Hydroxylamin (H_2NOH) reagiert mit Wasser bereits als Base ($pK_B = 8,2$):

$$H_2NOH + H_2O \rightarrow H_3NOH^+ + OH^-$$

Hydroxylamin ist ein starkes Reduktionsmittel. Der unbeständige Feststoff (Schmp. 33 °C) zerfällt rasch bei Raumtemperatur:

$$4H_2NOH \rightarrow 2NH_3 + N_2O + 3H_2O$$

Das stabile Sulfatsalz wird in großem Umfang technisch durch katalytische Reduktion (Pd-Katalysator) von NO hergestellt und in der organischen Polymersynthese („Caprolactame") verwendet.

$$2NO + 3H_2 + H_2SO_4 \rightarrow [H_3NOH]_2SO_4$$

Von den Stickstoffsauerstoffsäuren lassen sich folgende *Säurechloride* ableiten,

NOCl Nitrosylchlorid (Sdp. − 6 °C)
NO$_2$Cl Nitrylchlorid (Sdp. − 6 °C)

die molekular aufgebaut und bei Raumtemperatur gasförmig sind. Sie werden durch Umsetzung der entsprechenden Stickstoffoxide mit Chlor gewonnen und reagieren mit Wasser zu den zugehörigen Säuren.

$$2NO + Cl_2 \rightarrow 2NOCl$$
$$NOCl + H_2O \rightarrow HNO_2 + HCl$$
$$2NO_2 + Cl_2 \rightarrow 2NO_2Cl$$
$$NO_2Cl + H_2O \rightarrow HNO_3 + HCl$$

Auch die entsprechenden Säurefluoride und Säurebromide sind bekannt.

13.2.7 Verbindungen mit Schwefel

Binäre Schwefel-Stickstoff-Verbindungen der Zusammensetzung S_xN_y sind in beachtlicher Zahl bekannt; sie unterscheiden sich von den nur formal analogen Stickstoffoxiden durch die in Folge der Elektronegativitäten inverse Bindungspolarität.

Als bekanntesten und wichtigsten Vertreter dieser Substanzklasse wollen wir das Tetraschwefeltetranitrid, S_4N_4, besprechen.

Die Verbindung bildet sich durch Reaktion von Schwefelhalogeniden, mit Ammoniak und wird üblicherweise aus S_2Cl_2 nach folgender Reaktionsgleichung als orangegelber, luftstabiler Feststoff (Schmp. 178 °C) erhalten:

$$2S_2Cl_2 + 4Cl_2 + 4NH_3 \rightarrow S_4N_4 + 12HCl$$

Die ungewöhnliche Zusammensetzung erklärt sich aus dem clusterartigen Aufbau des Moleküls, in dem eine Delokalisierung der π-Elektronen die Bildung eines symmetrischen „Käfigs" ermöglicht (Abb. 13.3).

S_4N_4 zersetzt sich, insbesondere bei mechanischer Belastung, explosionsartig in die Elemente und gilt deshalb als oft zitiertes Beispiel einer thermodynamisch instabilen Verbindung mit hoher kinetischer Bildungstendenz.

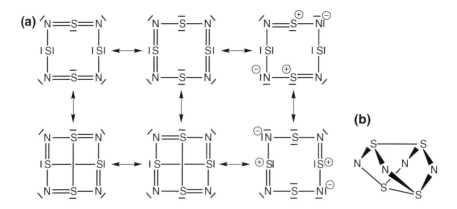

Abb. 13.3 **a** Chemische Bindung und **b** Molekülgestalt von S_4N_4

13.3 Phosphor, Arsen, Antimon, Bismut

Das gegenüber Stickstoff etwa dreimal so häufige Element Phosphor kommt in der Natur nur in gebundener Form vor. Hauptvorkommen ist der Apatit $Ca_5(PO_4)_3$ (F, OH). Die wesentlich selteneren Elemente Arsen, Antimon und Bismut liegen meist als Sulfide E_2S_3 vor.

13.3.1 Die Elemente

Die in Folge der Doppelbindungsregel (E26) in der Gruppe 16 beobachteten Unterschiede zwischen dem Kopfelement und seinen schwereren Gruppennachbarn zeigen sich auch in der Gruppe 15.

In Verbindung mit der Tendenz zur Erfüllung der Oktettregel führt die Präsenz von hier 3 Valenzelektronen zum Aufbau komplexer käfigartiger Strukturen, von denen hier nur drei näher betrachtet werden sollen (Abb. 13.4).

Der *weiße Phosphor*, P_4, (Sdp. 280 °C, Schmp. 44 °C) bildet reguläre Tetraeder; durch die hieraus resultierenden sehr kleinen Bindungswinkel von 60° sind diese Bindungen sehr labil. P_4 ist folglich sehr reaktiv und wird an Luft spontan zu P_4O_{10} oxidiert (Aufbewahrung unter Wasser). Die Interpretation der Bindungssituation (der Bindungswinkel ist auch durch Hybridisierung nicht erreichbar) beruht auf der Annahme der Überlappung von p-Orbitalen; hierdurch liegt das Maximum der Elektronendichte außerhalb der P-P-Bindungsachse. Im strengen Sinne handelt es sich folglich nicht um σ-Bindungen (sog. „Bananenbindungen").

Das Problem der Bindungswinkel tritt in der Modifikation des *violetten Phosphors* nicht auf. Die thermodynamisch stabilste Struktur bildet der *schwarze*

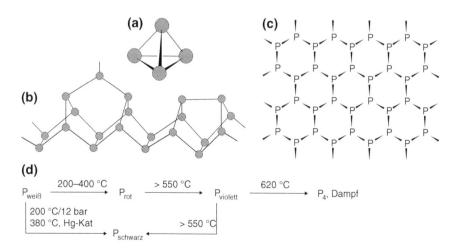

Abb. 13.4 Elementmodifikationen des Phosphors. **a** weißer Phosphor, **b** violetter Phosphor, **c** schwarzer Phosphor, **d** Umwandlung der Elementmodifikationen

Phosphor, der auf Grund seiner Elektronendelokalisation bereits Halbleitereigenschaften besitzt.

Die Darstellung von elementarem Phosphor erfolgt durch Reduktion des Apatits [hier als $Ca_3(PO_4)_2$ formuliert] mit Kohle bei 1400 °C unter Luftausschluss

$$2Ca_3(PO_4)_2 + 6SiO_2 + 10C \rightarrow 6CaSiO_3 + 10CO + P_4$$

Der hierbei anfallende weiße Phosphor bildet sich durch Dimerisierung der in der Gasphase vorliegenden P_2-Moleküle ($P \equiv P$, zur Stabilität vgl. E26).

Der sog. „rote Phosphor" ist amorph und liegt nicht in Form definierter Struktureinheiten vor.

Weißer Phosphor wird in großem Umfang zur Darstellung von Phosphorsäure (vgl. Abschn. 13.3.5) verwendet. Der luftstabile rote Phosphor ist Bestandteil von Zündhölzern.

Das sehr giftige Element Arsen liegt als instabiles As_4 (gelb) und als dem schwarzen Phosphor vergleichbare graue Modifikation vor, die für Antimon und Bismut die einzige bekannte Form darstellt. Arsen wird in der Halbleitertechnologie verwendet. Antimon und Bismut sind Bestandteile von Legierungen.

13.3.2 Verbindungen mit Wasserstoff

P, As, Sb und Bi bilden die dem Ammoniak formal verwandten Hydride EH_3, von denen hier nur das stabile, aber an Luft leicht entzündliche Phosphan PH_3 besprochen werden soll. Es bildet sich bei der Hydrolyse von Metallphosphiden bzw. aus den Elementen unter Druck bei 300 °C als farbloses, giftiges Gas (Schmp. -133 °C, Sdp. -88 °C). Zur Polarität der PH-Bindung vgl. die geringe Differenz der Elektronegativitäten (P/H = 2,1/2,2).

$$Na_3P + 3H_2O \rightarrow PH_3 + 3NaOH$$

$$P_4 + 6H_2 \rightarrow 4PH_3$$

Analog den Verhältnissen in der Gruppe 16 nimmt die Azidität von EH_3 beim Übergang zu den schweren Gruppenelementen zu (und somit die Basizität ab) wegen der geringeren Stabilität der E-H-Bindung. SbH_3 und BiH_3 zerfallen bereits bei Raumtemperatur in die Elemente.

Im Gegensatz zu Ammoniak weist PH_3 fast keine basischen Eigenschaften auf; die korrespondierende Säure PH_4^+ ist eine starke Säure ($pK_S = -1,3$). Dieser Befund steht in Zusammenhang mit der Molekülstruktur: Das nichtbindende Elektronenpaar am Phosphoratom besitzt s-Charakter, da der Bindungswinkel HPH nahe 90° liegt.

13.3.3 Verbindungen mit Halogenen

Die schweren Elemente der Gruppe 15 (E = P, As, Sb, Bi) bilden mit den Halogenen (X = F, Cl, Br, I) folgende Verbindungstypen:

$$
\begin{array}{ccc}
\overline{E} & \overline{E}-\overline{E} & |\overline{X} \quad \overline{X}| \\
X \mid X & X \mid \; \mid X & \overline{X} \; E \; \overline{X}| \\
X & X \quad X & |\underline{X}|
\end{array}
$$

In allen Verbindungen ist das Halogenatom der negative Bindungspartner. Jedoch reicht die Elektronegativitätsdifferenz in keinem Fall zur Bildung von Salzen aus, so dass Moleküle bzw. im festen Zustand für EX_3 und E_2X_4 Molekülgitter gebildet werden. Die Verbindungen sind aus den Elementen zugänglich; zur Darstellung der Fluorverbindungen ist jedoch der Halogenaustausch vorteilhaft.

$$2E + 3X_2 \rightarrow 2EX_3$$
$$2E + 2X_2 \rightarrow E_2X_4$$
$$2E + 5X_2 \rightarrow 2EX_5$$
$$ECl_3 + 3NaF \rightarrow EF_3 + 3NaCl$$

Von praktischer Bedeutung sind die Phosphorchloride, die auch technisch hergestellt werden. PCl_3 (Schmp. $-94\,°C$, Sdp. $76\,°C$) dient als Ausgangsprodukt zahlreicher wichtiger Phosphorverbindungen. PCl_5 (Subl. ab $150\,°C$), das im festen Zustand als Salz $[PCl_4]^+[PCl_6]^-$ vorliegt, findet als Chlorierungsmittel (thermische Freisetzung von Chlor) Verwendung.

Sämtliche Chalkogenhalogenide hydrolysieren leicht unter Bildung von HX und der zugehörigen Chalkogensauerstoffsäure:

$$EX_3 + 3H_2O \rightarrow H_3EO_3 + 3HX$$
$$EX_5 + 4H_2O \rightarrow H_3EO_4 + 5HX$$

13.3.4 Verbindungen mit Sauerstoff

Im Gegensatz zu den Oxiden des Stickstoffs sind vom Phosphor und seinen schweren Gruppennachbarn nur die Oxide der Oxidationszahlen +III und +V bekannt; Verbindungen dieser Elemente bilden keine stabilen Radikale.

$$E_4O_6 \; (E = P, As, Sb, Bi)$$
$$E_4O_{10} \; (E = P, As, Sb)$$

P_4O_6, P_4O_{10} und As_4O_6 sind als käfigförmige Moleküle aufgebaut, die anderen als Polymere (Abb. 13.5).

Abb. 13.5 Die
Molekülstruktur von P_4O_6
und P_4O_{10}

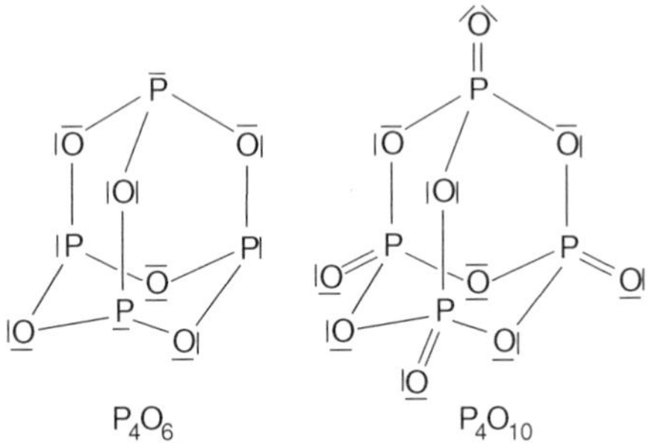

$$P_4O_6 \qquad P_4O_{10}$$

   Das technisch hergestellte „Phosphorpentoxid" (P_4O_{10} Sublp. 359 °C) reagiert
mit Wasser zur Phosphorsäure und kann deshalb als ihr Anhydrid aufgefasst
werden. Dieser stürmisch und unter großer Wärmeentwicklung verlaufenden
Reaktion verdankt die Substanz ihre Verwendung als Trockenmittel. Hierzu analog reagiert P_4O_6 mit Wasser zur Phosphorigen Säure (vgl. Abschn. 13.3.5).

$$P_4 + 3O_2 \rightarrow P_4O_6$$
$$P_4O_6 + 6H_2O \rightarrow 4H_3PO_3$$
$$P_4 + 5O_2 \rightarrow P_4O_{10}$$
$$P_4O_{10} + 6H_2O \rightarrow 4H_3PO_4$$

Während die Oxide des Phosphors und Arsens mit Wasser Säuren bilden, also
„sauer" sind, reagiert Sb_2O_3 sowohl mit Säuren als auch mit Basen; es ist folglich
amphoter. Bi_2O_3 reagiert bereits basisch.

$$Sb_2O_3 + 2NaOH \rightarrow 2NaSbO_2 + H_2O$$
$$Sb_2O_3 + 6HCl \rightarrow 2SbCl_3 + 3H_2O$$
$$Bi_2O_3 + 6HCl \rightarrow 2BiCl_3 + 3H_2O$$

Generell nimmt in einer Hauptgruppe die Azidität der Oxide und Hydroxide mit
steigender Ordnungszahl und sinkender Oxidationszahl ab.

13.3.5 Element-Sauerstoffsäuren und Säurehalogenide

Sauerstoffsäuren des Phosphors sind in den Oxidationszahlen +I bis +V bekannt.
Auch hier sind, analog zur Situation des Nachbarelements Schwefel, die „unpas-
senden" (hier geradzahligen) Oxidationszahlen durch Verbindungen mit P-P-
Bindung vertreten. In allen Säuren und ihren Anionen ist das Phosphorzentrum
verzerrt-tetraedrisch von 4 Bindungsnachbarn umgeben. Abbildung 13.6 gibt einen
Überblick der bekannten Verbindungen, von denen hier nur die wichtigsten
besprochen werden sollen.

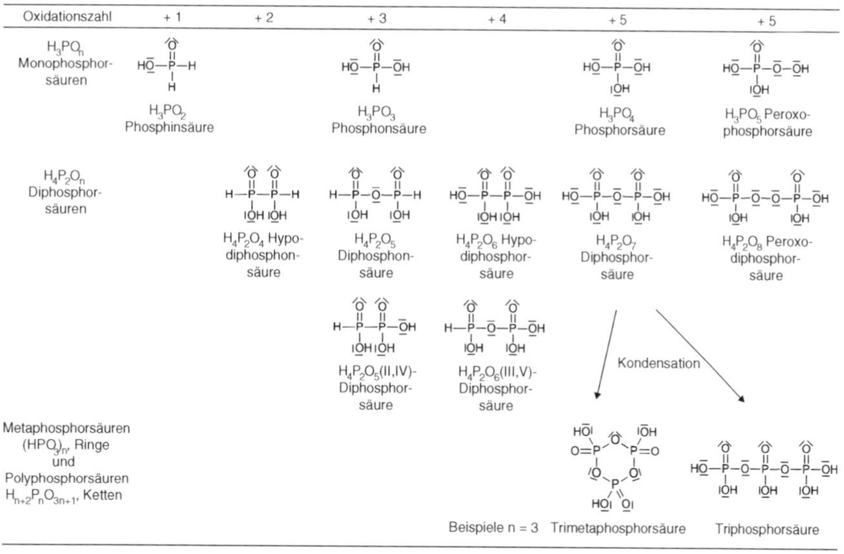

Oxidationszahl	+ 1	+ 2	+ 3	+ 4	+ 5	+ 5
H_3PO_1 Monophosphor- säuren	H_3PO_2 Phosphinsäure		H_3PO_3 Phosphonsäure		H_3PO_4 Phosphorsäure	H_3PO_5 Peroxo- phosphorsäure
$H_4P_2O_n$ Diphosphor- säuren	$H_4P_2O_4$ Hypo- diphosphon- säure		$H_4P_2O_5$ Diphosphon- säure	$H_4P_2O_6$ Hypo- diphosphor- säure	$H_4P_2O_7$ Diphosphor- säure	$H_4P_2O_8$ Peroxo- diphosphor- säure
			$H_4P_2O_5$(II,IV)- Diphosphor- säure	$H_4P_2O_6$(III,V)- Diphosphor- säure		
Metaphosphorsäuren $(HPO_3)_m$ Ringe und Polyphosphorsäuren $H_{n+2}P_nO_{3n+1}$, Ketten					Kondensation	
				Beispiele n = 3	Trimetaphosphorsäure	Triphosphorsäure

Abb. 13.6 Sauerstoffsäuren des Phosphors

Die Orthophosphorsäure (H_3PO_4) bildet farblose, in Wasser sehr gut lösliche Kristalle (Schmp. 42 °C); sie ist eine mittelstarke dreibasige Säure ($pK_S = 2$), die drei Reihen von Salzen bildet und nur noch schwach oxidierend wirkt.

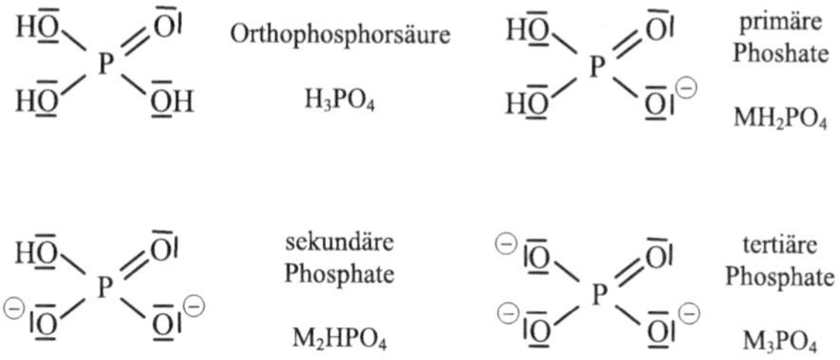

Orthophosphorsäure H_3PO_4

primäre Phosphate MH_2PO_4

sekundäre Phosphate M_2HPO_4

tertiäre Phosphate M_3PO_4

Die zur Gewinnung von Phosphatdüngern verwendete sog. „Nassphosphorsäure" wird durch direkte Umsetzung von Calciumphosphat mit Schwefelsäure erhalten und mit Ammoniak zum Ammoniumhydrogenphosphat umgesetzt. Gleichfalls wichtige Dünger sind das „Superphosphat", in dem das Calciumhydrogenphosphat im Gemisch mit Gips vorliegt, und das als „Doppelsuperphosphat" bezeichnete reine Calciumhydrogenphosphat (Calciumphosphat selbst ist nicht wasserlöslich).

$$Ca_3(PO_4)_2 + 3H_2SO_4 \rightarrow 3CaSO_4 + 2H_3PO_4$$

$$H_3PO_4 + 2NH_3 \rightarrow (NH_4)_2HPO_4$$

$$Ca_3(PO_4)_2 + 2H_2SO_4 \rightarrow Ca(H_2PO_4)_2 + 2CaSO_4$$

$$Ca_3(PO_4)_2 + 4H_3PO_4 \rightarrow 3Ca(H_2PO_4)_2$$

Des Weiteren dienen Phosphorsäure und ihre Salze in großem Umfang als Säuerungs- und Konservierungsmittel in Lebensmitteln. Hierzu ist die Darstellung chemisch reiner Phosphorsäure („thermischer Phosphorsäure") durch Oxidation von elementarem Phosphor und nachfolgende Hydrolyse erforderlich:

$$P_4 + 5O_2 \rightarrow P_4O_{10}$$

$$P_4O_{10} + 6H_2O \rightarrow 4H_3PO_4$$

Beim Erhitzen spaltet die Orthophosphorsäure Wasser ab und geht zunächst in die Diphosphorsäure ($H_4P_2O_7$) über, die weiter zu Polyphosphorsäuren kondensieren kann.

Wichtigstes Derivat der Polyphosphorsäuren ist das Natriumtrimetaphosphat ($Na_3P_3O_9$), das wegen seiner Eigenschaft, in Wasser lösliche Schwermetallkomplexe zu bilden, als „Enthärter" in Waschmitteln verwendet wird.

Die monomere Metaphosphorsäure (HPO_3) ist nicht stabil.

Die Phosphorige Säure („Phosphonsäure", H_3PO_3) enthält neben zwei OH-Gruppen ein direkt an das Phosphorzentrum gebundenes Wasserstoffatom, das nicht azid ist. Hierfür ist offenbar die Tendenz zur Bildung der stabilen P-O-Doppelbindung verantwortlich. Die Phosphorige Säure bildet deshalb nur zwei Reihen von Salzen.

$$H\bar{\underline{O}}\diagdown \overset{\displaystyle \overline{O}|}{\underset{\diagdown \overline{\underline{O}}H}{P}} \diagup H \qquad \overset{\ominus}{|\bar{\underline{O}}}\diagdown \overset{\displaystyle \overline{O}|}{\underset{\diagdown \overline{\underline{O}}H}{P}} \diagup H \qquad \overset{\ominus}{|\bar{\underline{O}}}\diagdown \overset{\displaystyle \overline{O}|}{\underset{\diagdown \overline{\underline{O}}|^{\ominus}}{P}} \diagup H$$

$$H_3PO_3 \qquad\qquad MH_2PO_3 \qquad\qquad M_2HPO_3$$

Phosphorige Säure ist eine mittelstarke Säure ($pK_S = 2$). Die Verbindung wird technisch durch Hydrolyse von PCl_3 als hygroskopischer Feststoff (Schmp. 74 °C) hergestellt. Sie wirkt, wie auch ihre Salze, stark reduzierend.

$$PCl_3 + 3H_2O \ \rightarrow H_3PO_3 + 3HCl$$

Phosphorige Säure findet Verwendung in der Synthese phosphororganischer Verbindungen, die insbesondere in Form ihrer Ester $P(OR_3)_3$ von Bedeutung sind.

Hypophosphorige Säure („Phosphinsäure", H_3PO_2) bildet sich durch Disproportionierung von Phosphor mit Basen, vergleichbar der Reaktion von Chlor mit NaOH, in Form ihrer Salze. Hieraus lässt sich die Säure ($pK_S = 2$, Schmp. 27 °C) freisetzen.

$$P_4 + 3NaOH \ + \ 3H_2O \rightarrow 3NaH_2PO_2 + PH_3$$
$$NaH_2PO_2 + HCl \rightarrow H_3PO_2 + NaCl$$

Auch Hypophosphorige Säure ist ein starkes Reduktionsmittel.

Von den Säurehalogeniden der Phosphorsäure besitzt einzig Phosphoroxytrichlorid („Phosphorylchlorid" $POCl_3$) praktische Bedeutung, insbesondere in der organischen Synthese. Es wird als farblose Flüssigkeit (Sdp. 105 °C) durch Oxidation von PCl_3 hergestellt und reagiert mit Wasser zur Orthophosphorsäure.

$$2PCl_3 + O_2 \rightarrow 2POCl_3$$
$$POCl_3 + 3H_2O \rightarrow H_3PO_4 + 3HCl$$

Arsensäure (H_3AsO_4) und Arsenige Säure (H_3AsO_3) gleichen den analogen Verbindungen des Phosphors, sind jedoch schwächer sauer und wirken stärker oxidierend. Die Verbindungen des Antimons sind nur in Form ihrer Anionen (Antimonate und Antimonite) bekannt. $Bi(OH)_3$ ist bereits eine Base.

Die Elemente der Gruppe 13 (Erdmetalle) 14

14.1 Allgemeines

Die Elemente der Gruppe 13 weisen die Valenzelektronenkonfiguration ns^2p^1 (n = 2–6) auf. In ihrer Chemie dominiert die Oxidationszahl +III. Bedingt durch die relative Stabilität der B–B-Bindung treten beim Bor auch niedrigere Oxidationsstufen auf. Insbesondere beim Thallium bewirkt der *Effekt des inerten Paares* (vgl. E35) eine hohe Stabilität der Oxidationszahl +I. Einen Überblick über die Eigenschaften der Atomsorten gibt Tab. 14.1.

Die Sonderstellung des Elements Bor zeigt sich in seinem Charakter als Halbmetall und seiner hiermit zusammenhängenden Tendenz zum Aufbau mehrkerniger Strukturen mit Elektronenmangelsituation (sog. „Cluster"). Es soll deshalb gesondert besprochen werden.

14.2 Bor

Wegen seiner hohen Ionisierungsenergie ist das Element auch mit den elektronegativsten Partnern zur Ausbildung von Salzen des Ions B^{3+} nicht mehr in der Lage.

Bor kommt in der Natur ausschließlich in Form oxidischer Erze vor. Die wichtigsten sind Borax ($Na_2B_4O_7 \cdot 10H_2O$) und Kernit ($Na_2B_4O_7 \cdot 4H_2O$).

14.2.1 Das Element

Elementares Bor wird heute durch Umsetzung von Boroxid mit Magnesium gewonnen; bei der früheren Verwendung von Kohlenstoff („Kohle") als Reduktionsmittel bilden sich Borcarbide, B_xC_y (vgl. Abschn. 15.2.7).

$$B_2O_3 + 3Mg \rightarrow 2B + 3MgO$$

N. Kuhn und T. M. Klapötke, *Allgemeine und Anorganische Chemie*,
DOI: 10.1007/978-3-642-36866-0_14, © Springer-Verlag Berlin Heidelberg 2014

Tab. 14.1 Einige Eigenschaften der Gruppe-13-Elemente (Erdmetalle)

	B	Al	Ga	In	Tl
Ordnungszahl	5	13	31	49	81
Elektronenkonfiguration	[He] $2s^22p^1$	[Ne] $3s^23p^1$	[Ar] $3d^{10}4s^24p^1$	[Kr] $4d^{10}5s^25p^1$	[Xe] $4f^{14}5d^{10}6s^26p^1$
Atommasse[a]	10,81	26,98	69,72	114,82	204,37
Atomradius [Å]	∼0,8	1,248	1,245	1,497	1,549
Ionenradius [Å]	∼0,2	0,675	0,76	0,94	1,02
Schmelzpunkt [°C]	2180[b]	660	30	155	302
Siedepunkt [°C]	3660	2467	2400	2080	1457
Elektronegativität	2,0	1,5	1,8	1,5	1,4
1. Ionisierungsenergie [eV]	8,3	6,0	6,0	5,8	6,1

[a] bez. auf 1/12 der Masse des Kohlenstoffisotops ^{12}C
[b] β-rhomboedrisches Bor

Hochreines Bor wird durch thermische Zersetzung von BI_3 gewonnen.

$$2BI_3 \rightarrow 2B + 3I_2$$

Elementares Bor tritt in mehreren Modifikationen auf, die sämtlich als Baustein den Ikosaeder B_{12} enthalten (Abb. 14.1). Im α-rhomboedrischen Bor sind B_{12}-Einheiten, in denen „metallische" Elektronenmangelbindungen vorliegen, partiell über „klassische" 2c2e-Bindungen verknüpft. Diese wirken als Isolatoren, so dass das Element, aufgebaut aus „Metallinseln", insgesamt die Natur eines Halbleiters erhält.

Elementares Bor ist ein wichtiger Werkstoff in der Halbleitertechnologie. Wegen seiner hohen Härte findet es, wie auch sein Carbid B_4C, Verwendung als Schleifmittel.

14.2.2 Verbindungen mit Wasserstoff

Bor ist, wie auch sein Nachbarelement Beryllium, wegen der zu niedrigen Elektronegativitätsdifferenz nicht in der Lage, mit dem Wasserstoff Ionenbindungen einzugehen. In der einfachsten Borwasserstoffverbindung BH_3 liegen folglich polare Atombindungen mit Wasserstoff der Oxidationszahl −I vor. In der monomeren, unter chemischen Bedingungen nicht existenzfähigen Einheit BH_3 verfehlt das Borzentrum das angestrebte Elektronenoktett. Die Stabilisierung erfolgt durch Dimerisierung zu B_2H_6, in dem die Boratome über Wasserstoffbrücken („Hydridbrücken", nicht Wasserstoffbindungen nach Art von E9!) im Sinne von 3c2e-Bindungen zusammengehalten werden. Diese Bindungsart soll nachfolgend am Beispiel von B_2H_6 näher besprochen werden.

Abb. 14.1 Ikosaeder-
Baustein (B_{12}) der
Elementstruktur des
α-rhomboedrischen Bors
(aus Michael Binnewies et al.
2011, Allgemeine und
Anorganische Chemie,
© Springer Spektrum 2011)

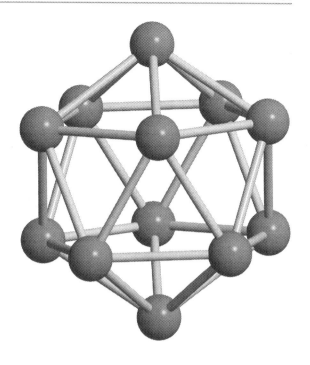

E31 Die Atombindung IV – Die Mehrzentrenbindung

Das Phänomen der 3c2e-Bindung (Abb. 14.2) lässt sich über VB- wie auch
MO-Vorstellungen erklären (Abb. 14.2a). Während in der VB-Betrachtung
zwei monomere BH_3-Fragmente über Resonanz verknüpft werden, lässt sich
durch das MO-Verfahren ein Molekülorbitalschema konstruieren, in dem
für jede BHB-Brücke ein energetisch abgesenktes Molekülorbital mit zwei
Elektronen besetzt wird. Hierdurch resultiert für die gesamte Brücke die
Bindungsordnung 1, für jede brückenständige BH-Bindung die Bindungsordnung 0,5. Die BH-Brückenbindungen sind somit schwächer und auch länger als
die endständigen BH-Bindungen (Abb. 14.2b).

Da zum Aufbau der Bindungen sp^3-Hybridorbitale des Bors verwendet
werden, ist in B_2H_6 jedes Boratom verzerrt-tetraedrisch von den vier Wasserstoffatomen umgeben.

Die Bindugssituation im elementaren Bor lässt sich durch 3c2e-BBB-Bin-
dungen beschreiben.

Diboran (B_2H_6) bildet ein farbloses, giftiges Gas (Sdp. −92 °C), das aus Bortrifluorid und Alkalihydriden (wegen der guten Löslichkeit in organischen
Lösungsmitteln wird Lithiumboranat verwendet) erhältlich ist. Diboran hydrolysiert spontan mit Wasser und wird von Sauerstoff unter Freisetzung großer
Wärmemengen verbrannt. Mit Metallhydriden reagiert es im Sinne einer

(a)

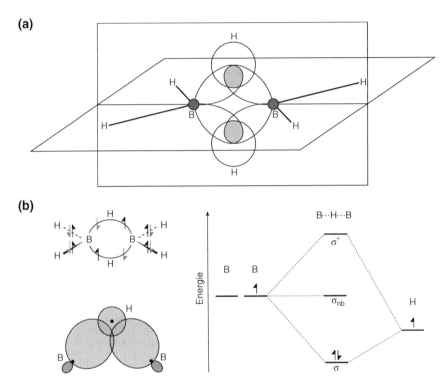

(b)

Abb. 14.2 Diboran. **a** Struktur und **b** Bindung (b adaptiert nach Michael Binnewies et al. 2011, Allgemeine und Anorganische Chemie, © Springer Spektrum 2011)

Komplexbildungsreaktion zum Tetrahydroborat-Ion, in dem konventionelle 2c2e-Bindungen vorliegen.

$$3LiBH_4 + 4BF_3 \rightarrow 3LiBF_4 + 2B_2H_6$$
$$B_2H_6 + 6H_2O \rightarrow 2B(OH)_3 + 6H_2$$
$$B_2H_6 + 3O_2 \rightarrow B_2O_3 + 3H_2O \,(\Delta H = -482 \text{ kcal/mol})$$
$$B_2H_6 + 2LiH \rightarrow 2Li[BH_4]$$

Diboran bildet die Ausgangssubstanz einer Reihe von Polyboranen und Polyboranatanionen, deren stabilstes die Zusammensetzung $[B_{12}H_{12}]^{2-}$ sowie die dem elementaren Bor entsprechende Ikosaederstruktur aufweist. Der auch hierin vorliegenden Elektronenmangelsituation wird gleichfalls durch Ausbildung von 3c2e-Mehrzentrenbindungen begegnet. Trotz ihrer beträchtlichen Bedeutung insbesondere für das Verständnis des Clusters sollen sie hier nicht näher besprochen werden.

14.2.3 Verbindungen mit Halogenen

Sämtliche Bortrihalogenide BX_3 sind bekannt; sie weisen auf Grund ihres molekularen Aufbaus niedrige Schmelz- und Siedepunkte auf. Wir wollen hier nur das technisch wichtige Bortrifluorid (Sdp. $-127\ °C$) besprechen.

Die Verbindung wird technisch aus Boroxid und Flussspat gewonnen; sie reagiert, wie auch die anderen Bortrihalogenide, rasch mit Wasser und fungiert als starke Lewis-Säure (vgl. E34) als Elektronenpaarakzeptor.

$$B_2O_3 + 3CaF_2 \rightarrow 2BF_3 + 3CaO$$

$$BF_3 + 3H_2O \rightarrow B(OH)_3 + 3HF$$

$$BF_3 + NaF \rightarrow Na[BF_4]$$

$$BF_3 + (C_2H_5)_2O \rightarrow (C_2H_5)_2O - BF_3$$

E32 Die Atombindung V – Die π-Bindungsverstärkung

Im Gegensatz zu BH_3 liegen die Trihalogenide des Bors monomer vor. Hier wird die Stabilisierung des Elektronensextetts durch Wechselwirkung der nichtbindenden Elektronenpaare der Fluorsubstituenten mit dem leeren p-Orbital des Borzentrums erreicht. Dies bezeichnet man als $(p{\rightarrow}p)_\pi$-Wechselwirkung. Hierdurch erreicht das Borzentrum sein Elektronenoktett.

Man beachte, dass im Sinne der Resonanz alle drei Fluoratome in diesen Prozess einbezogen sind und die hierbei auftretenden Formalladungen den Partialladungen entgegengerichtet sind. Durch die Erhöhung der Bindungsordnung (BO > 1) werden die B-F-Bindungen verkürzt und stabilisiert. Dennoch behalten die Bortrihalogenide ihren stark Lewis-sauren Charakter.

Sind am Zentrum leere d-Orbitale verfügbar, sind auch $(p{\rightarrow}d)_\pi$-Wechselwirkungen grundsätzlich möglich. Da d-Orbitale energetisch höher liegen als p-Orbitale gleicher Hauptquantenzahl, ist der Einfluss solcher Bindungsverstärkungen nur bei Beteiligung stark elektronegativer Elemente (z. B. in SF_6) zu diskutieren.

Auch hier gilt, dass heute andere Bindungsmodelle (sog. „negative Hyper-konjugation") diskutiert werden, für deren Verständnis die weiterführende Literatur konsultiert werden sollte (vgl. hierzu auch Kap. 19).

14.2.4 Verbindungen mit Sauerstoff; Borsauerstoffsäuren

Bortrioxid (B_2O_3) bildet sich durch thermische Wasserabspaltung aus Borsäure als polymer gebauter farbloser Feststoff (Schmp. 450 °C), in dem die Boratome die Koordinationszahl 3 aufweisen.

$$2H_3BO_3 \rightarrow B_2O_3 + 3H_2O$$

Die Verbindung reagiert mit Laugen zu einer Vielzahl von Komplexsalzen, deren bekanntestes der auch mineralisch vorkommende Borax darstellt (Abb. 14.3). In diesen Verbindungen kann Bor gegenüber dem Sauerstoff die Koordinationszahlen 3 und 4 einnehmen. Boroxid wird in der Glasindustrie sowie als Ausgangsprodukt zur Darstellung der Bornitride verwendet.

Orthoborsäure (H_3BO_3) wird technisch durch Umsetzung von Borax mit Schwefelsäure als farbloser Feststoff (Schmp. 171 °C) erhalten. Die Verbindung wirkt in wäss. Lösung als Hydroxid-Ionen-Akzeptor und ist eine schwache Säure ($pK_S = 9$). Beim Erhitzen geht Orthoborsäure unter Wasserabspaltung in die Metaborsäure HBO_2 über. Beide Borsäuren bilden planare, durch Wasserstoff-brücken dominierte Schichtstrukturen (Abb. 14.3).

$$Na_2B_4O_7 \cdot 10H_2O + H_2SO_4 \rightarrow 4H_3BO_3 + Na_2SO_4 + 5H_2O$$
$$H_3BO_3 + 2H_2O \rightleftharpoons H_3O^+ + B(OH)_4^-$$
$$H_3BO_3 \rightarrow HBO_2 + H_2O$$

Technisch wichtig sind die sog. „Perborate", die durch Umsetzung von Borax mit Wasserstoffperoxid erhalten werden und in großem Umfang als Bleichmittel in der Waschmittelindustrie verwendet werden.

$$2Na_2\left[B_4O_5(OH)_4\right] + 4H_2O_2 + 2NaOH \rightarrow$$
$$2Na_2\left[B_2(O_2)_2(OH)_4\right] + 3H_2O$$

In den Kristallen von Borax und Natriumperborat werden die Ionen durch Was-sermoleküle verbrückt.

14.2.5 Verbindungen mit Stickstoff

Bor bildet mit Stickstoff die stabile binäre Verbindung BN, die in zwei polymeren Modifikationen, $(BN)_h$ und $(BN)_k$, vorliegt.

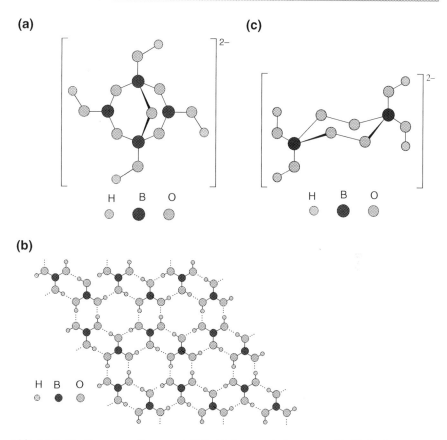

Abb. 14.3 Strukturen von Borsauerstoff-Verbindungen: Anion von **a** $Na_2[B_4O_5(OH)_4]\cdot 8H_2O$ (Borax), **b** $B(OH)_3$ (Orthoborsäure) und **c** $Na_2[B_2(O_2)_2(OH)_2]\cdot 6H_2O$ (Natriumperborat), (adaptiert nach Michael Binnewies et al. 2011, Allgemeine und Anorganische Chemie, © Springer Spektrum 2011)

Hexagonales Bornitrid, $(BN)_h$ wird durch Umsetzung von Boroxid mit Ammoniak bei 800 °C oder, besser, mit Kohlenstoff und Stickstoff bei 1800 °C als weicher, bei höheren Temperaturen gleitfähiger Feststoff (Sdp. 3270 °C) gewonnen; es dient als Hochtemperaturschmiermittel. Bei hohem Druck und hohen Temperaturen (60–90 kbar, 2000 °C) erfolgt die Umwandlung in die kubische Modifikation $(BN)_k$, die nach dem Diamant die größte Härte aller Stoffe aufweist und folgerichtig als Schleifmittel verwendet wird.

$$B_2O_3 + 2NH_3 \rightarrow 2(BN)_h + 3H_2O$$
$$B_2O_3 + 3C + N_2 \rightarrow 2(BN)_h + 3CO$$
$$(BN)_h \rightarrow (BN)_k$$

Abb. 14.4 Strukturen der
BN-Modifikationen.
a hexagonales Bornitrid
$(BN)_h$, **b** kubisches Bornitrid
$(BN)_k$

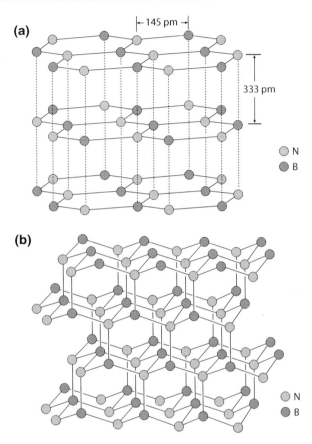

Die Eigenschaften der BN-Modifikationen ergeben sich direkt aus ihren Strukturen (Abb. 14.4). In der hexagonalen Form sind die planaren Schichten nur durch
schwache Wechselwirkungen miteinander verbunden und lassen sich dementsprechend leicht verschieben. Die hohe Festigkeit der polaren σ-Bindungen in der
kubischen Form bewirken, verbunden mit der Raumnetzstruktur, die beobachtete
große Härte. Beide Strukturen stehen in direktem Zusammenhang mit den
Strukturen des elementaren Kohlenstoffs.

E33 Das isoelektronische Konzept

Weisen chemische Systeme die gleiche Anzahl von Elektronen auf, bezeichnet
man sie als *isoelektronisch*. Wir haben bereits mehrere Fälle dieser Verwandtschaft kennengelernt. Instruktive Beispiele sind etwa die Paare N_2/NO^+,
N_2O/N_3^- oder SO_4^{2-}/ClO_4^-. Zu beachten ist hier das Auftreten unterschiedlicher formaler Ladungen bei der Formulierung der analogen Bindungsordnung.
Weisen zwei Verbindungspaare nur die gleiche Zahl der Valenzelektronen auf

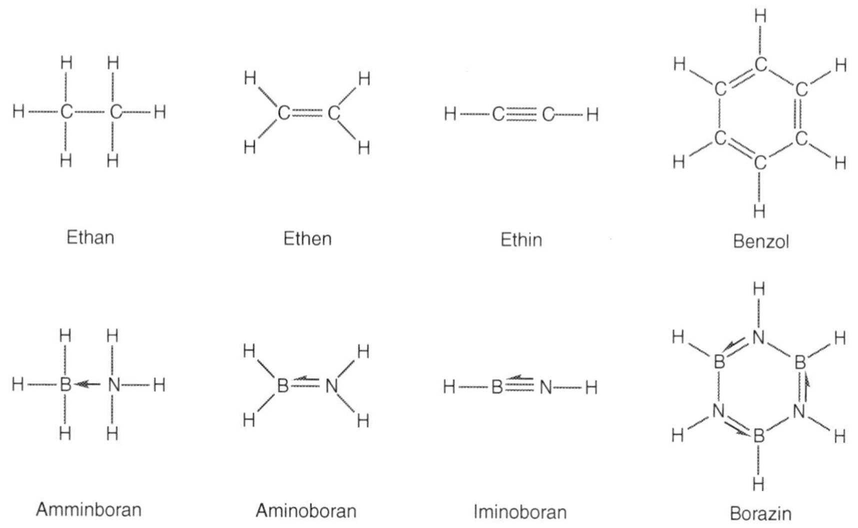

Abb. 14.5 Isoelektronische CC- und BN-Paare

(z. B. O_3/SO_2, H_2O/H_2S), nennt man sie *isovalenzelektronisch*. Der Wert des Konzepts liegt in der Erkenntnis vergleichbarer Strukturen.

Unter Einbezug des später zu besprechenden Elements Kohlenstoff und der hierauf basierenden organischen Chemie erhält das Konzept eine besondere Bedeutung. So sind CO/N_2, CO/CN^- und CO_2/NO_2^+ gleichfalls isoelektronische Paare.

Eindrucksvolle Ergebnisse liefert das Konzept insbesondere beim Strukturvergleich der isoelektronischen Fragmente C_2 und BN. Auf die bauliche Verwandtschaft der BN- und CC-Modifikationen wurde bereits hingewiesen.

Als Beleg für eine der organischen Chemie analoge BN-Chemie mag der „aromatische" Charakter des Borazins (Abb. 14.5) dienen.

Es ist jedoch zu beachten, dass isoelektronische Paare sich, bei gleicher Formulierung der chemischen Bindung, durch die Verteilung der formalen Ladung unterscheiden. Dies kann, beispielsweise sichtbar beim Vergleich der Strukturen von $(BN)_h$ und Graphit, Unterschiede im Aufbau nach sich ziehen.

14.2.6 Komplexverbindungen

Wie bereits beim Beryllium angemerkt (Abschn. 12.2, E29) werden Komplexverbindungen durch Anlagerung von Liganden an ein Koordinationszentrum mittels koordinativer Bindungen gebildet. Solche Verbindungen finden sich im Bereich der Hauptgruppenelemente insbesondere dort, wo hierdurch Elektronenmangel behoben werden kann.

Bei Borverbindungen des Typs BX_3 ist die Bildung der stabilen Komplexanionen gemäß

$$BX_3 + X^- \rightarrow BX_4^- \ (X \ = \ F, Cl, Br, I)$$

bekannt. Jedoch können an BX_3 auch Neutralmoleküle, deren Zentralatom mindestens ein nichtbindendes Elektronenpaar trägt, koordinieren.

$$BF_3 + (C_2H_5)_2O \rightarrow (C_2H_5)_2O - BF_3$$

E34 Lewis-Säuren und -Basen

Wie bereits angemerkt, kann die Stabilität von Komplexverbindungen über die Formulierung der Bildungsreaktion als Gleichgewicht mit der Gleichgewichtskonstante K beschrieben werden. Der Formalismus ist der Beschreibung der Säure-Base-Reaktionen nach Brønstedt (vgl. E7) ähnlich. Tatsächlich bezeichnet man bei Ausbildung der koordinativen Bindung die das bindende Elektronenpaar liefernden Liganden (im oberen Beispiel X^- bzw. $(C_2H_5)_2O$) auch als *Lewis–Basen*, die Koordinationspartner (im oberen Beispiel BX_3) als *Lewis–Säuren*. Die Ausbildung der Bindung selbst entspricht dann der Neutralisation. So gesehen stellt die Säure-Base-Reaktion nach Brønstedt einen Spezialfall der Säure-Base-Reaktion nach Lewis in wäss. Lösung dar. H^+ wäre dann die Lewis-Säure, OH^- die Lewis-Base.

Anders als im Bereich der Brønstedt-Säuren lassen sich nun im Definitionsbereich von Lewis absolute Säurestärken nicht über die Lage des Gleichgewichts definieren und bestimmen. So ist beim Vergleich der Gleichgewichtslagen der Bildung von BX_4^- in der Reihe der Halogenid-Ionen F^- gegenüber BF_3 die stärkste Base, gegenüber BI_3 jedoch I^-. BF_3 bildet mit Ethern R_2O die stabilsten Addukte, während „BH_3“ mit Thioethern R_2S stabile Koordinationsverbindungen bildet. Folglich ist der Begriff „Säurestärke“ bei wechselnder Bezugsbase (im Brønstedt-Konzept einheitlich H_2O) zu relativieren.

Die Ursache hierfür liegt in der Tendenz „harter“, d. h. wenig polarisierbarer Basen, mit „harten“ Säuren stabile Addukte zu bilden. Hingegen bevorzugen „weiche“, d. h. stark polarisierbare Basen, „weiche“ Säuren als Reaktionspartner. Die Polarisierbarkeit der Elektronenhülle hängt von der Wechselwirkung zwischen Atomkern und Valenzschale ab; sie nimmt innerhalb der Gruppen stark zu, hingegen innerhalb der Perioden ab. Der Zusammenhang wird als „Konzept der harten und weichen Säuren und Basen“ (*HSAB–Konzept*) bezeichnet.

14.3   Aluminium, Gallium, Indium

Wegen ihres unedlen Charakters kommen die Elemente in der Natur sämtlich in gebundener Form vor. *Aluminium* gehört zu den häufigsten Elementen der Erdoberfläche und findet sich, neben dem Mineral Kryolith (Na_3AlF_6), ausschließlich in oxidischer Form als Korund (Al_2O_3, dotiert mit Fremdmetallen als Rubin und Saphir), Bauxit [$AlO(OH)$] sowie in Feldspäten („Alumosilikate"). *Gallium* kommt als seltener Begleiter des Aluminiums (vergleichbare Radien von Al^{3+} und Ga^{3+} infolge der Radienkontraktion durch Einbau der unmittelbar vor Ga im Periodensystem stehenden 3d-Elemente) sowie – wie auch *Indium* und *Thallium* – als Begleiter des Zinks in der Zinkblende (ZnS) vor.

14.3.1 Die Elemente

Im Gegensatz zu Bor bilden seine schwereren Gruppennachbarn als Elemente Metallstrukturen aus. Aluminium findet als Werkstoff (Leichtmetall) sowie als Reduktionsmittel umfangreiche Verwendung; es ist trotz seines unedlen Charakters wegen der die Oberfläche schützenden Oxidschicht („Passivierung") resistent, löst sich aber in verdünnten Säuren. Gallium und Indium werden in der Halbleitertechnologie zur Dotierung von Silizium (p-Halbleiter) sowie als 3/5-Halbleiter verwendet.

Die Darstellung von Aluminium erfolgt in großem Umfang auf elektrochemischem Wege. Das Metall kann wegen seines stark negativen Normalpotentials ($E° = -1,68$ V) nicht aus wäss. Lösung abgeschieden werden (vgl. E22). Die Schmelzflusselektrolyse von gereinigtem Bauxit, dem zur Erniedrigung des Schmelzpunkts und zur Erhöhung der Leitfähigkeit Kryolith zugesetzt wird, soll exemplarisch für die Metalldarstellung als technisch wichtiges Verfahren nachfolgend besprochen werden.

a) Reinigung des Bauxits
   Vor Durchführung der Schmelzflusselektrolyse muss der Bauxit von störenden Verunreinigungen, insbesondere Eisen und Silizium, befreit werden. Dies geschieht unter Nutzung des amphoteren Charakters von $Al(OH)_3$.

$$Al(OH)_3 + OH^- \rightarrow Al(OH)_4^-$$

Hierbei fällt Eisen in Form von $Fe(OH)_3$ aus der Lösung aus.

$$Al(OH)_3 + 3H_3O^+ \rightarrow \left[Al(H_2O)_6\right]^{3+}$$

Hierbei fällt Silizium in Form von SiO_2 aus der Lösung aus. Durch Neutralisieren wird $Al(OH)_3$ zurückgewonnen. Anschließend wird das Hydroxid thermisch (1200 °C) entwässert.

$$2Al(OH)_3 \rightarrow Al_2O_3 + 3H_2O$$

b) Schmelzflusselektrolyse von Al_2O_3

Wegen des hohen Schmelzpunkts von Al_2O_3 (2050 °C) wird die Elektrolyse mit einer Schmelze von 10,5 % Al_2O_3 und 89,5 % $Na_3[AlF_6]$ bei 970 °C durchgeführt. Die Elektrodenreaktionen sind komplex und nicht vollständig nachgewiesen; man beachte, dass bei der Reaktion Al_2O_3 verbraucht und Aluminium, trotz der Einbindung in die wanderungsfähigen Anionen, an der Kathode gebildet wird:

Dissoziation des Kryoliths

$$2Na_3AlF_6 \rightarrow 6Na^+ + 2AlF_6^{3-}$$

Anode

$$Al_2O_3 + 2AlF_6^{3-} \rightarrow 3/2O_2 + 4AlF_3 + 6e^-$$

Kathode

$$6Na^+ + 6e^- \rightarrow 6Na$$

$$6Na + 2AlF_3 \rightarrow 2Al + 6NaF$$

$$2AlF_3 + 6NaF \rightarrow 2Na_3AlF_6$$

Gesamtreaktion

$$Al_2O_3 \rightarrow 2Al + 3/2O_2$$

Die Elektrolyse wird bei 6 V und 180 000 A durchgeführt; der eigentliche elektrochemische Reduktionsprozess ist die Entladung der Natrium-Ionen. Abbildung 14.6 zeigt eine schematische Darstellung des Elektrolyseofens.

Auch die schwereren Gruppe-13-Metalle werden elektrochemisch gewonnen.

14.3.2 Verbindungen des Aluminiums mit Wasserstoff

Aluminiumhydrid wird technisch aus den Elementen bei hohen Temperaturen gewonnen.

$$2Al + 3H_2 \rightarrow 2AlH_3$$

Die Verbindung ist polymer aufgebaut; die Aluminiumatome weisen hierbei die Koordinationszahl 6 auf. Jedes Aluminiumatom ist an jeweils 3 Al-H-Al-Dreizentrenbindungen (3c2e) beteiligt.

AlH_3 ist ein starkes Reduktionsmittel. Es reagiert als Hydridverbindung mit Wasser unter Freisetzung von Wasserstoff.

Abb. 14.6 Elektrolyseofen zur Darstellung von Aluminium (aus Michael Binnewies et al. 2011, Allgemeine und Anorganische Chemie, © Springer Spektrum 2011)

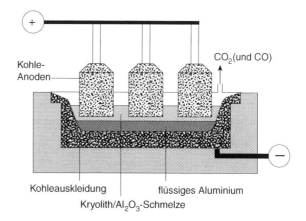

$$2AlH_3 + 3H_2O \rightarrow 2Al(OH)_3 + 3H_2$$

Von praktischer Bedeutung ist Lithiumalanat wegen seiner guten Löslichkeit in Diethylether.

$$4LiH + AlCl_3 \rightarrow Li[AlH_4] + 3LiCl$$

14.3.3 Verbindungen des Aluminiums mit Halogenen

Aluminium bildet die Halogenide der Zusammensetzung AlX_3 (X = F, Cl, Br, I). AlF_3 (Ausgangsmaterial zur Herstellung von Kryolith) und $AlCl_3$ (Katalysator in der organischen Synthese) werden in technischem Umfang hergestellt.

$$Al_2O_3 + 6HF \rightarrow 2AlF_3 + 3H_2O$$
$$2Al + 3X_2 \rightarrow 2AlX_3 \text{ (X = Cl, Br, I)}$$

Wegen der hohen Elektronegativitätsdifferenz ist AlF_3 als Salz aufgebaut; hierin weist Al die KZ 6, F die KZ 2 auf. Im sog. *ReO₃-Typ* besetzen die Al-Atome die Ecken eines Würfels, während die F-Atome auf den Kantenmitten des Würfels sitzen (vgl. Abb. 17.8). Wegen der hohen Gitterenergie ist AlF_3 in Wasser unlöslich.

In $AlCl_3$ liegen bereits deutliche Anteile von Atombindungen vor. Im festen Zustand kristallisiert die Substanz in einer Schichtstruktur (KZ 6 für Al). Hier bilden die Chloratome eine kubisch-dichteste Kugelpackung, deren Oktaederlücken in jeder zweiten Schicht zu 2/3 von Aluminiumatomen besetzt sind. In Lösung und in der Schmelze liegen Al_2Cl_6-Moleküle vor (Al-Cl-Al-Brücken des 3c4e-Typs). Dieser Aufbau liegt auch den Verbindungen $AlBr_3$ und AlI_3 im festen Zustand zu Grunde. In der Gasphase lassen sich, analog zu BCl_3, monomere Moleküle nachweisen (Abb. 14.7).

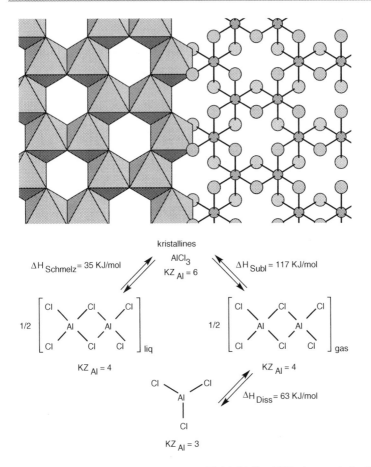

Abb. 14.7 Die Strukturen von AlCl$_3$ (aus Ulrich Müller 2008, Anorganische Strukturchemie, © Springer Vieweg 2008 (ergänzt))

Die schwereren Aluminiumhalogenide bilden, wie die entsprechenden Verbindungen des Bors, Lewis-Säuren und reagieren mit Wasser zu Hexaquo-Komplexen bzw. mit Halogenid-Ionen unter Bildung von Komplexsalzen der KZ 4. Mit Fluorid-Liganden erreicht das Aluminium, wie in AlF$_3$, im Kryolith die KZ 6.

$$AlX_3 + 6H_2O \rightarrow \left[Al(H_2O)_6\right]X_3 \quad (X = Cl, Br, I)$$
$$AlX_3 + NaX \rightarrow Na\left[AlX_4\right] \quad (X = Cl, Br, I)$$
$$AlF_3 + 3NaF \rightarrow Na_3\left[AlF_6\right]$$

Abb. 14.8 Die Struktur von Korund. **a** Aufsicht der Schichten dichtest gepackter Sauerstoffatome, **b** Seitenansicht der Schichten dichtest gepackter Sauerstoffatome, **c** perspektivische Ansicht der Struktur

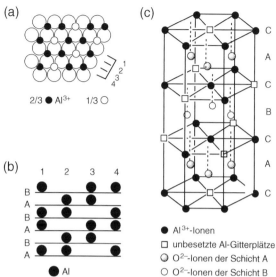

2/3 ● Al^{3+} 1/3 ○

● Al^{3+}-Ionen
□ unbesetzte Al-Gitterplätze
◑ O^{2-}-Ionen der Schicht A
○ O^{2-}-Ionen der Schicht B

14.3.4 Verbindungen des Aluminiums mit Sauerstoff

Als einziges binäres Oxid des Aluminiums ist Al_2O_3 bekannt, das allerdings in mehreren Kristallmodifikationen auftritt. Sie sind sämtlich aus Ionen aufgebaut. Die wichtigste, auch in der Natur vorkommende, ist der Korund (α-Al_2O_3, Schmp. 2050 °C), der technisch durch Erhitzen von Bauxit (s. o.) gewonnen wird und neben der Al-Darstellung wegen seiner großen Härte als Schleifmittel verwendet wird. In der Struktur bilden die Sauerstoff-Ionen eine hexagonal-dichteste Kugelpackung, in der 2/3 der Oktaederlücken von Aluminium-Ionen besetzt sind. Hierbei werden die Lücken aller Schichten verwendet (Abb. 14.8).

Al(OH)$_3$ wird aus sauren Al-Salz-Lösungen durch Zugabe von Ammoniak gefällt; es ist, wie bereits erwähnt, amphoter und löst sich sowohl in Säuren als auch in Laugen (s. o.).

14.3.5 Verbindungen des Galliums und Indiums

Die Verbindungen der dreiwertigen Elemente sind denen des Aluminiums vergleichbar. Eine Sonderstellung nimmt GaAs als III/V-Halbleiter ein. Die Verbindung ist isoelektronisch zu Germanium und kristallisiert im Zinkblende-Typ (ZnS). Hierin bilden die Schwefelatome eine kubisch-dichteste Kugelpackung, in der die Hälfte der Tetraederlücken mit Zinkatomen besetzt ist (KZ 4/4).

14.4 Thallium

Die Chemie des seltenen, hochgiftigen Elements weist als Besonderheit die stark oxidierende Wirkung seiner dreiwertigen Verbindungen auf, während zahlreiche Verbindungen des einwertigen Thalliums trotz der nicht erfüllten Oktettregel stabil sind. Salze des einwertigen Thalliums mit „harten" Anionen (F^-, NO_3^-, CO_3^{2-}, SO_4^{2-} usw.) entsprechen in ihren Eigenschaften den Kaliumsalzen, während Salze „weicher" Anionen (Cl^-, Br^-, I^-, S^{2-} usw.) den Silbersalzen vergleichbar sind.

E35 Der Effekt des inerten Paares

Wir haben bereits gesehen, dass innerhalb einer Hauptgruppe die oxidierende Wirkung der höchsten Oxidationsstufe beim Übergang zu den schweren Gruppenelementen stark zunimmt. Bei den Kationen bildenden Elementen der Gruppen 13, 14 und 15 macht sich dies durch die Stabilität der Ionen Tl^+, Pb^{2+} sowie Bi^{3+} besonders bemerkbar.

In diesen Ionen tritt die Valenzelektronenkonfiguration ns^2 auf; dies bedeutet, dass die s-Elektronen der Valenzschale nicht bei der Ionisierung abgespalten werden und auch nicht zur Ausbildung von Atombindungen herangezogen werden.

Dieser Befund erklärt sich aus der Stellung der Elemente im Periodensystem. Grundsätzlich werden s-Elektronen wegen ihres geringeren mittleren Abstandes zum Kern von diesem stärker festgehalten als p-Elektronen der gleichen Hauptquantenzahl. Im Falle der Elemente Ga, Ge, As, In, Sn und Sb tritt verstärkend hinzu, dass der beim Aufbau des Periodensystems direkt vor diesem Block erfolgende Einbau der Elemente 3d bzw. 4d zu einer starken Erhöhung der Kernladung führt, die wegen der schlechten Abschirmung durch die zum Ladungsausgleich eingefügten d-Elektronen in verstärktem Maße wirksam wird.

Bei den Elementen Tl, Pb und Bi wird dieser Effekt durch die zuvor erfolgte Besetzung der vierzehn 4f-Zustände (Lanthanoide) nochmals verstärkt. Die Auswirkungen zeigen sich auch bei den benachbarten Elementen der Nebengruppen. So ist der (im Vergleich mit Zn und Cd) unerwartet edle Charakter des Quecksilbers und seine hohe Flüchtigkeit auf die Stabilität des im Atom vorliegenden Valenzzustandes $4f^{14}5d^{10}6s^2$ zurückzuführen (Hg° und Tl^+ sind isoelektronisch!).

Die Elemente der Gruppe 14 (Kohlenstoffgruppe) 15

15.1 Allgemeines

Die Elemente der Gruppe 14 stehen im Zentrum des Periodensystems. Ihre Entfernung von der Edelgaskonfiguration ns^2np^6 macht sie zur Ausbildung einatomiger Ionen unter chemischen Bedingungen unfähig, mit Ausnahme der dem Effekt des inerten Paares (vgl. E35) unterliegenden Sn^{2+} und Pb^{2+}. Einen Überblick der Elementeigenschaften gibt Tab. 15.1.

Aus Sicht ihrer chemischen Eigenschaften lassen sich die Elemente in 3 Untergruppen eingliedern. Der Kohlenstoff, die verwandten Elemente Silizium und Germanium sowie die gleichfalls ähnliche Eigenschaften aufweisenden Elemente Zinn und Blei werden jeweils getrennt besprochen.

15.2 Kohlenstoff

Kohlenstoff findet sich in der Natur in elementarer Form als Graphit und Diamant („Kohle" ist ein komplexes Gemisch aus Kohlenstoff-reichen Kohlenwasserstoffen), in der Biomaterie sowie weitaus häufiger in mineralischen Carbonaten, insbesondere Kalk ($CaCO_3$) und Dolomit ($Ca,MgCO_3$). Beträchtliche Mengen finden sich außerdem als CO_2 in der Luft.

15.2.1 Die Sonderstellung des Kohlenstoffs

Unter allen Elementen nimmt der Kohlenstoff trotz seiner nur mäßigen Häufigkeit (0,03 Massen-%) wegen der Vielzahl und Bedeutung seiner Verbindungen eine Sonderstellung ein. Dies hat zur Ausgliederung der Verbindungen mit C–H–Bindungen aus der Allgemeinen Chemie und Unterteilung in die Kapitel „Organische Chemie" und „Anorganische Chemie" geführt; Letzteres behandelt alle nichtorganischen, d. h. nicht C–H–Bindungen enthaltenden Verbindungen, und

N. Kuhn und T. M. Klapötke, *Allgemeine und Anorganische Chemie*,
DOI: 10.1007/978-3-642-36866-0_15, © Springer-Verlag Berlin Heidelberg 2014

Tab. 15.1 Einige Eigenschaften der Gruppe-14-Elemente (Kohlenstoffgruppe)

	C	Si	Ge	Sn	Pb
Ordnungszahl	6	14	32	50	82
Elektronenkonfiguration	[He] $2s^2 2p^2$	[Ne] $3s^2 3p^2$	[Ar] $3d^{10} 4s^2 4p^2$	[Kr] $4d^{10} 5s^2 5p^2$	[Xe] $4f^{14} 5d^{10} 6s^2 6p^2$
Atommasse[a]	12,001	28,09	72,59	118,69	207,19
Atomradius [Å]	0,77	1,17	1,22	1,40	1,46
Ionenradius [Å]			0,53	0,69	0,78
Schmelzpunkt [°C]	3800	1410	947	232	327
Siedepunkt [°C]	3950	2355	2700	2362	1755
Elektronegativität	2,5	1,7	2,0	1,7	1,6
1. Ionisierungsenergie [eV]	11,3	8,1	7,9	7,3	7,4

[a]bez. auf 1/12 der Masse des Kohlenstoffisotops ^{12}C

macht dennoch, nach Anzahl der Verbindungen, kaum mehr als 0,1 % des Gesamtumfanges aus (vgl. Anhang III).

Die Ursachen für die Sonderstellung des Kohlenstoffes ergeben sich aus seiner Stellung im Periodensystem:

a) Die EN (ca. 2,5) führt zur Ausbildung wenig polarer und kinetisch stabiler Verbindungen mit der Mehrzahl der Elemente, vor allem mit dem Wasserstoff.

b) Die Valenzelektronenkonfiguration $2s^2 2p^2$ erlaubt die Bildung neutraler Moleküle des vierbindigen Kohlenstoffatoms unter Erreichen des Oktetts.

c) Die thermodynamische und kinetische Stabilität der C–C–Bindung erlaubt den Aufbau von Kohlenwasserstoffgerüsten nahezu beliebiger Zahl und Gestalt.

d) Als Element der 2. Periode („1. Achterperiode") gilt die Doppelbindungsregel für den Kohlenstoff nicht; er ist folglich zur Ausbildung von stabilen Mehrfachbindungen mit sich selbst sowie mit seinen Nachbarelementen Sauerstoff, Stickstoff und Schwefel befähigt.

15.2.2 Das Element

Kohlenstoff tritt in mindestens drei Elementmodifikationen auf, von denen sich zwei in der Natur finden.

Graphit kristallisiert in einer Schichtstruktur (KZ 3) ähnlich dem hexagonalen Bornitrid (Abschn. 14.2.5). Innerhalb der Schichten tritt Resonanz ein; sämtliche aus sp^2-Hybridorbitalen aufgebaute C–C–Bindungen einer Schicht weisen die gleiche Länge auf. Hierdurch werden die Elektronen der π-Bindungen innerhalb der Schicht frei beweglich, was dem Graphit die Eigenschaften eines Halbleiters verleiht. Die einzelnen Schichten stehen untereinander, anders als in BN, „auf Lücke"; sie werden nur durch schwache Wechselwirkungen zusammengehalten

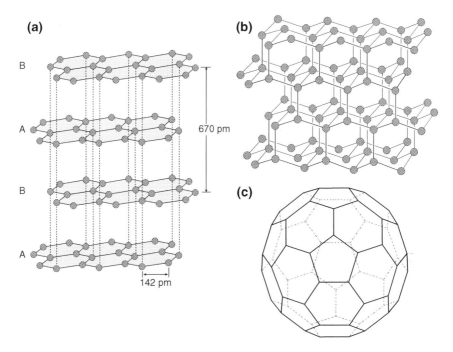

Abb. 15.1 Die Elementstrukturen des Kohlenstoffs. **a** Graphit, **b** Diamant, **c** C_{60}-Fulleren

und sind leicht gegeneinander verschiebbar. Graphit dient deshalb als Schmiermittel sowie als Bestandteil von „Bleistiften".

Diamant entsteht aus Graphit oberhalb von 2000 °C bei hohen Drücken. Er bildet eine Raumnetzstruktur (KZ 4), in der jedes Kohlenstoffatom unter Verwendung von sp^3-Hybridorbitalen vier Einfachbindungen zu seinen Nachbarn ausbildet. Die hohe Stabilität dieser Bindungen und die hohe Symmetrie der Diamantstruktur verleihen dem Diamanten die größte Härte aller bekannten Substanzen. Diamant wird als Bestückung von Bohrern sowie, in hochreiner und kristalliner Form, als Schmuckstein („Brilliant") verwendet.

Beide Modifikationen werden heute auch synthetisch hergestellt.

Fulleren, erst seit ca. 25 Jahren bekannt, bildet sich bei ca. 1000 °C beim Verbrennen von Holz oder Kohle bei Unterschuss von Sauerstoff. Die Substanz besteht aus C_{60}−Molekülen ikosaedrischer Symmetrie, wie sie auch in den Bormodifikationen und Fußbällen vorliegt. C_{60} ist die stabilste Form eine mittlerweile durch zahlreiche, auch polymere Vertreter belegten Substanzklasse, die teilweise technische Bedeutung in der Katalyse erlangt hat.

Eine Übersicht der Elementmodifikationen gibt Abb. 15.1.

15.2.3 Verbindungen mit Halogenen

Sämtliche Tetrahalogenide CX_4 lassen sich aus den Elementen herstellen. *Tetrachlorkohlenstoff* (Sdp. 76 °C) wird in technischem Maßstab produziert und dient trotz seiner Toxizität als wichtiges Lösungsmittel; es ist nicht brennbar und mischt sich nicht mit Wasser.

Tetraiodmethan zersetzt sich beim Erwärmen unter Abspaltung von Iod.

$$C + 2X_2 \rightarrow CX_4 \ (X = F, Cl, Br, I)$$

Fluorkohlenstoff-Verbindungen haben generell niedrige Siedepunkte (CF_4 − 128 °C); sie dienen heute als Kühlflüssigkeiten in Kühlaggregaten und sind, im Gegensatz zu den Fluorchlorkohlenwasserstoffen (FCKW), hinsichtlich des Abbaus der Ozonschicht weniger bedenklich.

Verbindungen der Zusammensetzung CX_2 („Carbene") weisen in der Regel nur eine kurze Lebensdauer auf; sie werden *in situ* in der organischen Synthese erzeugt und umgesetzt.

Sämtliche Kohlenstoff-Halogen-Verbindungen kann man sich als Derivate der zugehörigen Kohlenstoff-Wasserstoff-Verbindungen denken, in denen die Wasserstoff-Substituenten teilweise oder vollständig gegen Halogenatome ausgetauscht sind. Die große Vielzahl der hierbei resultierenden Verbindungen (z. B. $CHCl_3$, C_6F_6) wird traditionsgemäß der organischen Chemie zugerechnet.

15.2.4 Verbindungen mit Sauerstoff

Es existieren zwei wichtige binäre Verbindungen des Kohlenstoffs mit Sauerstoff: Kohlenstoffdioxid (Sublp. −57 °C) und Kohlenstoffmonoxid (Schmp. −205 °C, Sdp. −192 °C).

$$\langle O{=}C{=}O \rangle \qquad {}^{\ominus}|C{\equiv}O|^{\oplus}$$

Kohlenstoffdioxid kommt in großen Mengen (ca. 0,03 Vol.-%) in der Luft vor. Da es die Verbrennung nicht unterhält, dient es als Löschgas. Aus dem gleichen Grund ist es „giftig", wenn es (z. B. in Folge von Verbrennungsprozessen) in der Luft angereichert und an Stelle von Sauerstoff vorkommt. Es bildet sich bei der Verbrennung von Kohlenstoff sowie von fossilen Brennstoffen (Kohle, Erdöl, Erdgas) sowie bei der Umsetzung von Carbonat-Salzen mit Säuren.

$$C + O_2 \rightarrow CO_2$$

$$Na_2CO_3 + 2HCl \rightarrow 2NaCl + H_2O + CO_2$$

Umgekehrt reagiert es mit Basen zu Carbonat-Salzen bzw. Hydrogencarbonat-Salzen.

$$CO_2 + NaOH \rightarrow NaHCO_3$$

$$CO_2 + 2NaOH \rightarrow Na_2CO_3 + H_2O$$

Kohlenstoffdioxid löst sich physikalisch in Wasser („Kohlensäure") und tritt als Bestandteil bzw. Zusatz in Mineralwässern und Limonaden auf.

Kohlenstoffmonoxid bildet sich bei der unvollständigen Verbrennung von Kohlenstoff sowie im Gleichgewicht mit Kohlenstoffdioxid und Kohlenstoff bei hohen Temperaturen (*Boudoir-Gleichgewicht*) und ist somit Bestandteil des Synthese- und Generatorgases (vgl. Abschn. 13.2.2).

$$2C + O_2 \rightleftarrows 2CO$$

$$CO_2 + C \rightleftarrows 2CO \text{ (Boudoir - Gleichgewicht)}$$

Kohlenstoffmonoxid lässt sich durch Wasserabspaltung aus der Ameisensäure (z. B. mit konzentrierter H_2SO_4) gewinnen; es ist folglich deren Anhydrid (vgl. E25). Umgekehrt können die Salze der Ameisensäure („Formiate") durch Einleiten von CO in Laugen hergestellt werden.

$$H_2CO_2 \rightarrow H_2O + CO$$

$$CO + NaOH \rightarrow NaHCO_2$$

Das zum N_2-Molekül isoelektronische CO-Molekül ist wenig polar. Das MO-Schema (Abb. 15.2) zeigt einen gegenüber N_2 veränderten Aufbau durch die unterschiedlichen Ionisierungsenergien der Atome.

Aus dem MO-Schema ergibt sich die Basizität des σ^*-Orbitals, wodurch CO zur Ausbildung von koordinativen Bindungen des freien Elektronenpaars am Kohlenstoffatom zu Metallzentren, d. h. zur Bildung von Metallkomplexen („Metallcarbonyle") befähigt wird.

$$Ni + 4CO \rightarrow Ni(CO)_4$$

In der Biosphäre werden hierdurch biokatalytisch aktive Metallzentren, insbesondere Eisen („Hämoglobin") blockiert; deshalb ist Kohlenstoffmonoxid ein starkes Gift. Dessen ungeachtet spielt Kohlenstoffmonoxid als Synthesebaustein (C_1) in der organischen Synthese eine bedeutende Rolle.

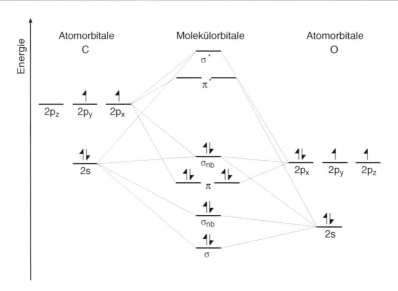

Abb. 15.2 MO-Diagramm des CO-Moleküls (aus Michael Binnewies et al. 2011, Allgemeine und Anorganische Chemie, © Springer Spektrum 2011)

15.2.5 Sauerstoffsäuren des Kohlenstoffs und ihre Derivate

Von Kohlenstoff existieren zwei Sauerstoffsäuren der Zusammensetzung H_2CO_3 (Kohlensäure) und H_2CO_2 (Ameisensäure):

Die Ameisensäure gilt als Stammverbindung der Carbonsäuren, R-C(O)OH, und wird üblicherweise samt ihren Derivaten der organischen Chemie zugerechnet.

Die *Kohlensäure* ist weder in reiner Form noch in Lösung über einen längeren Zeitraum beständig; beim Versuch ihrer Darstellung, etwa durch Ansäuern ihrer Salze, zerfällt sie spontan in Wasser und ihr Anhydrid CO_2 (vgl. E25), weswegen sie lange Zeit als schwache Säure angesehen wurde. Dieser durch den Zerfall der Säure vorgetäuschte Befund konnte erst kürzlich mit der Isolierung und Charakterisierung der Säure korrigiert werden ($pK_S \approx 3$).

Von der Kohlensäure leiten sich zwei Reihen von Salzen ab, die *Carbonate* (M_2CO_3) und die *Hydrogencarbonate* ($MHCO_3$).

$$\overset{\ominus}{|\overline{\underline{O}}} - C \overset{\displaystyle \overline{\underline{O}}|}{\underset{\displaystyle |\underline{O}|^{\ominus}}{\Big\langle}} \longleftrightarrow \overset{\ominus}{|\overline{\underline{O}}} - C \overset{\displaystyle |\overline{\underline{O}}|^{\ominus}}{\underset{\displaystyle \overline{\underline{O}}|}{\Big\langle}} \longleftrightarrow \overset{\displaystyle |\overline{\underline{O}}|^{\ominus}}{\underset{\displaystyle |\underline{O}|^{\ominus}}{\overline{\underline{O}}=C\Big\langle}}$$

$$H\overline{\underline{O}} - C \overset{\displaystyle \overline{\underline{O}}|}{\underset{\displaystyle |\underline{O}|^{\ominus}}{\Big\langle}} \longleftrightarrow H\overline{\underline{O}} - C \overset{\displaystyle |\overline{\underline{O}}|^{\ominus}}{\underset{\displaystyle \overline{\underline{O}}|}{\Big\langle}}$$

Carbonate reagieren in wäss. Lösung durch Hydrolyse als schwache Basen (pK$_B$ = 9) und werden als solche verwendet; Hydrogencarbonate zeigen kaum Hydrolysereaktionen, können aber wegen der durch CO_2-Entwicklung bedingten Verschiebung des Reaktionsgleichgewichts gleichfalls als Basen verwendet werden.

$$CO_3^{2-} + H_2O \rightleftarrows HCO_3^- + OH^-$$

$$HCO_3^- + H_3O^+ \rightarrow CO_2 \uparrow + 2H_2O$$

Wasserunlösliche Carbonate kommen in großem Umfang in der Natur vor (s. o.); als wasserlösliche Verbindungen werden Natriumcarbonat ($Na_2CO_3 \cdot 10H_2O$, „Soda") und Ammoniumhydrogencarbonat (NH_4HCO_3) technisch hergestellt.

Die technische Synthese des Natriumcarbonats (*Solvay-Verfahren*) liefert ein gutes Beispiel, wie ein nicht direkt realisierbarer Prozess, hier die Gewinnung von Natriumcarbonat aus Natriumchlorid und Calciumcarbonat, auf Umwegen erzwungen werden kann:

$$CaCO_3 \rightarrow CaO + CO_2$$

$$2NaCl + 2CO_2 + 2NH_3 + 2H_2O \rightarrow 2NaHCO_3 \downarrow + 2NH_4Cl$$

$$2NaHCO_3 \rightarrow Na_2CO_3 + CO_2 + H_2O$$

$$2NH_4Cl + CaO \rightarrow 2NH_3 + CaCl_2 + H_2O$$

$$CaCO_3 + 2\,NaCl \rightarrow CaCl_2 + Na_2CO_3$$

Wesentlicher Schritt ist die Ausfällung des in Wasser schwerlöslichen Natriumhydrogencarbonats im Sinne einer Gleichgewichtsverschiebung. Natriumcarbonat wird in großem Umfang in der Glasindustrie sowie als schwache Base verwendet.

Ammoniumhydrogencarbonat wird durch Einleiten von Kohlenstoffdioxid in wäss. Ammoniaklösungen erhalten. Es zersetzt sich bereits bei 60 °C in seine Edukte (d. h. „rückstandslos") und wird als Treibmittel („Backpulver") verwendet.

$$NH_3 + CO_2 + H_2O \rightarrow NH_4HCO_3$$

Wichtige, stabile Derivate der Kohlensäure sind das hochgiftige Phosgen ($COCl_2$, Sdp. 8 °C) sowie der in biochemischen Prozessen als Abbauprodukt gebildete Harnstoff [$CO(NH_2)_2$, Schmp. 133 °C].

Beide Verbindungen werden synthetisch hergestellt. Phosgen ist ein wichtiger Ausgangsstoff in der organischen Synthesechemie. Harnstoff wird vornehmlich als Düngemittel verwendet.

$$CO + Cl_2 \rightarrow COCl_2$$

$$COCl_2 + 4NH_3 \rightarrow CO(NH_2)_2 + 2NH_4Cl$$

$$CO_2 + 2NH_3 \rightarrow CO(NH_2)_2 + H_2O$$

15.2.6 Verbindungen mit Stickstoff

Blausäure (HCN, Sdp. 26 °C), die traditionsgemäß der Anorganischen Chemie zugerechnet wird, ist, wie auch ihr zu CO isoelektronisches Anion (vgl. E33) CN^- (Cyanid) hochgiftig.

$$H-C\equiv N| \qquad ^{\ominus}|C\equiv N|$$

Blausäure ($pK_S = 9{,}2$) wird technisch aus Methan und Ammoniak (2000 °C, Pd-Katalysator) hergestellt und durch Einleiten in KOH in KCN („Zyankali") überführt. Früher wurde auch NaCN technisch aus $NaNH_2$ gewonnen.

$$2CH_4 + 2NH_3 + 3O_2 \rightarrow 2HCN + 6H_2O$$

$$HCN + KOH \rightarrow KCN + H_2O$$

$$NaNH_2 + C \rightarrow NaCN + H_2$$

Blausäure findet Anwendung in der organischen Synthesechemie. Cyanidsalze werden, wegen der ausgezeichneten Ligandeigenschaften des Anions (vgl. E37), in der Galvanotechnik („Cyanidlaugerei") eingesetzt.

15.2.7 Carbide

Unter Carbiden versteht man Verbindungen des Kohlenstoffs mit Elementen geringerer Elektronegativität (Metalle und Metalloide). Sie lassen sich einteilen in:

a) kovalente Carbide (z. B. SiC) mit kovalenten Kohlenstoff-Element-Bindungen.
b) salzartige Carbide; hier liegen Kohlenstoffanionen vor (so entwickelt CaC_2 als Salz des Acetylens mit Wasser den zugehörigen Kohlenwasserstoff).
c) metallische Carbide; hier sind Kohlenstoffatome in Oktaederlücken eines Metallgitters eingebaut (z. B. TiC).

15.3 Silizium und Germanium

Silizium, das zweithäufigste Element der Erdkruste (27,7 Massen-%), kommt überwiegend als Siliziumdioxid oder in Form oxidischer Mineralien vor, die zusätzlich Al, Mg, Ca und Fe enthalten. Das sehr viel seltenere Germanium findet sich in sulfidischen Erzen, hauptsächlich im Germanit ($Cu_6FeGe_2S_8$). Trotz der technischen Bedeutung des Germaniums für die Halbleiterindustrie sollen nachfolgend nur die Verbindungen des Siliziums besprochen werden.

15.3.1 Die Elemente

Silizium und Germanium existieren beide als Elemente unter Normalbedingungen nur in der Diamantstruktur; die dem Graphit analoge Struktur ist wegen der Doppelbindungsregel (vgl. E26) instabil. Die gegenüber C größeren Atomradien bewirken eine Schwächung der Element-Element-Bindungen, die beiden Elementen Halbleitereigenschaften verleiht.

Silizium wird in großem Umfang durch Reduktion von Quarz (SiO_2) mit Koks im elektrischen Ofen bei 1800 °C erhalten. Hierbei ist ein Überschuss von Kohlenstoff wegen der Bildung von Siliziumcarbid (SiC) zu vermeiden. Das so gewonnene Silizium wird als Legierungsbestandteil verwendet.

Zur im Bereich der Halbleitertechnologie erforderlichen Reinigung wird Silizium mit HCl bei 300 °C zu $SiHCl_3$ („Silicochloroform", Sdp. 32 °C) oxidiert, das nach Destillation bei 1100 °C thermisch in die Edukte gespalten wird. Die weitere Aufreinigung des Siliziums erfolgt durch Zonenschmelzen; hierdurch wird eine sehr hohe Reinheit (10^{-8} % Verunreinigungen) erreicht.

Zur Darstellung von Germanium wird das aus mineralischen Vorkommen gewonnene Dioxid gereinigt und mit Wasserstoff reduziert.

$$SiO_2 + 2C \rightarrow Si + 2CO$$

$$Si + 3HCl \rightarrow SiHCl_3 + H_2$$

$$GeO_2 + 2H_2 \rightarrow Ge + 2H_2O$$

Silizium wird in großen Mengen als Legierungsbestandteil von Metalllegierungen benötigt. Darüber hinaus besteht, wie auch für Germanium, ein ständig steigender Bedarf an Reinstsilizium für Halbleiterproduktionen.

15.3.2 Verbindungen mit Wasserstoff

Silizium bildet kettenförmige Silane der allgemeinen Zusammensetzung Si_nH_{2n+2} bzw. Ringe der Zusammensetzung Si_nH_{2n}, die formal den Alkanen und Cyclo-alkanen (vgl. Anhang III) entsprechen. Jedoch ist hier der Wasserstoff der negative Bindungspartner und trägt somit eine negative Partialladung. Die Darstellung erfolgt meist durch Umsetzung der entsprechenden Chlorverbindungen mit $LiAlH_4$.

$$SiCl_4 + LiAlH_4 \rightarrow SiH_4 + LiAlCl_4$$

Wie alle Silane ist SiH_4 (Sdp. $-112\ ^{\circ}C$) thermolabil und kann in die Elemente gespalten werden. Die Verbindung ist an Luft selbstentzündlich.

$$SiH_4 \rightarrow Si + 2\ H_2$$

$$SiH_4 + 2O_2 \rightarrow SiO_2 + 2H_2O$$

15.3.3 Verbindungen mit Halogenen

Silizium bildet mit Halogenen tetraedrisch gebaute Verbindungen der Zusammensetzung SiX_4 (X = F, Cl, Br, I).

Hierbei handelt es sich sämtlich um molekular aufgebaute Verbindungen, die aus den Elementen zugänglich sind. SiF_4 bildet sich auch bei der Einwirkung von Flusssäure auf Glas.

$$Si + 2X_2 \rightarrow SiX_4 \ (X = F, Cl, Br, I)$$

$$SiO_2 + 4HF \rightarrow SiF_4 + 2H_2O$$

SiF_4 (Sublp. $-90\ °C$) gilt hinsichtlich der Bildungsenthalpie als thermodynamisch stabilste aller Molekülverbindungen in Folge der hier besonders ausgeprägten $(p{\rightarrow}d)_\pi$-Bindungsverstärkung (vgl. E32). $SiCl_4$ (Sdp. $57\ °C$) wird als Ausgangsprodukt zahlreicher Synthesen technisch hergestellt.

Alle Tetrahalogenide reagieren mit Wasser. SiF_4 bildet darüber hinaus Komplexe (vgl. E29), etwa mit Fluorid-Ionen, des Siliziums der KZ 6 mit oktaedrischer Koordinationsgeometrie.

$$SiX_4 + 2H_2O \rightarrow SiO_2 + 4HX$$

$$SiF_4 + 2NaF \rightarrow Na_2[SiF_6]$$

$$\left[\begin{array}{c} |\overline{X}| \\ |\overline{X}\diagdown \ | \diagup \overline{X}| \\ Si \\ |\overline{X}\diagup \ | \diagdown \overline{X}| \\ |\underline{X}| \end{array} \right]^{2\ominus}$$

Analog zu den Siliziumwasserstoff-Verbindungen existieren zahlreiche Halogenverbindungen etwa der Zusammensetzungen Si_nX_{2n+2} (Ketten) und Si_nX_{2n} (Ringe), die hier nicht besprochen werden können.

15.3.4 Verbindungen mit Sauerstoff

Silizium bildet mit Sauerstoff die stabile Verbindung SiO_2, die bei Normalbedingungen im Gegensatz zu CO_2 (man beachte die Doppelbindungsregel, vgl. E26) polymer gebaut ist (Schmp. $1725\ °C$). Hierin sind einzelne SiO_4-Tetraeder über gemeinsame Sauerstoffatome eckenverknüpft. Man unterscheidet verschiedene Kristallmodifikationen (Quarz, Tridymit, Cristobalit, Abb. 15.3), die jedoch alle diesem Bauprinzip folgen.

Die Umwandlung zwischen Quarz, Tridymit und Christobalit erfolgt langsam, da Si–O-Bindungen gebrochen werden müssen. Abbildung 15.4 zeigt einen Ausschnitt aus der Struktur des β-Cristobalits.

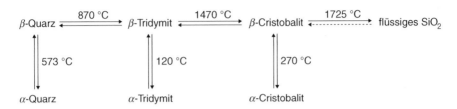

β-Quarz $\xrightleftharpoons{870\,°C}$ β-Tridymit $\xrightleftharpoons{1470\,°C}$ β-Cristobalit $\xrightleftharpoons{1725\,°C}$ flüssiges SiO_2

573 °C   120 °C   270 °C

α-Quarz α-Tridymit α-Cristobalit

Abb. 15.3 Die Systematik der Siliziumdioxide (adaptiert nach Erwin Riedel u. Christoph Janiak 2011, Anorganische Chemie, © De Gruyter Berlin)

Abb. 15.4 Die Struktur des β-Christobalits

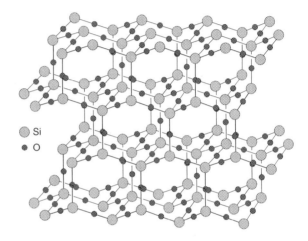

Si
O

Das chemisch sehr resistente Siliziumdioxid wird von HF (s. o.) sowie von Laugen angegriffen (vgl. die Reinigung von Bauxit, Abschn. 14.3.1).

$$SiO_2 + 4NaOH \rightarrow Na_4SiO_4 + 2H_2O$$

Bei 1250 °C steht SiO_2 in der Gasphase (Vakuum) im Gleichgewicht mit SiO, analog dem Boudoir-Gleichgewicht (Abschn. 15.2.4). Beide Oxide liegen in der Gasphase als monomere Moleküle vor. Früher wurde diese Reaktion als „Transportreaktion" zur Reinigung von Silizium (Abtrennung von Fremdmetallen wie z. B. Al) benutzt.

$$^{\ominus}|Si\equiv O|^{\oplus} \qquad \langle O{=}Si{=}O\rangle$$

$$Si + SiO_2 \rightleftharpoons 2SiO$$

Auf zwei strukturelle Ausnahmen vom Aufbau der Siliziumdioxide durch Eckenverknüpfung der SiO_4-Tetraeder sei hingewiesen: In der Hochdruckmodifikation Stishovit (TiO_2-Typ, vgl. Abschn. 17.2.4) besetzen die Siliziumatome Oktaederlücken (KZ 6); im faserförmigen SiO_2 sind die SiO_4-Tetraeder kantenverknüpft.

15.3.5 Sauerstoffsäuren und Silikate

Analog zur Kohlensäure ist auch die Kieselsäure (H_4SiO_4) nur in Form ihrer Metallsalze beständig; die Säure selbst wandelt sich unter Wasserabspaltung in ihr Anhydrid um.

$$Na_4SiO_4 + 4HCl \rightarrow H_4SiO_4 + 4NaCl$$

$$H_4SiO_4 \rightarrow SiO_2 + 2H_2O$$

Die Kondensation erfolgt in Stufen; jedoch sind auch die hierbei resultierenden Oligo- und Polykieselsäuren nicht beständig (Abb. 15.5).

Ihre Metallsalze hingegen bilden stabile Verbindungen, die sich in eine außerordentlich komplexe und umfangreiche Systematik einordnen lassen (Abb. 15.6). In allen Anionen liegen jedoch eckenverknüpfte SiO_4-Tetraeder vor.

Im Gegensatz zu den Orthosilikaten M_4SiO_4 („Wasserglas") sind die Oligo- und Polysilikate nicht wasserlöslich; sie bilden eine wesentliche Komponente beim Aufbau der Erdrinde.

Durch formalen Austausch eines oder mehrerer Si^{4+}-Zentren gegen Al^{3+} gelangt man zu den gleichfalls wichtigen *Alumosilikaten*, zu denen beispielsweise die Feldspäte $M[AlSi_3O_8]$, der Zeolith sowie der Kaolinit $Al_4[Si_4O_{10}](OH)_8$ gehören.

E36 Glas

Gläser sind ohne Kristallisation erstarrte Schmelzen. Sie sind gegenüber dem kristallinen Zustand thermodynamisch instabil, kinetisch jedoch stabil („metastabil"). Offensichtlich verhindert der komplexe Aufbau von SiO_2 und seinen Derivaten auch deren rasche Kristallisation.

Gebrauchsglas („Fensterglas") besteht aus 72 % SiO_2, 0,3 % Al_2O_3, 9 % CaO, 4 % MgO und 14 % Na_2O. Durch Zusatz von K_2O („Thüringer Glas") lässt sich der Schmelzpunkt erhöhen, borhaltige Gläser zeigen eine erhöhte chemische Resistenz, Al_2O_3 verringert den thermischen Ausdehnungskoeffizienten, PbO erhöht die Lichtbrechung („Kristallglas"). Der Zusatz von Übergangsmetalloxiden wie FeO (blau, als Mischfarbe mit Fe_2O_3 grün), Fe_2O_3 (braun) oder Gold (rot) führt zur Anfärbung. Reines Quarzglas hat die höchste Resistenz gegenüber Temperaturschwankungen, lässt sich aber durch die hohe Erweichungstemperatur nur schwer bearbeiten.

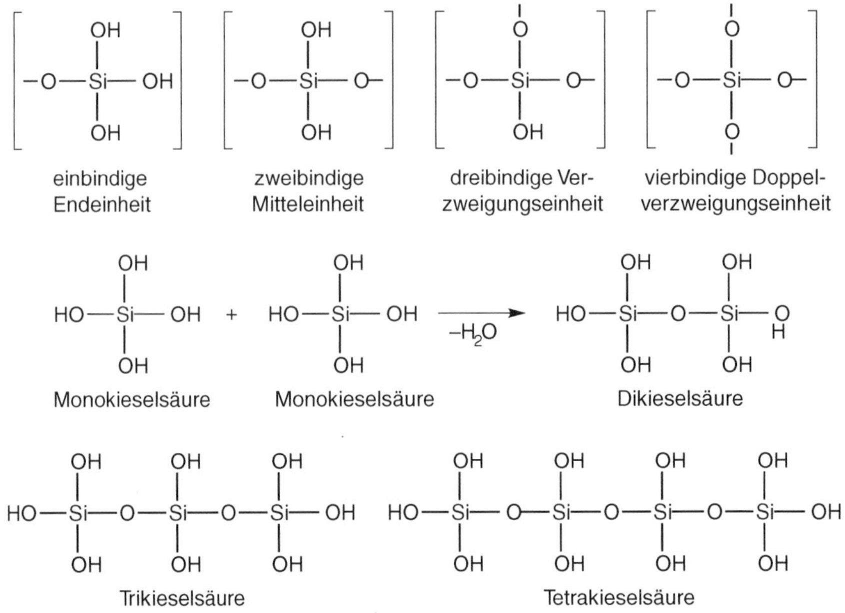

$$\left[\begin{array}{c} OH \\ | \\ -O-Si-OH \\ | \\ OH \end{array}\right] \left[\begin{array}{c} OH \\ | \\ -O-Si-O- \\ | \\ OH \end{array}\right] \left[\begin{array}{c} O \\ | \\ -O-Si-O- \\ | \\ OH \end{array}\right] \left[\begin{array}{c} O \\ | \\ -O-Si-O- \\ | \\ O \end{array}\right]$$

einbindige   zweibindige   dreibindige Ver-   vierbindige Doppel-
Endeinheit   Mitteleinheit   zweigungseinheit   verzweigungseinheit

$$\underset{\text{Monokieselsäure}}{HO-\overset{\overset{OH}{|}}{\underset{\underset{OH}{|}}{Si}}-OH} + \underset{\text{Monokieselsäure}}{HO-\overset{\overset{OH}{|}}{\underset{\underset{OH}{|}}{Si}}-OH} \xrightarrow{-H_2O} \underset{\text{Dikieselsäure}}{HO-\overset{\overset{OH}{|}}{\underset{\underset{OH}{|}}{Si}}-O-\overset{\overset{OH}{|}}{\underset{\underset{OH}{|}}{Si}}-\overset{}{\underset{H}{O}}}$$

$$\underset{\text{Trikieselsäure}}{HO-\overset{\overset{OH}{|}}{\underset{\underset{OH}{|}}{Si}}-O-\overset{\overset{OH}{|}}{\underset{\underset{OH}{|}}{Si}}-O-\overset{\overset{OH}{|}}{\underset{\underset{OH}{|}}{Si}}-OH} \qquad \underset{\text{Tetrakieselsäure}}{HO-\overset{\overset{OH}{|}}{\underset{\underset{OH}{|}}{Si}}-O-\overset{\overset{OH}{|}}{\underset{\underset{OH}{|}}{Si}}-O-\overset{\overset{OH}{|}}{\underset{\underset{OH}{|}}{Si}}-O-\overset{\overset{OH}{|}}{\underset{\underset{OH}{|}}{Si}}-OH}$$

Abb. 15.5 Die Kondensation der Kieselsäuren

15.3.6 Verbindungen mit Kohlenstoff

Das aus Quarz und Kohle bei 2200 °C zugängliche Siliziumcarbid (SiC, „Carborundum") besitzt Diamantstruktur und weist eine außerordentliche Härte auf, der es seine Verwendung als Hartstoff (Schleifscheiben u. a.) verdankt. Neben der auf die kubisch-dichteste Kugelpackung der C-Atome (Besetzung der Hälfte der Tetraederlücken durch die Siliziumatome) zurückgehenden Struktur gibt es auch Varianten alternierender kubischer und hexagonaler Stapelanordnungen.

$$SiO_2 + 3C \rightarrow SiC + 2CO$$

Ein wichtiges Kapitel der Organosilane bildet die Chemie der *Silikone*, die als Kunststoffe außerordentliche Bedeutung erlangt haben. Hierbei werden Organochlorsilane durch Wasser hydrolysiert und vernetzt. Die bei den Kieselsäuren beobachtete Kondensation zu SiO_2 wird hierbei durch die Präsenz stabiler RO-Fragmente (R = organischer Rest, meist Methyl) unterbunden. Die als Edukte verwendeten Organochlorsilane werden aus Methylchlorid und Silizium im *Müller-Rochow-Verfahren* gewonnen.

$$Si + 2MeCl \rightarrow Me_2SiCl_2 \ (Me = CH_3)$$

$$Me_2SiCl_2 + 2H_2O \rightarrow Me_2Si(OH)_2 + 2HCl$$

Abb. 15.6 Strukturtypen der Silikate (aus Michael Binnewies et al. 2011, Allgemeine und Anorganische Chemie, © Springer Spektrum 2011)

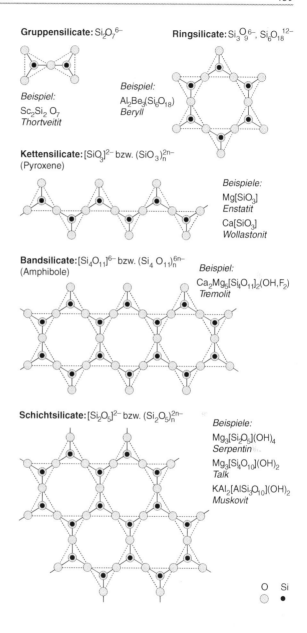

Gruppensilicate: $Si_2O_7^{6-}$

Beispiel:
$Sc_2Si_2O_7$
Thortveitit

Ringsilicate: $Si_3O_9^{6-}$, $Si_6O_{18}^{12-}$

Beispiel:
$Al_2Be_3(Si_6O_{18})$
Beryll

Kettensilicate: $[SiO_3]^{2-}$ bzw. $(SiO_3)_n^{2n-}$
(Pyroxene)

Beispiele:
$Mg[SiO_3]$
Enstatit
$Ca[SiO_3]$
Wollastonit

Bandsilicate: $[Si_4O_{11}]^{6-}$ bzw. $(Si_4O_{11})_n^{6n-}$
(Amphibole)

Beispiel:
$Ca_2Mg_5[Si_4O_{11}]_2(OH,F_2)$
Tremolit

Schichtsilicate: $[Si_2O_5]^{2-}$ bzw. $(Si_2O_5)_n^{2n-}$

Beispiele:
$Mg_3[Si_2O_5](OH)_4$
Serpentin
$Mg_3[Si_4O_{10}](OH)_2$
Talk
$KAl_2[AlSi_3O_{10}](OH)_2$
Muskovit

O Si

$$n\ Me_2Si(OH)_2 \rightarrow \left\{ -O - Si(Me)_2 - \right\}_n + n\ H_2O$$

Durch anteilige Verwendung von Me_3SiCl (Kettenabbruch) und $MeSiCl_3$ (Vernetzung) lassen sich die Eigenschaften der Silikone gezielt steuern.

$$\begin{array}{cc}
|\overline{\underline{Cl}}\diagdown \quad \diagup Me & H\overline{\underline{O}}\diagdown \quad \diagup Me \\
\quad Si & \quad Si \\
Me\diagup \quad \diagdown \overline{\underline{C}}l| & Me\diagup \quad \diagdown \overline{\underline{O}}H
\end{array}$$

$$\left[\; -\overline{\underline{O}} - \underset{\underset{Me}{|}}{\overset{\overset{Me}{|}}{Si}} - \overline{\underline{O}} - \underset{\underset{Me}{|}}{\overset{\overset{Me}{|}}{Si}} - \overline{\underline{O}} - \;\right]_n$$

15.4 Zinn und Blei

Die eher seltenen Elemente kommen in der Natur konzentriert, beispielsweise als Zinnstein (SnO_2), Bleiglanz (PbS) oder Bleispat ($PbCO_3$) vor. Die problemlose Verhüttung mit Kohlenstoff sowie die durch den weichen Habitus einfache Bearbeitung hat die Metalle bereits im Altertum zu umfangreicher Verwendung (Zinn für Gebrauchsgegenstände, Blei für Wasserrohre) gebracht. Als Legierung mit Kupfer (*Bronze*) ist Zinn Bestandteil der menschlichen Kulturgeschichte.

15.4.1 Die Elemente

Während elementares Blei bei Normalbedingungen als kubisch-dichteste Kugelpackung vorliegt und die Eigenschaften eines Metalls aufweist, sind von Zinn zwei Modifikationen bekannt. α-Zinn bildet bei tiefen Temperaturen die Diamantstruktur (Nichtmetall) aus und wandelt sich bei 13 °C in β-Zinn (Metall) um, das in einer für Metalle ungewöhnlichen tetragonalen Struktur kristallisiert. Beide Phasen sind metastabil, jedoch kann die Umwandlung in α-Zinn beim Abkühlen durch die Gegenwart von Katalysatoren stark beschleunigt werden. Da β-Zinn eine wesentlich höhere Dichte aufweist, führt der Vorgang (*Zinnpest*) zur Zerstörung von Metallgegenständen bei längerer Lagerung unterhalb des Umwandlungspunkts (Orgelpfeifen, Sarkophage u. a.).

Die Darstellung der Metalle erfolgt durch Reduktion der (im Falle des Bleis zuvor aus den Erzen gewonnenen) Oxide mit Kohle (im Altertum mit Holzkohle):

$$SnO_2 + 2C \rightarrow Sn + 2CO$$

$$2PbS + 3O_2 \rightarrow 2PbO + 2SO_2$$

$$PbCO_3 \rightarrow PbO + CO_2$$

$$PbO + C \rightarrow Pb + CO$$

Die Bleidarstellung ist auch wegen der hiermit verbundenen Gewinnung von als Verunreinigung in PbS gegenwärtigem Silber (als Ag_2S) von Bedeutung.

Zinn und insbesondere Blei sind in Form ihrer Dämpfe und wasserlöslichen Verbindungen toxisch, so dass trotz der auftretenden Passivierung der Oberflächen durch die unlöslichen Oxide der direkte Kontakt zum Menschen heute vermieden wird und sie somit hinsichtlich ihrer ursprünglichen Verwendung an Bedeutung verloren haben. Zinn wird umfangreich in der Elektrotechnik verwendet (*Lötzinn*), während Blei zur Herstellung von Akkumulatoren (s. u.) dient. Auch als Legierungsbestandteil sind beide Metalle von Bedeutung. Die früher umfangreiche Verwendung von *Tetraethylblei* als Zusatz („Antiklopfmittel") in Verbrennungskraftstoffen hat stark abgenommen.

15.4.2 Verbindungen der vierwertigen Elemente

Verbindungen des vierwertigen Zinns sind in vieler Hinsicht denen des Siliziums und Germaniums vergleichbar. So bilden etwa die Tetrahalogenide

$$SnX_4 \ (X = Cl, Br, I)$$

hinsichtlich ihrer Darstellung, Struktur und chemischen Eigenschaften eine direkte Parallele. Ein merklicher Unterschied ergibt sich aus den gegenüber Si und Ge größeren Atom- und Ionenradien. In SnO_2 (Rutil-Typ, vgl. Abschn. 17.2.4) und SnF_4 (koordinationspolymerer Aufbau) weist Sn bereits die Koordinationszahl 6 auf. Hiermit in Zusammenhang steht auch das Bestreben, Komplexverbindungen zu bilden.

$$SnX_4 + 2NaX \rightarrow Na_2[SnX_6] \ (X = F, Cl)$$

Verbindungen des vierwertigen Bleis wirken bereits stark oxidierend (vgl. E35); sie kommen nicht in der Natur vor. Bleidioxid wird als dunkelbrauner Feststoff durch Oxidation von Pb^{2+}-Salzen, bevorzugt durch anodische Oxidation, erhalten; es ist ein starkes Oxidationsmittel.

$$Pb^{2+} + 2H_2O \rightarrow PbO_2 + 4H^+ + 2e^-$$

PbO_2 hat deutlich saure Eigenschaften; mit Basen reagiert es zu Hydroxoplumbaten, die durch Entwässern in Orthoplumbate übergehen.

$$PbO_2 + 2KOH + 2H_2O \rightarrow K_2\left[Pb(OH)_6\right]$$

$$K_2\left[Pb(OH)_6\right] \rightarrow K_2PbO_3 + 3H_2O$$

Blei (II, IV)-oxid (Pb_3O_4, „Mennige") wird als roter Feststoff durch Luftoxidation von PbO bei 500 °C gewonnen und kann als Blei(II)-Salz der Orthoblei(IV)-säure aufgefasst werden. Es dient als Rostschutzmittel.

$$6PbO + O_2 \rightarrow 2Pb_3O_4$$

Auch die Tetrahalogenide PbX_4 (X = F, Cl) sind bekannt; sie wirken im Vergleich mit den Verbindungen des Zinns stärker oxidierend. $PbBr_4$ und PbI_4 sind nicht stabil; sie zerfallen unter Abgabe des Halogens.

$$PbX_4 \rightarrow PbX_2 + X_2$$

15.4.3 Verbindungen der zweiwertigen Elemente

Zinn(II)-Verbindungen sind in Folge der Tendenz des Metalls, die Oxidationszahl +IV anzunehmen, mittelstarke Reduktionsmittel. Sie weisen wegen ihres molekularen Aufbaus und der Präsenz eines nichtbindenden Elektronenpaars am Metallzentrum, das in die Hybridisierung einbezogen wird, eine komplizierte Strukturchemie auf. Wichtigste Verbindung ist das technisch aus Zinn und HCl hergestellte Zinn(II)-chlorid (Abb. 15.7).

$$Sn + 2HCl \rightarrow SnCl_2 + H_2$$

Es bildet mit Wasser ein stabiles Hydrat.
  Zinn(II)-oxid ist amphoter und reagiert mit Säuren und Basen.

$$SnO + 2HCl \rightarrow SnCl_2 + H_2O$$

$$SnO + NaOH + H_2O \rightarrow Na\left[Sn(OH)_3\right]$$

Verbindungen des zweiwertigen Bleis liegen bereits als ionisch gebaute Salze des Kations Pb^{2+} (Valenzelektronenkonfiguration $6s^2$, vgl. E35) vor; sie weisen keine reduzierenden Eigenschaften auf.

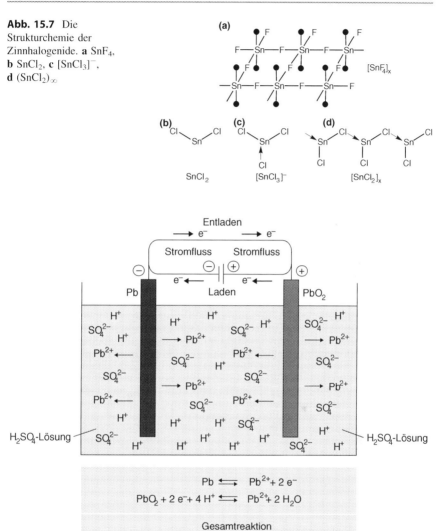

Abb. 15.7 Die Strukturchemie der Zinnhalogenide. **a** SnF$_4$, **b** SnCl$_2$, **c** [SnCl$_3$]$^-$, **d** (SnCl$_2$)$_\infty$

Abb. 15.8 Der Bleiakkumulator

Abgesehen von Pb(NO$_3$)$_2$ und Pb(CH$_3$CO$_2$)$_2$ sind alle Pb(II)-Salze in Wasser schwerlöslich (Passivierung der Metalloberfläche bei Einwirkung von HCl bzw. H$_2$SO$_4$!).

Eine wichtige Anwendung des Redoxpaares Pb+II/+IV bildet der *Bleiakkumulator*, dem trotz seines unwirtschaftlich hohen Gewichts und der Toxizität des Bleis große Bedeutung, insbesondere in der Automobiltechnik, zukommt (Abb. 15.8).

Der Bleiakkumulator besteht aus einer Bleielektrode und einer Bleidioxid-elektrode. Als Elektrolyt wird 20 %ige Schwefelsäure verwendet. Die Potential-differenz zwischen den Elektroden beträgt 2,04 V (vgl. hierzu E16, E22).

Bei der Stromentnahme wird H_2SO_4 verbraucht und Wasser gebildet, die Schwefelsäure wird verdünnt. Der Ladungszustand der Batterie kann deshalb durch Messung der Dichte der Schwefelsäure kontrolliert werden. Durch Zufuhr von elektrischer Energie (Laden) lässt sich die chemische Energie des Akkumu-lators wieder erhöhen. Der Ladungsvorgang ist eine Elektrolyse. Dabei erfolgt wegen der sog. „Überspannung" von Wasserstoff an Blei am negativen Pol keine Wasserstoffentwicklung.

Bei Verunreinigung des Elektrolyten wird die Überspannung aufgehoben, und der Akku kann nicht mehr aufgeladen werden. Eine Alterung ergibt sich auch durch die Ablagerung des in Schwefelsäure schwerlöslichen Bleisulfats auf den Elektroden.

Die Hauptgruppenelemente im Überblick

16

16.1 Oxidationszahlen

Die formal erreichbaren Oxidationszahlen ergeben sich aus der Stellung der Elemente im Periodensystem. Unter Verwendung der „alten" Bezeichnungsweise (1. bis 8. Hauptgruppe) gilt für Elemente der Hauptgruppe a bezüglich der möglichen höchsten (X) und tiefsten ($-Y$) Oxidationszahlen:

$$X = a$$
$$-Y = -(8 - a)$$

Hierbei werden stabile Oxidationszahlen bevorzugt in Zweierschritten (a, a $-$ 2, a $-$ 4, ..., a $-$ 8) gebildet. Dazwischen liegende Oxidationsstufen der Elemente E sind stabil beim Vorliegen einer Bindung E-E. In Ausnahmefällen, bei Beteiligung stark elektronegativer Elemente, werden durch die Absenkung der Orbitalenergien auch stabile Radikale gebildet.

Allgemein nehmen die oxidierenden Eigenschaften mit steigender Oxidationsstufe zu. Innerhalb einer Gruppe sinkt die Stabilität der formal höchsten Oxidationsstufe X mit steigender Oxidationszahl, da die steigende Kernladung durch den Einbau zusätzlicher Elektronen in die Elektronenhülle nicht vollständig kompensiert wird.

Eine besondere Situation tritt bei den Elementen der Valenzelektronenkonfiguration $6s^2 5d^1 4f^{14} 5d^9 6p^x$ (x = 1[Tl], 2 [Pb], 3 [Bi]) ein. Hier bewirkt der „Effekt des inerten Paares" eine besondere Stabilisierung des Zustandes $6s^2 p^0$.

N. Kuhn und T. M. Klapötke, *Allgemeine und Anorganische Chemie*,
DOI: 10.1007/978-3-642-36866-0_16, © Springer-Verlag Berlin Heidelberg 2014

16.2 Azidität

Die Brønstedt-Azidität einer Verbindung HXY_n hängt ab von:
- der Bindungsstärke H-X(Y)
  Innerhalb einer Hauptgruppe sinkt die Bindungsstärke und steigt die Azidität mit steigender Ordnungszahl von X (vgl. H_2O, H_2S).
- der Polarität der Bindung H-X(Y)
  Für ein Element X steigt die Azidität mit steigender Oxidationszahl von X (vgl. $HClO_4$, $HClO_3$).
- der Stabilität der korrespondierenden Base
  Korrespondierende Basen (Anionen) werden durch Resonanz („Verteilung" der negativen Ladung) stabilisiert (vgl. SO_4^{2-}, SO_3^{2-}).

Innerhalb einer Gruppe nimmt folglich die Basizität der Oxide EO und Hydroxide EOH gleicher Oxidationszahl des Zentralelements E zu.

Die Lewis-Azidität einer Verbindung XY_n gegenüber der Lewis-Base Z wird gesteuert von der Stabilität der Bindung X-Z. Hierauf nimmt die Polarisierbarkeit von XY_n und Z im Sinne des HSAB-Konzepts, neben sterischen Parametern, einen wesentlichen Einfluss. Die Azidität von XY_n gegenüber Z steigt mit steigender Stabilität von X-Z.

16.3 Bindungsart

Wir können grundsätzlich zwei Arten chemischer Bindungen unterscheiden:

a) Die Atombindung (kovalente Bindung)
   Hier treten Elektronen eines Atoms A mit Atomkernen eines Atoms B durch Überlappung von Orbitalen in Wechselwirkung. Hierbei sind jeweils ein Elektronenpaar (Einfachbindung) oder mehrere Elektronenpaare (Doppelbindung, Dreifachbindung) beiden Atomen zugehörig. In Abhängigkeit von der Elektronegativität der Atome sind solche Bindungen polarisiert. Das Phänomen der Atombindung lässt sich hinsichtlich einzelner Bindungen isoliert (VB) oder unter Berücksichtigung der Bindungssituation des gesamten Moleküls (MO) betrachten. Einen Sonderfall der Atombindung bildet die metallische Bindung, in der, bewirkt durch den Elektronenmangel bezüglich der Stabilitätskriterien (s. u.), über das Phänomen der Resonanz die bindenden Elektronen auf den gesamten Atomverband ausgedehnt werden.

b) Die Ionenbindung
   Übersteigt die Elektronegativitätsdifferenz der an der Bindung beteiligten Atome einen Grenzwert (ca. 1,5), so wird das bindende Elektronenpaar vollständig dem elektronegativeren Partner zugewiesen. Hierdurch kommt es zur Ausbildung elektrisch geladener Ionen, deren elektrostatische Anziehung die Bindungsenergie bestimmt. Diese hängt als Gitterenergie wesentlich von der Ionenladung und der Anordnung der Ionen im Verband ab.

Aus der Stellung der beteiligten Elemente im Periodensystem und der hiermit in Zusammenhang stehenden Elektronegativität der Elemente lässt sich die Bindungsart (Atombindung, polare Atombindung, Ionenbindung) abschätzen. Tatsächlich aber stellt die „reine" Atom- bzw. Ionenbindung eine modellhafte Fiktion dar, da an beiden Bindungsarten die jeweils andere mit einem gewissen Anteil beteiligt ist. In Atombindungen tragen „ionische" Grenzstrukturen zur Bindungscharakteristik bei (vgl. E4), während in aus Ionen aufgebauten Gittern die wechselseitige Polarisierung zu Kovalentanteilen führt. Hohe Oxidationszahlen bzw. Ionenladungen begünstigen beide Bindungsformen; hohe Koordinationszahlen favorisieren eindeutig die Ionenbindung im Kristall bzw. der polarisierten Bindung im Molekül.

16.4 Stabilitätskriterien

Die *Oktettregel* kann als Hilfe zur Vorhersage stabiler Oxidationszahlen und Bindungssituationen dienen. Hiernach streben Elemente der Hauptgruppen die Edelgaskonfiguration $1s^2$ bzw. ns^2p^6 (n = 2–6) an.

Für einatomige Ionen (Kationen und Anionen) gilt diese Vorgabe, mit Ausnahme der durch den „Effekt des inerten Paares" zu einer Sonderstellung gelangten Ionen Tl^+, Pb^2 und Bi^{3+}, verbindlich.

Die Atombindung gestattet unter bestimmten Vorgaben ein Über- oder Unterschreiten der durch die Oktettregel festgelegten Elektronenzahl.

Die Überschreitung des Oktetts wurde früher energetisch als zulässig angesehen, wenn durch die hohe Elektronegativität der beteiligten Elemente die Orbitalenergien hinreichend abgesenkt werden; dies ist bei Anwendung der VB-Methode (Hybridisierung) beispielsweise bei den Molekülen bzw. Komplexionen ClF_6^+, SF_6, PF_6^-, SiF_6^{2-} (sp^3d^2) und PF_5, ClF_5, ClF_3, XeF_2 (sp^3d) der Fall. Man beachte jedoch, dass selbst hier bei Anwendung des MO-Konzeptes (3c4e-Bindung in I_3^-) auf die Beteiligung von d-Orbitalen verzichtet werden kann (vgl. hierzu E10, E19 und Kap. 19).

Beim Überschreiten des Oktetts durch Doppelbindungen tritt durch Resonanz Ladungstrennung unter Vermeidung der Beteiligung von d-Orbitalen, z. B. in $POCl_3$, auf (vgl. E23 und Kap. 19).

Die Elektronenmangelsituation einer Verbindung XY_n kann behoben werden durch intra- und intermolekulare Einbeziehung von nichtbindenden Elektronenpaaren an Y. Im ersteren, intramolekularen Fall (z. B. BBr_3) kommt es zur Ausbildung von $(p \rightarrow p)_\pi$-Wechselwirkungen (vgl. E32), im letzteren, intermolekularen Fall (Dimerisierung von $AlBr_3$ zu Al_2Br_6) zur Ausbildung von 3c4e-Bindungen (vgl. E29 und Abschn. 12.2). Sind an Y keine nichtbindenden Elektronenpaare verfügbar, erfolgt Dimerisierung des monomeren Fragments (Dimerisierung von BH_3 zu B_2H_6) unter Ausbildung von 3c2e-Bindungen (vgl. E31).

Die thermodynamische Stabilität von Atombindungen in Verbindungen XY_n wird beeinflusst vom Überlappungsintegral der beteiligten Orbitale, das mit steigender Ordnungszahl innerhalb einer Gruppe abnimmt. Stabile Bindungen bilden entsprechend dem *HSAB-Konzept* beim formalen Zusammentreten der Fragmente X^{n+} (Lewis-Säure) und Y^{2-} (Lewis-Base) Partner vergleichbarer Polarisierbarkeit („Härte").

Polare Atombindungen erhöhen durch die überlagerte elektrostatische Anziehung (Partialladung) die *thermodynamische Stabilität* der Verbindung (z. B. HF, H_2O, CO_2). Jedoch begünstigt die Ausbildung von Ladungszentren den Angriff von Reaktionspartnern und fördert somit die *kinetische Reaktivität* (z. B. Reaktion CO_2/H_2O).

17.1 Allgemeines

Als Elemente der Nebengruppen werden diejenigen bezeichnet, die als Atome im Valenzbereich die Elektronenanordnung $ns^2(n-1)d^{1-10}$ bzw. $ns^2(n-1)d^1(n-2)$ f^{1-14} aufweisen. Die Elemente der Gruppe 12 (2. Nebengruppe) besitzen die Elektronenanordnung $ns^2(n-1)d^{10}$ und werden gelegentlich in der Systematik den Elementen der Hauptgruppen („repräsentative Elemente", Anordnung der Valenzelektronen $n(s,p)^{1-7}$ über vollständig besetzten oder leeren Unterschalen) zugeordnet.

Sämtliche Elemente der Nebengruppen liegen als Metalle vor. Nur in Form radioaktiver Isotope treten die Elemente der Ordnungszahlen 42 (Tc) und 61 (Pm) sowie sämtliche Actinoiden, d. h. alle auf das Elemente der Ordnungszahl 89 (Ac) folgenden Elemente, auf; auch die im Periodensystem davor stehenden Hauptgruppenelemente der Ordnungszahlen 84–88 (Po–Ra) bilden keine stabilen Isotope. Als schwerstes natürlich vorkommendes Element gilt das Element der Ordnungszahl 92 (U); die rechts davon stehenden müssen, wie auch Tc und Pm, kerntechnisch hergestellt werden.

17.2 Die Elemente des d-Blocks

17.2.1 Das Periodensystem der d-Blockelemente

Die Elemente des d-Blocks weisen die Valenzelektronenkonfiguration $ns^2(n-1)$ d^{1-10} (n = 4, 5) bzw. $ns^2(n-1)d^1(n-2)f^{14}(n-1)d^{2-10}$ (n = 6) auf. Folglich werden hierbei, aufbauend auf die vollständig besetzten, energetisch darunter liegenden s- und f-Zustände die d-Orbitale schrittweise besetzt (vgl.Abb. 4.4, 5.1). Die Numerierung der Nebengruppen für die Elemente der Elektronenkonfiguration $ns^2(n-1)d^1$ (n = 4–7; Sc, Y, La, Ac) beginnt mit der Ziffer 3, da die beiden s-Elektronen $(4-7)ns^2$ zur Ausbildung chemischer Bindungen bzw. zur Definition der Oxidationszahlen herangezogen werden. Auch hier soll in der Bezeichnung der

N. Kuhn und T. M. Klapötke, *Allgemeine und Anorganische Chemie*,
DOI: 10.1007/978-3-642-36866-0_17, © Springer-Verlag Berlin Heidelberg 2014

Gruppe die Zahl der Valenzelektronen und hierdurch die höchstmögliche (nicht immer erreichte) Oxidationszahl zum Ausdruck kommen. Als „Störung" der symmetrischen Abfolge der Orbitalbesetzung ist der Einbau der jeweils 14 f-Elemente folgend auf die Elemente der Gruppe 3, $ns^2(n-1)d^1$, anzumerken.

Zum Verständnis der Chemie der d-Blockelemente ist die Kenntnis der relativen Abschirmung der Valenzelektronen von der Kernladung durch die Rumpfelektronen wichtig. Hier gilt, dass d-Elektronen, im Vergleich mit s- und p-Elektronen, im Valenzbereich durch die Rumpfelektronen stärker abgeschirmt werden, jedoch ihrerseits andere weiter vom Kern entfernte Elektronen von der Kernladung schwächer abschirmen (vgl. E35). Darüber hinaus ist zu beachten, dass zur Hälfte oder vollständig besetzte Unterschalen, also d^5 bzw. d^{10}, hinsichtlich der Abschirmung näherungsweise die Eigenschaften von s-Zuständen aufweisen. In Folge dessen tritt bei den d-Blockelementen in Oxidationszahlen mit d^n-Konfiguration ($n \neq 0, 10$) die Tendenz zur Bildung binärer Verbindungen des Typs A_mB_n mit Ionenbindung zu Gunsten der Komplexbildung (s. u.) deutlich zurück; Salze einatomiger Kationen der d-Blockelemente werden nur mit Bindungspartnern der elektronegativsten Elemente (B = F, O) angetroffen.

Für die d-Blockelemente werden, im Vergleich mit den Hauptgruppenelementen, für die möglichen Oxidationszahlen geringere Energieunterschiede vorgefunden, so dass eine größere Anzahl von verschiedenen stabilen Oxidationszahlen beobachtet wird (von Mn beispielsweise sind isolierbare Verbindungen der Oxidationszahlen $-I$ bis $+VII$ bekannt). Auch bleibt anzumerken, dass im Unterschied zu den Elementen der Hauptgruppe für ein Element der Nebengruppen sowohl geradzahlige wie ungeradzahlige Oxidationszahlen (z. B. Fe^{+II}, Fe^{+III}) auftreten und folglich stabile Verbindungen mit einer ungeraden Anzahl von Elektronen („Radikale") häufig sind. Die höchsten Oxidationszahlen werden in RuO_4 und OsO_4 ($+VIII$) gefunden. Die Stellung eines d-Blockelements im Periodensystem lässt deshalb nur Rückschlüsse auf seine höchstmögliche Oxidationszahl zu, die jedoch nicht immer erreicht wird.

Insgesamt gilt, dass die Unterschiede der chemischen Eigenschaften innerhalb einer Periode bei den d-Blockelementen deutlich geringer ausfallen als bei den Hauptgruppenelementen. Innerhalb der Gruppen 4–10 nimmt, entgegengesetzt dem Trend der Hauptgruppen, die Stabilität der hohen Oxidationszahlen beim Übergang zu den höheren Ordnungszahlen zu (CrO_3 ist ein starkes Oxidationsmittel, während WO_3 kaum oxidierende Eigenschaften aufweist). Eine der Oktettregel der Hauptgruppenelemente vergleichbare 18-Elektronenregel der d-Blockelemente $ns^2(n-1)$ $d^{10}np^6$ (auch hier wird eine Edelgaskonfiguration erreicht) bietet nur in speziellen Substanzklassen eine Orientierungshilfe.

Der Einbau der f-Elektronen bewirkt für die 5d-Elemente eine beträchtliche Radienkontraktion; sie sind hierin und in ihren Eigenschaften den jeweils leichteren Gruppennachbarn ähnlich.

Entsprechend ihren chemischen Eigenschaften lassen sich die d-Blockelemente in verschiedene Klassen aufteilen:

a) Die Elemente der Gruppen 3 und 12

Diese Elemente weisen durch die Stabilität der Oxidationszahlen +III {Sc–Ac, $M^{3+} = (n - 1)p^6ns^0(n - 1)d^0$} bzw. +II {Zn–Hg, $M^{2+} = (n - 1)p^6ns^0(n - 1)d^{10}$} hauptgruppenähnliches Verhalten auf; sie bilden Salze. Sie liegen in ihren Verbindungen (abgesehen von Hg^{+I}) ausschließlich in den genannten Oxidationszahlen vor.

b) Die Elemente der Gruppen 4–7

Hier zeigen die Elemente mit ihren höchsten Oxidationszahlen entsprechend der Gruppennummer 4–7 {$(n - 1)p^6ns^0(n - 1)d^0$} gleichfalls hauptgruppenanaloges Verhalten; jedoch existieren auch stabile Verbindungen niedrigerer Oxidationszahlen {$(n - 1)p^6ns^x(n - 1)d^y$}$(x + y = 1–7)$, die durch das Vorliegen teilweise besetzter d-Zustände die charakteristischen Eigenschaften der d-Blockelemente aufweisen.

c) Die Elemente der Gruppen 8–10

Hier werden die formal höchsten Oxidationszahlen, abgesehen von RuO_4 und OsO_4, nicht mehr erreicht, so dass diese Elemente ausschließlich die charakteristische Chemie der d-Blockelemente {$(n-1)p^6ns^x(n - 1)d^y$}$(x + y = 8–10)$ zeigen; sie liegen bevorzugt in Verbindungen mit den Oxidationszahlen +II und +III vor.

d) Die Elemente der Gruppe 11

Diese Elemente weisen in der Oxidationsstufe +I die hauptgruppenanaloge Elektronenkonfiguration {$(n-1)p^6ns^2(n - 1)d^8$} sowie, in den Oxidationsstufen +II und +III, die Elektronenkonfiguration {$(n-1)p^6ns^2(n - 1)d^{6,7}$} auf. Sie zeigen somit Eigenschaften sowohl der Kategorie a als auch der Kategorie c.

Die angegebenen Valenzelektronenkonfigurationen beziehen sich hier auf die Elektronenanordnung der „fiktiven" Kationen. Werden die Bindungen zwischen Ligand und Komplexzentrum (s. u.) als Atombindungen („koordinative Bindungen") aufgefasst, kann formal für die Metallzentren die Elektronenkonfiguration {$(n-1)p^6ns^2(n - 1)d^{10}p^{1-6}$} erreicht werden.

Wegen ihrer Komplexität und ihres Umfangs kann die Chemie der d-Blockelemente hier nur an Beispielen besprochen werden.

17.2.2 Die d-Blockelemente in wässriger Lösung

Wegen der geringen Abschirmungskraft der d-Elektronen sind Kationen der d-Blockelemente im Vergleich mit den Hauptgruppenmetallen stärkere Lewis-Säuren. Das heißt, sie bilden unter bestimmten Voraussetzungen in wässrigen Lösungen stabile Aquo-Komplexe, bevorzugt der Oxidationszahlen +II und +III. Hierbei dominiert die Koordinationszahl 6. Viele dieser Komplexionen lassen sich als stabile Salze isolieren:

$$M^{n+} + 6H_2O \rightarrow \left[M(H_2O)_6\right]^{n+} \quad (n = 2, 3)$$

Zum Verständnis dieses Befunds müssen wir die Theorie der Komplexbindung näher betrachten.

Abb. 17.1 VB-Modell der
Komplexe [Fe(H$_2$O)$_6$]$^{3+}$ und
[Fe(CN)$_6$]$^{3-}$ (adaptiert nach
Friedhelm Kober und
Reinhard Demuth 1979,
Grundlagen der
Komplexchemie, © Salle
Frankfurt 1979)

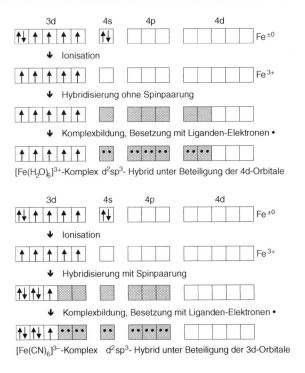

E37 Komplexverbindungen II – VB-Konzept und Ligandenfeldtheorie

Die Wechselwirkung zwischen einem (elektronisch ungesättigten) Komplexzentrum und den als Anionen oder Dipole vorliegenden Liganden kann sowohl elektrostatisch („ionisch") als auch kovalent („koordinativ") beschrieben werden. Wir wollen zunächst, in historischer Abfolge, das von *Linus Pauling* (1927) auf der Grundlage seines VB-Konzeptes entwickelte kovalente Modell am Beispiel einiger Eisen- und Nickelkomplexe betrachten. Es geht von koordinativen Bindungen zwischen Ligand und Metallzentrum aus.

Das VB-Modell impliziert den Vorgang der Hybridisierung – d. h. der „Mischung" von Orbitalen ähnlicher Energie, jedoch verschiedener Symmetrie – des Zentralatoms zu Hybridorbitalen (vgl. E11). Hierfür stehen dem Eisenatom die Orbitale 3d, 4s und 4p zur Verfügung. Die (schematische) Bildung des Komplexes [Fe(H$_2$O)$_6$]$^{3+}$ ist in Abb. 17.1 gezeigt.

Unter Berücksichtigung der Hund'schen Regel und der Hybridisierungsgeometrie für das System d^{2}sp^3 resultiert ein oktaedrisch gebauter Komplex, der pro Metallzentrum 5 ungepaarte Metallelektronen aufweist („High-Spin-Komplex").

Tatsächlich kennt man jedoch auch oktaedrisch gebaute Komplexe des dreiwertigen Eisens, in denen pro Metallzentrum nur 1 ungepaartes Elektron zugegen ist (z. B. [Fe(CN)$_6$]$^{3-}$, „Low-Spin-Komplex").

Abb. 17.2 VB-Modell der Komplexe [NiCl₄]²⁻ und [Ni(CN)₄]²⁻ (adaptiert nach Friedhelm Kober und Reinhard Demuth 1979, Grundlagen der Komplexchemie, © Salle Frankfurt 1979)

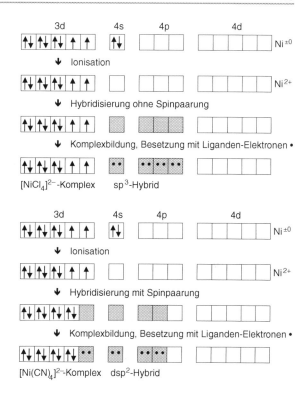

Die für beide Komplextypen im Falle des dreiwertigen Eisens gleiche Koordinationsgeometrie ist zufällig. Abbildung 17.2 zeigt als Beispiel die verschiedene Geometrie zweier Komplexe des zweiwertigen Nickels der Koordinationszahl 4, die tetraedrisch ([NiCl₄]²⁻, *high spin*) bzw. quadratisch-planar ([Ni(CN)₄]²⁻, Low Spin) vorliegen. Die unterschiedliche Geometrie ergibt sich aus den Hybridisierungen sp³ (tetraedrisch) und dsp² (quadratisch-planar).

Die Zuordnung der Komplextypen nach der Beschaffenheit der Liganden und Komplexzentren ist in der *spektrochemischen Reihe* nach steigender Tendenz zur Bildung von Low-Spin-Komplexen vorgenommen (Abb. 17.3).

Die VB-Theorie kann den Zusammenhang zwischen den magnetischen Eigenschaften einer Komplexverbindung, der Koordinationsgeometrie sowie der Präsenz von Zentren und Liganden aufzeigen, nicht aber begründen.

Das zweite zur Interpretation der Bindungsverhältnisse in Komplexen verwendete Modell wurde ursprünglich als *Kristallfeldtheorie* (*H. Bethe, J.H. van Vleck* 1930) für den festen Zustand konzipiert und später für isolierte Komplexverbindungen erweitert („Ligandenfeldtheorie", *F.E. Ilse, H. Hartmann* 1951). Ihm liegen rein elektrostatische Wechselwirkungen zwischen dem positiv geladenen Metallzentrum und den negativ geladenen oder als Dipol vorliegenden Liganden zu Grunde. Folgerichtig werden hierbei ausschließlich

(a) $I^- < Br^- < Cl^- \approx SCN^- \approx N_3^- < F^- < OH^- < (CO_2)_2^{2-} \approx H_2O < NCS^- < NH_3$
$\approx NC_2H_5 < NH_2CH_2CH_2NH_2 \approx SO_3^{2-} < NH_2OH < NO_2^- \leqslant H^- < CN^-$

(b) $Mn^{2+} < Co^{2+} \approx Ni^{2+} < V^{2+} < Fe^{3+} < Cr^{3+} < Co^{3+}$
$< Mn^{4+} < Mo^{3+} < Rh^{2+} < Ir^{3+} < Re^{4+} < Pt^{4+}$

Abb. 17.3 Die spektrochemische Reihe der Liganden (**a**) und Metallzentren (**b**) (adaptiert nach Friedhelm Kober und Reinhard Demuth 1979, Grundlagen der Komplexchemie, © Salle Frankfurt 1979)

die d-Elektronen des Metallzentrums berücksichtigt. Wir wollen das Konzept zunächst gleichfalls am Beispiel des Komplexes $[Fe(H_2O)_6]^{3+}$ betrachten.

Bei Betrachtung der fünf d-Orbitale zeigt sich, dass sie bezüglich der Orientierung im Koordinatensystem zwei verschiedenen Typen angehören: die Orbitalloben von $d_{x^2-y^2}$ und d_{z^2} sind auf den Achsen des kartesischen Koordinatensystems platziert, während die Orbitale d_{xy}, d_{xz} und d_{yz} in Richtung der Koordinatenzwischenräume orientiert sind (Abb. 17.4).

Bei Annäherung der Liganden an das Metallzentrum befinden sich die Sauerstoffatome der Wassermoleküle in Folge der oktaedrischen Koordinationsgeometrie auf den Achsenabschnitten. Zwischen den d-Elektronen (negative elektrische Ladung) und den Sauerstoffatomen (negativer Teil des Dipols) erfolgt eine Coulomb-Abstoßung, von der die quadratischen Orbitale (e_g) in Folge ihrer Ausrichtung stärker betroffen sind als die übrigen; sie werden deshalb energetisch angehoben. Die verbliebenen drei Orbitale (t_{2g}) werden gegenüber der kugelförmigen Symmetrie des Ligandenfeldes, das die 5-fache Entartung belässt, abgesenkt.

Die Besetzung der fünf Orbitale erfolgt nun gemäß der Hund'schen Regel, welche die Spinpaarungsenergie (SP, elektrostatische Abstoßung der gleichgerichtet geladenen Elektronen in *einem* Orbital) zu vermeiden sucht. Hierbei sind, in Abhängigkeit von der Energiedifferenz zwischen den t_{2g}- und e_g-Orbitalen ΔE (meist 10 Dq oder Δ_o genannt) im Sinne der Erreichung des stabilsten Zustandes zwei Fälle denkbar (die Beträge 6 Dq und 4 Dq ergeben sich aus dem Schwerpunktsatz, da die Gesamtenergie beim Übergang vom kugelförmigen zum oktaedrischen Ligandenfeld nicht verändert wird):

a) SP > 4 Dq = High-Spin-Komplex
b) SP < 4 Dq = Low-Spin-Komplex

Die Stellung der Metallzentren und der Liganden in der spektrochemischen Reihe wird also durch ihre Fähigkeit zur Erzeugung einer hohen oder niedrigen Ligandenfeldaufspaltung gesteuert.

Das Aufspaltungsmuster der d-Orbitale ist symmetrieabhängig. Ein Vergleich der zuvor genannten Nickelkomplexe führt folglich zu verschiedenen

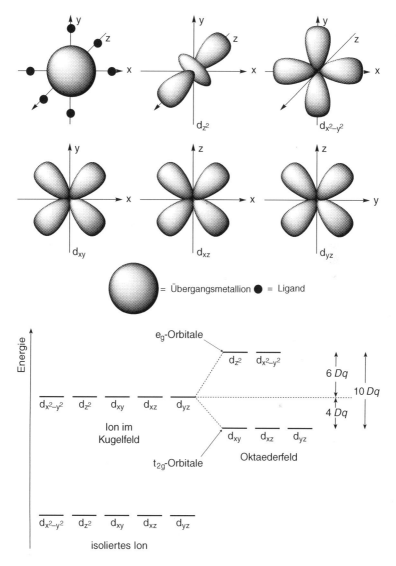

Abb. 17.4 Die Aufspaltung der d-Orbitale im oktaedrischen Ligandenfeld

Energiediagrammen (Abb. 17.5), aus denen sich jedoch gleichfalls die magnetischen Eigenschaften der Komplexe ergeben.

Kehren wir zur Betrachtung der Hexaquo-Komplexe der 3d-Metalle zurück. Die relative Stabilität von oktaedrisch gebauten Hexaquo-Komplexen der d-Block-elemente lässt sich an Hand von zwei Kriterien abschätzen.

a) Zum formalen Aufbau des Komplexes aus dem Metallatom und Wasser muss zunächst das Metallatom unter Aufwendung der Ionisierungsenergie in das

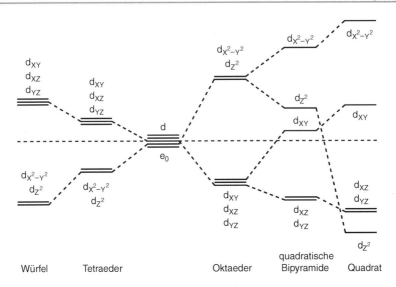

Abb. 17.5 Symmetrieabhängige Aufspaltung der d-Orbitale im Ligandenfeldfeld (adaptiert nach Friedhelm Kober und Reinhard Demuth 1979, Grundlagen der Komplexchemie, © Salle Frankfurt 1979)

zugehörige Metall-Ion überführt werden. Durch Koordination der Wasserliganden an das Ion wird Bindungsenergie freigesetzt; diese nimmt mit steigender Oxidationszahl des Metallzentrums zu. Es sind folglich zwei gegenläufige Effekte zu beachten, die als Resultat erfahrungsgemäß die Oxidationszahlen +II und +III bevorzugen.

$$M \rightarrow M^{n+} + n\,e^-$$

$$M^{n+} + 6H_2O \rightarrow \left[M(H_2O)_6\right]^{n+}$$

Niedrige Oxidationszahlen in Aquo-Komplexen sind für die d-Blockelemente mit Ausnahme von Ag^+ unbekannt. Bei höheren Oxidationszahlen erfolgt entweder Zersetzung unter Oxidation des Wassers (z. B. V^{5+}) oder, in Folge der hohen Brønstedt-Azidität solcher Komplexe, die Bildung anionischer Oxo-Komplexe (z. B. CrO_4^{2-}, MnO_4^-).

b) H_2O-Liganden bewirken eine nur schwache Ligandenfeldaufspaltung und bilden somit High-Spin-Komplexe. Hierdurch werden die „symmetrischen" Elektronenanordnungen d^3 (Cr^{3+}) und d^5 (Mn^{2+}, Fe^{3+}) stabilisiert (Fe^{2+} und Cr^{2+} wirken in Wasser reduzierend). Beim Austausch des H_2O-Liganden gegen einen Liganden stärkeren Ligandenfelds (z. B. NH_3) ändern sich potentiell die Eigenschaften der Komplexe durch Übergang zum Low-Spin-Typ. Ein anschauliches Beispiel liefert die Oxidation von wäss. Co^{2+}-Lösungen durch Luftsauerstoff in Gegenwart von Ammoniak.

$$\left[\text{Co}(\text{H}_2\text{O})_6\right]^{2+} \xrightarrow[-6\text{H}_2\text{O}]{6\text{NH}_3} \left[\text{Co}(\text{NH}_3)_6\right]^{2+}$$

High-Spin-Komplex   Low-Spin-Komplex

luftstabil   luftempfindlich

$$4\left[\text{Co}(\text{NH}_3)_6\right]^{2+} + \text{O}_2 + 2\text{H}_2\text{O} \rightarrow 4\left[\text{Co}(\text{NH}_3)_6\right]^{3+} + 4\text{OH}^-$$

Low-Spin-Komplex   Low-Spin-Komplex

luftempfindlich   luftstabil

Bei der Stabilität von Aquo-Komplexen ist zudem die Vorgabe des HSAB-Konzeptes wirksam. Der „harte" Ligand H_2O bildet bevorzugt stabile Komplexe mit „harten" Metallzentren. So sind die Komplexe $[\text{M}(\text{H}_2\text{O})_6]^{2+}$ des Cobalts und Nickels bekannt, jedoch nicht die der im PSE darunter stehenden „weicheren" Metallzentren.

Aus der Kenntnis der Koordinationsgeometrie (Oktaeder, Tetraeder etc.), der Stellung der Komplexfragmente in der spektrochemischen Reihe (*high spin-, low spin*) und der Valenzelektronenkonfiguration des Metallzentrums lassen sich – unter Berücksichtigung der Stabilisierung vollständig oder zur Hälfte besetzter Zustände (z. B. t_{2g}, e_g) – Aussagen zur Stabilität treffen. So erwartet man etwa stabile Verbindungen oktaedrischer Komplexe für die Elektronenkonfigurationen d^3, d^8 (hier ist eine Unterscheidung in *high spin* und *low spin* nicht möglich), d^5 (*high spin*) und d^6 (*low spin*).

Die Ligandenfeldtheorie vermag auch das Phänomen der Farbe von Komplexen zu erklären. Die Energiedifferenz 10 Dq entspricht der durch Rückfall der d-Elektronen aus dem angeregten Zustand (e_g) in den Grundzustand (t_{2g}) freigesetzten Energie gemäß $\Delta E = h \cdot v$. Die durch Kopplung der Eigendrehimpulse im Mehrelektronensystem ausgelöste Beeinflussung des UV/VIS-Spektrums wird in der weiterführenden Literatur behandelt.

E38 Komplexverbindungen III – MO-Betrachtung der Komplexbindung

Die auf der Grundlage der ausschließlich elektrostatische Wechselwirkungen berücksichtigenden Ligandenfeldtheorie (E37) mögliche Erklärung der magnetischen und optischen Eigenschaften von Komplexverbindungen legt die Frage nach der Interpretation ersichtlich kovalent gebauter Komplexe nahe. Als Beispiel betrachten wir das zuvor genannte in oktaedrischer Koordinationsgeometrie vorliegende Kation $[\text{Co}(\text{NH}_3)_6]^{3+}$, dessen vereinfachtes MO-Diagramm in Abb. 17.6 wiedergegeben ist.

Wir setzen die NH_3-Liganden (genauer gesagt: deren N-Donatoratome) auf die Achsen eines kartesischen Koordinatensystems. Aus Sicht des im Ursprung des Koordinatensystems befindlichen Metallzentrums sind aus Gründen der Orbitalsymmetrie nunmehr die Valenzorbitale $4s$, $4p_x$, $4p_y$, $4p_z$, $3d_{x^2-y^2}$ und $3d_{z^2}$, die auf den Koordinatenachsen liegen, zur Ausbildung von bindenden und antibindenden Molekülorbitalen befähigt (auf die hierzu benötigten

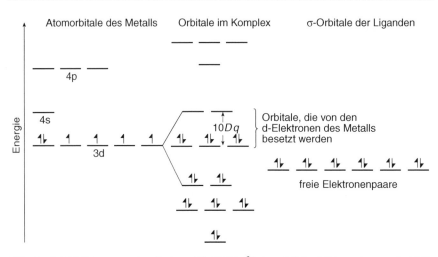

Abb. 17.6 MO-Diagramm des Kations $[Co(NH_3)_6]^{3+}$ (aus Michael Binnewies et al. 2011, Allgemeine und Anorganische Chemie, © Springer Spektrum 2011)

Gruppenorbitale der sechs Liganden soll hier nicht näher eingegangen werden). Die hieraus resultierenden sechs bindenden Molekülorbitale nehmen nun die zwölf formal von den Liganden stammenden Elektronen der sechs koordinativen Bindungen auf. Die sechs 3d-Elektronen des Metallzentrums besetzen die in Richtung der Koordinatenzwischenräume orientierten nichtbindenden Orbitale $3d_{xy}$, $3d_{xz}$ und $3d_{yz}$ (t_{2g}) (in elektronenreicheren Komplexen d^n, $n > 6$ können zur Besetzung durch die Metallelektronen auch die e_g^*-Orbitale herangezogen werden). Die Energiedifferenz t_{2g}/e_g^* entspricht hierbei der Aufspaltung t_{2g}/e_g im Ligandenfeld (Δ_o).

Die Energiedifferenz e_g/e_g^* im MO-Schema und somit auch die Differenz t_{2g}/e_g^* wird im Sinne einer Erhöhung wesentlich gesteuert von der Intensität der kovalenten Wechselwirkung zwischen dem Metallzentrum und der Ligandenhülle. Dies erklärt den Low-Spin-Charakter von Komplexen mit Metallzentren hoher Oxidationszahl und bevorzugt kovalent gebundenen Liganden.

Die vom Ergebnis her gleichgerichtete Interpretation der Eigenschaften von Metallkomplexen durch die sich einander weitgehend ausschließende Ligandenfeldtheorie (elektrostatische Wechselwirkung) und MO-Theorie (kovalente Wechselwirkung) zeigt, dass in der Chemie unterschiedliche Wege zum gleichen Ziel führen können, und belegt somit gleichermaßen den Wert und die Fragwürdigkeit von Modellvorstellungen.

17.2.3 Halogenide der d-Blockelemente

Allgemein gilt, dass der ionische Charakter der Metall-Halogen-Bindung mit steigender Ordnungszahl des Halogens und steigender Oxidationszahl des Metalls

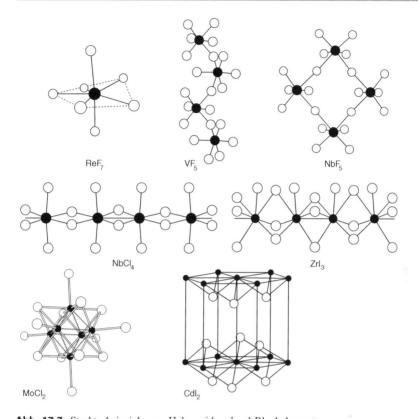

ReF₇   VF₅   NbF₅

NbCl₄   ZrI₃

MoCl₂   CdI₂

Abb. 17.7 Strukturbeispiele von Halogeniden der d-Blockelemente

abnimmt. Darüber hinaus wird eine unter Berücksichtigung der Radienquotienten hohe Koordinationszahl des Metallzentrums angestrebt; hinsichtlich der Packung im Kristall sind hierbei die Koordinationszahlen 4 und 6 bevorzugt. Metalle der 5d- und 6d-Periode zeigen außerdem eine ausgeprägte Tendenz zur Bildung intermetallischer Bindungen. Unter Berücksichtigung dieser Gegebenheiten lassen sich die Halogenide der d-Blockelemente in 5 Gruppen einteilen (Abb. 17.7).

a) Molekülverbindungen

Hierzu gehören Verbindungen der Metalle in der jeweils höchsten Oxidationszahl (d^0, Oxidationszahl > 3, Koordinationszahl 4–7), in denen „klassische" 2c2e-Bindungen vorliegen. Es handelt sich in der Regel um leicht flüchtige Verbindungen, deren molekularer Aufbau auch im Festkörper noch erkennbar ist (z. B. ReF_7, WCl_6, $TiCl_4$). Durch die Elektronenkonfiguration d^0 ist eine Vorhersage der Struktur nach dem VSEPR-Konzept (vgl. E12) möglich.

b) Koordinationsoligomere und -polymere

Diese Strukturen sind Komplexverbindungen, in denen verbrückende Halogeno-Liganden (3c4e-Bindungen) vorliegen. Sie sind häufig anzutreffen in

Verbindungen der Zusammensetzung MX_5 (d^0, d^1; z. B. VF_5, RuF_5) und MX_4 (d^1, d^2; z. B. $NbCl_4$, CrF_4) und MX_3 (d^1; z. B. ZrI_3). In solchen Koordinationspolymeren mit d^1-Konfiguration liegen bei tiefen Temperaturen isolierte alternierende Metall-Metall-Bindungen vor, die bei thermischer Anregung in (delokalisierte) äquidistante Bindungen mit metallischen Eigenschaften übergehen (*Peierls-Verzerrung*).

c) Schichtengitter

Verbindungen dieses Typs enthalten ionische, stark polarisierte Bindungen. Sie treten auf bei Halogeniden MX_2 (X = Cl, Br, I; z. B. $CdCl_2$) und MX_3 (X = Cl, Br, I; z. B. $FeCl_3$, $CrCl_3$) der schwereren Halogene. Hierin bilden die Halogenatome dichteste Kugelpackungen, deren Oktaederlücken in jeder zweiten Schicht frei bleiben und in den Zwischenschichten vollständig (MX_2) bzw. zu 2/3 (MX_3) mit Metallatomen besetzt werden.

d) Ionengitter

Hier liegen Gitter dichtest gepackter Ionen der auch bei den Hauptgruppenmetallhalogeniden gefundenen Typen vor. Bevorzugt in diese Gruppe gehören Metallfluoride MF_3 (ReO_3-Typ, KZ 6/2, z. B. FeF_3, VF_3), MF_2 (Rutil-Typ, KZ 6/3, z. B. MnF_2, PdF_2) sowie Metallhalogenide der Gruppe-11-Elemente (NaCl-Typ, KZ 6/6, z. B. AgCl; Zinkblende-Typ, KZ 4/4, z. B. CuI). Für solche Verbindungen, wie auch für c), gelten im festen Zustand die Vorgaben der Ligandenfeldtheorie (Halogenid-Ionen bewirken ein nur schwaches Feld und erzeugen hierdurch High-Spin-Komplexe).

e) Cluster

Die Chloride, Bromide und Iodide der niedervalenten 4d- und 5d-Metalle bilden bevorzugt Cluster. Hierin sind mehrere Metallatome durch Elektronenmangelbindungen (ähnlich der metallischen Bindung) zu Polyedern verbunden, während die Halogenatome Ecken, Kanten oder Flächen dieser Polyeder in endständiger oder verbrückender Funktion besetzen. Die Stabilität dieser Cluster hängt von der Elektronenzahl in Relation zur Gerüststruktur ab und kann über MO-Modelle erklärt werden (vgl. z. B. $MoCl_2 = [Mo_6Cl_8]Cl_4$). Es existieren auch zahlreiche Cluster von Metallen nichtganzzahliger Oxidationsstufen (z. B. Ta_6Cl_{15}).

17.2.4 Oxide der d-Blockelemente

Bedingt durch die geringe Polarisierbarkeit des Oxid-Ions bilden die d-Blockelemente fast ausnahmslos (Ausnahmen sind etwa OsO_4 und Ti_3O) ionisch gebaute Oxide, die in Abhängigkeit von der stöchiometrischen Zusammensetzung und dem Radienquotienten in den teilweise bereits besprochenen Gittertypen kristallisieren. Sie lassen sich entsprechend anordnen (Abb. 17.8)

a) M_2O

Cuprit-Typ, ähnlich β-Cristobalit (KZ 4/2; z. B. Cu_2O, Ag_2O)

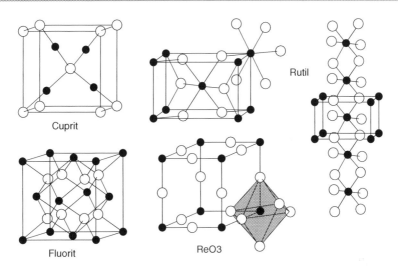

Abb. 17.8 Strukturbeispiele von Oxiden der d-Blockelemente

b) MO
Fast ausschließlich NaCl-Typ (KZ 6/6; z. B. FeO, MnO, CdO), ZnO kristallisiert im Wurzit-Typ (ZnS, KZ 4/4)

c) M_2O_3
Fast ausschließlich Korund-Typ (α-Al_2O_3, KZ 6/4; z. B. Fe_2O_3, V_2O_3, Cr_2O_3)

d) MO_2
Rutil-Typ (TiO_2, für kleine und mittelgroße Kationen, KZ 6/3; z. B. CrO_2, MoO_2) oder Fluorit-Typ (CaF_2, für große Kationen, KZ 8/4; z. B. HfO_2)

f) M_3O_4
Spinell-Typ ($MgAl_2O_4$ mit Besetzungsvarianten, s. u.; z. B. Fe_3O_4 = $Fe^{+II}Fe_2^{+III}O_4$).

g) MO_3
ReO_3-Typ (KZ 6/2; z. B. WO_3)

Auf die Korund-Struktur wurde an anderer Stelle eingegangen (vgl. Abb. 14.8). Die komplexe Spinell-Struktur bedarf näherer Erläuterung:

Im Mineral Spinell ($MgAl_2O_4$) bilden die Sauerstoff-Ionen eine kubisch-dichteste Kugelpackung, in der 1/8 der Tetraederlücken von Mg-Ionen sowie 1/2 der Oktaederlücken von Al-Ionen besetzt wird; die Abbildung der Elementarzelle (Abb. 17.9) vermittelt kein anschauliches Bild. Tatsächlich existieren zahlreiche ternäre Verbindungen der Zusammensetzung $A^{+II}B_2^{+III}O_4$ dieser Bauart. In Fe_3O_4 liegt jedoch eine andere Zuordnung der Kationen zu den Lücken vor, die des „inversen Spinells". Hier besetzen die Fe^{2+}- und Fe^{3+}-Ionen jeweils 1/4 der Oktaederlücken, während die verbliebenen Fe^{3+}-Ionen 1/8 der Tetraederlücken besetzen. Auf dem Ladungsaustausch und der magnetischen Kopplung der Eisen-Ionen auf Oktaederplätzen beruhen die Halbleitereigenschaften und ferrimagnetischen Eigenschaften (vgl. *E39*) des Fe_3O_4 (*Magnetit*).

Abb. 17.9 Die
Elementarzelle des Spinells
(MgAl$_2$O$_4$)

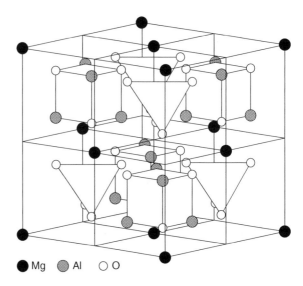

Mg ● Al ◉ O ○

Oxide der d-Blockelemente weisen zahlreiche ungewöhnliche optische (TiO$_2$
als Weißpigment), elektrische (metallische Leitfähigkeit von ReO$_3$) und magnetische Eigenschaften auf. Auf diese wird nachfolgend näher eingegangen.

E39 Magnetochemie

Die Bewegung elektrischer Ladung, beispielsweise der Elektronentransport in
einem Leiterdraht, erzeugt ein Magnetfeld. Gleiches gilt für die Bewegung von
Elektronen auf Umlaufbahnen im atomaren System. Das Phänomen des
Magnetismus kann folglich makroskopisch und atomar behandelt werden. Die
Verbindung beider Betrachtungen ist zum Verständnis der magnetischen
Eigenschaften der Materie erforderlich. Wir wollen zunächst den atomaren
Magnetismus betrachten (Abb. 17.10).

Ein elektrischer Strom (Gleichstrom) erzeugt in einer Spule (Leiterschleife)
ein magnetisches Moment μ_{mag}, [Am^2], das dem Produkt aus Stromstärke und
Schleifenfläche entspricht (Abb. 17.10, Gl. 1). Im atomaren System besitzt das
Elektron einen Bahndrehimpuls sowie einen Eigendrehimpuls, der deutlich
überwiegt und hier ausschließlich behandelt werden soll. Er wird in Einheiten
des Bohr'schen Magnetons μ_B (Abb. 17.10, Gl. 2), der quantenphysikalischen
Elementargröße des magnetischen Moments, in Abhängigkeit von der
Drehimpulsquantenzahl S angegeben. S setzt sich hier additiv aus den
Einzelbeiträgen der Elektronen s = ½ zusammen (Abb. 17.10, Gl. 3); so erreicht
beispielsweise S für 2 bzw. 3 ungepaarte Elektronen die Werte 1 bzw. 3/2. Bei
vollständiger Spinpaarung wird S = 0, so dass kein Eigendrehimpuls wirksam
wird. Das sog. gyromagnetische Verhältnis beträgt für Elektronen g = 2. Für ein
ungepaartes Elektron errechnet sich der Wert $\mu_s = 1{,}73 \cdot \mu_B$ (man beachte, dass
sich nach Gl. 3 im Mehrelektronensystem die Drehimpulsquantenzahlen S = Σs,

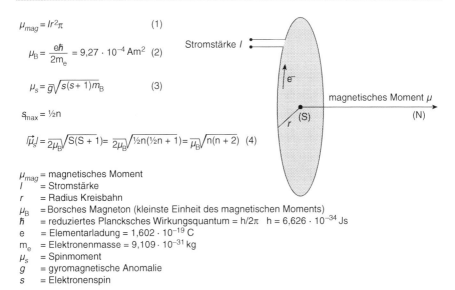

$$\mu_{mag} = I r^2 \pi \qquad (1)$$

$$\mu_B = \frac{e\hbar}{2m_e} = 9{,}27 \cdot 10^{-4}\,\text{Am}^2 \quad (2)$$

$$\mu_s = \overline{g}\sqrt{s(s+1)}\,m_B \qquad (3)$$

$$s_{max} = \tfrac{1}{2}n$$

$$|\vec{\mu}_s| = \overline{2\mu_B}\sqrt{S(S+1)} = \overline{2\mu_B}\sqrt{\tfrac{1}{2}n(\tfrac{1}{2}n+1)} = \overline{\mu_B}\sqrt{n(n+2)} \quad (4)$$

μ_{mag} = magnetisches Moment
I = Stromstärke
r = Radius Kreisbahn
μ_B = Borsches Magneton (kleinste Einheit des magnetischen Moments)
$\hbar$ = reduziertes Plancksches Wirkungsquantum = $h/2\pi$ h = $6{,}626 \cdot 10^{-34}$ Js
e = Elementarladung = $1{,}602 \cdot 10^{-19}$ C
m_e = Elektronenmasse = $9{,}109 \cdot 10^{-31}$ kg
μ_s = Spinmoment
g = gyromagnetische Anomalie
s = Elektronenspin

Abb. 17.10 Der Spin-only-Wert des magnetischen Moments der Elektronen im atomaren System (aus Michael Binnewies et al. 2011, Allgemeine und Anorganische Chemie, © Springer Spektrum 2011)

nicht aber die magnetischen Momente der Einzelelektronen additiv verhalten ($\mu_S \neq \Sigma\mu_s$)). Aus dem magnetischen Moment μ_S eines Atoms oder Ions kann unter Vernachlässigung des Bahndrehimpulses (*Spin-only-Wert*) auf die Anzahl der ungepaarten Elektronen n geschlossen werden (Abb. 17.10, Gl. 4).

Die makroskopische Beschreibung magnetischer Eigenschaften erfolgt durch Angabe der Wechselwirkung des Magnetfeldes mit Materie (Abb. 17.11). Das Feld kann durch die magnetische Induktion (magnetische Flussdichte) B [1 T = 1 Vs/m^2] bzw. durch die magnetische Feldstärke (magnetische Erregung) H [A/m] beschrieben werden. Beide Größen sind durch die magnetische Feldkonstante $\mu_0 = 4\pi \cdot 10^{-7}$ Vs/Am miteinander verbunden (Abb. 17.11, Gl. 1).

Bringt man einen Körper in ein Magnetfeld, so tritt im Inneren des Körpers durch Wechselwirkung der Materie mit dem Feld eine Änderung der Induktion B$_{außen}$ zu B$_{innen}$ bzw. der Feldstärke H$_{außen}$ zu H$_{innen}$ ein (Abb. 17.11, Gl. 2). Diese Änderung kann positiv (Verstärkung, paramagnetische Stoffe) oder negativ sein (Schwächung, diamagnetische Stoffe). Zur Charakterisierung des Effekts wird die relative Änderung der Magnetfeldstärke, d. h. der Quotient der als „Magnetisierung" bezeichneten Änderung M und der Feldstärke H$_{außen}$, angegeben (Abb. 17.11, Gl. 3, analog gilt: H$_{innen}$ = H$_{außen}$ + M); diese Größe χ wird als „magnetische Suszeptibilität" bezeichnet und in der Chemie üblicherweise auf die Menge 1 Mol bezogen.

Die magnetische Suszeptibilität χ dia- und paramagnetischer Stoffe unterscheidet sich durch das Vorzeichen und die Temperaturabhängigkeit (Abb. 17.12). Für paramagnetische Stoffe gilt das Curie-Gesetz (Abb. 17.12,

Abb. 17.11 Das Magnetfeld und seine Wechselwirkung mit Materie (adaptiert nach Nils Wiberg et al. 2007, Lehrbuch der Anorganischen Chemie, © De Gruyter Berlin 2007)

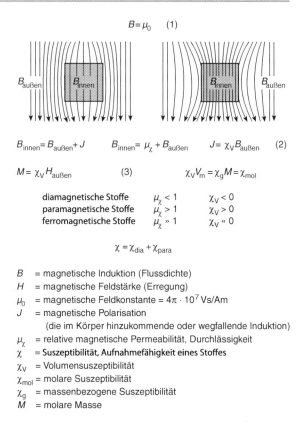

$B = \mu_0$ (1)

$B_{innen} = B_{außen} + J$ $B_{innen} = \mu_\chi + B_{außen}$ $J = \chi_V B_{außen}$ (2)

$M = \chi_V H_{außen}$ (3) $\chi_V V_m = \chi_g M = \chi_{mol}$

diamagnetische Stoffe	$\mu_\chi < 1$	$\chi_V < 0$
paramagnetische Stoffe	$\mu_\chi > 1$	$\chi_V > 0$
ferromagnetische Stoffe	$\mu_\chi \gg 1$	$\chi_V \ll 0$

$\chi = \chi_{dia} + \chi_{para}$

B = magnetische Induktion (Flussdichte)
H = magnetische Feldstärke (Erregung)
μ_0 = magnetische Feldkonstante = $4\pi \cdot 10^7$ Vs/Am
J = magnetische Polarisation
      (die im Körper hinzukommende oder wegfallende Induktion)
μ_χ = relative magnetische Permeabilität, Durchlässigkeit
χ = Suszeptibilität, Aufnahmefähigkeit eines Stoffes
χ_V = Volumensuszeptibilität
χ_{mol} = molare Suszeptibilität
χ_g = massenbezogene Suszeptibilität
M = molare Masse

Gl. 1). Treten im Festkörper sog. „kooperative Effekte", d. h. Wechselwirkungen der atomaren Spinsysteme, auf, so gilt das Curie-Weiss-Gesetz (Abb. 17.12, Gl. 2). Die Temperaturabhängigkeit der paramagnetischen Suszeptibilität ergibt sich aus der durch thermische Energie bewirkten Störung der Ausrichtung der magnetischen Momente im Magnetfeld.

Die Gesamtsuszeptibilität eines paramagnetischen Stoffes setzt sich aus der Summe seiner diamagnetischen und paramagnetischen Suszeptibilität zusammen. Der Zusammenhang von paramagnetischer Suszeptibilität χ_{para} und dem magnetischen Moment μ_{mag} ergibt sich aus Abb. 17.12, Gl. 3 (N_A = Avogadro-Konstante, k = Boltzmann-Konstante).

Unterhalb der Temperatur T_C, die für einen ferromagnetischen bzw. antiferromagnetischen Stoff eine Stoffkonstante bildet, tritt ein Ordnungsphänomen ein, das als *kooperative Eigenschaft* bezeichnet wird (Abb. 17.13). Im Falle des Ferromagnetismus (z. B. α-Fe, CrO_2) erfolgt im Bereich kleiner Bezirke (*Domänen*) durch direkte Wechselwirkung der paramagnetischen Atome eine parallele Orientierung ihrer Magnetisierung, die gegenüber dem ungeordneten Paramagnetismus zu einem signifikanten Anstieg der Suszeptibilität führt. Da

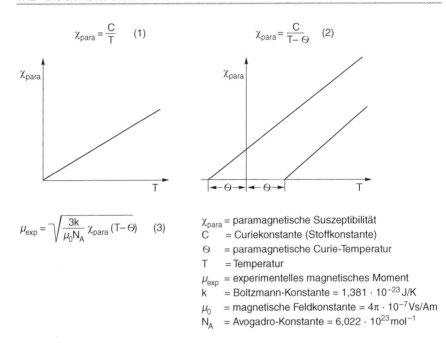

Abb. 17.12 Die Magnetische Suszeptibilität und ihre Temperaturabhängigkeit. **a** Gültigkeit des Curie-Gesetzes, **b** Gültigkeit des Curie-Weiss-Gesetzes (adaptiert nach Erwin Riedel u. Christoph Janiak 2011, Anorganische Chemie, © De Gruyter Berlin)

die Domänen untereinander ungeordnet sind, wird keine makroskopische Magnetisierung beobachtet.

Der Mechanismus der *ferromagnetischen Kopplung* (z. B. in Fe, CrO_2) ist unbekannt. Erfolgt die Kopplung nicht direkt, sondern über ein diamagnetisches Ion (z. B. O^{2-}), so erfolgt als Konsequenz der dem Pauli-Prinzip entsprechenden Elektronenverteilung im Anion unterhalb T_C eine antiparallele Kopplung der Spinmomente für die benachbarten paramagnetischen Ionen (*Superaustausch*). Hierdurch wird bei tiefer Temperatur, d. h. starker Kopplung, die Magnetisierung der Einzelmomente vollständig kompensiert (*antiferromagnetische Kopplung*). Der Superaustausch ist winkelabhängig und erreicht seine größte Wirkung bei linearer Anordnung $M(d_z^2)$-$O(p_z)$-$M'(d_z^2)$, z. B. in MnO, NiO.

Im Falle der *ferrimagnetischen Kopplung* wird der im Ferromagnetismus beobachtete Effekt unterhalb der Neel-Temperatur T_N durch die antiparallele Kopplung eines Teilgitters vermindert. So koppeln in Fe_3O_4 unterhalb T_N die in unterschiedlichen Teilgittern (Oktaeder- und Tetraederplätze) befindlichen Ionen antiparallel, die in gleichen Teilgittern befindlichen jedoch parallel. Hierdurch kompensieren sich die magnetischen Momente der Fe^{3+}-Ionen, während die der Fe^{2+}-Ionen, sämtlich auf Oktaederplätzen, parallel gekoppelt wirksam bleiben.

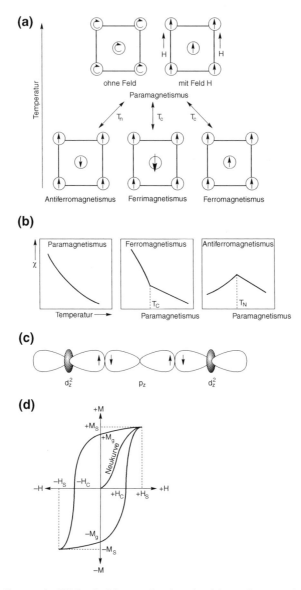

Abb. 17.13 Kooperative Effekte der Magnetochemie. **a** Ausrichtung der magnetischen Momente, **b** Temperaturabhängigkeit der magnetischen Suszeptibilität, **c** Kopplung durch Superaustausch, **d** Magnetisierung eines ferro- bzw. ferrimagnetischen Stoffes im Magnetfeld, Hysteresekurve (d aus Lesley Smart u. Elaine Moore 1997, Einführung in die Festkörperchemie, © Springer Vieweg 1997)

Bei Temperaturen oberhalb T_C bzw. T_N bricht die Ordnung innerhalb der Domänen und somit der kooperierende Effekt zusammen; es liegt dann in allen Fällen reiner Paramagnetismus vor.

Unter dem Einfluss starker Magnetfelder kann für ferromagnetische und ferrimagnetische Stoffe durch spinparallele Ausrichtung der Domänen eine makroskopische Magnetisierung erzwungen werden, die auch nach Abschaltung des Feldes partiell erhalten bleibt (*Permanentmagnete*). Der Zusammenhang zwischen Feldstärke H und Magnetisierung M, besser gesagt deren zeitliche Veränderung, wird durch die sog. *Hysteresekurve* beschrieben. Nach Zurückfahren des Magnetfeldes H auf 0 verbleibt eine Restmagnetisierung M_R, die erst bei der Koerzitivfeldstärke $-H_C$ gelöscht wird. Technisch wertvolle Permanentmagnete besitzen hohe Werte für M_R und H_C.

17.2.5 Nichtstöchiometrische Verbindungen

Die eingangs behandelten Gesetze der konstanten und multiplen Proportionen schreiben für chemische Verbindungen am Beispiel binärer Phasen die feste Zusammensetzung $A_m B_n$ vor. Bei den d-Blockelementen kann es im Festkörper, bedingt durch dessen Aufbau und die relative Stabilität benachbarter Oxidationsstufen zu Abweichungen von diesen Regeln, zu einer sog. *Phasenbreite* etwa der Art $A_{m+x} B_n$ kommen. Wir wollen dieses Phänomen an zwei Beispielen betrachten.

1. FeO kristallisiert wie die meisten Metall^{+II}-Oxide der d-Blockelemente im Steinsalz-Typ. Hierin ist das Metallzentrum von 6 Sauerstoffatomen in Art eines Oktaeders umgeben. Die Anionen erzeugen, wie die Wasserliganden des Komplexes $[Fe(H_2O)_6]^{2+}$ in Lösung, ein nur schwaches Kristallfeld. Zur Vermeidung der aufzubringenden Spinpaarungsenergie wird auch hier die Oxidation des Metallzentrums angestrebt. Anders jedoch als in wäss. Lösung ist hiermit, d. h. beim Übergang zu Fe_2O_3 (Korund-Typ), ein Wechsel des Kristallgitters erforderlich. Durch die in geringem Umfang erfolgte Besetzung der Gitterplätze in FeO durch Fe^{3+}-Ionen müssen, zur Aufrechterhaltung der Elektroneutralität, Gitterplätze der Kationen unbesetzt bleiben. Die vorliegende nichtstöchiometrische Verbindung weist folglich die genannte Phasenbreite $Fe_{0,85-0,95}O$ auf. Eine weitere Anreicherung von Fe^{3+} führt zur Umwandlung des Gittertyps in Richtung auf die Korundstruktur.
2. WO_3 (d^0) kristallisiert isomorph mit ReO_3 (d^1) in dem nach diesem benannten Gittertyp, der einen großen Hohlraum im Zentrum der Elementarzelle aufweist. Durch Einbau von Natriumatomen in diese Lücken (Übergang zur Perowskit-Struktur des $CaTiO_3$) werden luftstabile Verbindungen der Phasenbreite $Na_{0,3-1} WO_3$ erhalten, welche die elektrische Leitfähigkeit von Metallen aufweisen.

17.2.6 Legierungen

Metalle sind in flüssiger Phase meist unbegrenzt mischbar. In fester Phase trifft dies nicht in jedem Falle zu. Der Beschreibung des Verhaltens beim Übergang von der Schmelze zum festen Zustand dienen Phasen- oder Schmelzdiagramme, in denen die Temperatur bei konstantem Druck gegen den Molenbruch (bzw. eine andere Konzentrationseinheit des Systems) aufgetragen wird. Hierbei wird die Phasenübergangstemperatur (Schmelzpunkt) in Abhängigkeit von der Zusammensetzung als Kurve eingezeichnet (Abb. 17.14). Hier soll der einfache Fall von Zweikomponentensystemen betrachtet werden.

Grundsätzlich können für die feste Phase vier Fälle unterschieden werden (Abb. 17.14).

1. Vollständige Mischbarkeit

   Hier erfolgt die Bildung von sog. *Substitutionsmischkristallen* über den gesamten Konzentrationsbereich. Günstige Bedingung hierfür sind die isomorphe, d. h. im gleichen Kristallsystem erfolgende Kristallisation der Komponenten, die gleiche Valenzelektronenanordnung sowie eine vergleichbare Größe der Atome. Im System Sb/Bi können, ausgehend von einer reinen Komponente, deren Atome schrittweise durch die andere Komponente ersetzt werden; hierbei werden in jedem Mischungsverhältnis Kristalle definierter Phase gebildet. Das Phasendiagramm enthält zwei Kurven (Solidus- und Liquiduskurve), zwischen denen am Phasenübergangspunkt ein thermodynamisches Gleichgewicht zwischen Feststoff und Schmelze besteht. Solche Systeme werden auch als *Feste Lösung* bezeichnet. So erfolgt beispielsweise beim Abkühlen einer Schmelze Bi/Sb von 30 % Sb bei 400 °C (A) die Ausscheidung von sogenannten Substitutionsmischkristallen, die 80 % Sb enthalten (B); hierdurch verarmt die Schmelze an Sb. Durch weiteres Abkühlen der Schmelze (A) sowie durch Aufschmelzen und erneutes Abkühlen des erhaltenen Feststoffes (B) lässt sich schrittweise eine fast vollständige Trennung der Komponenten erreichen. Berühren sich, wie am Beispiel der Legierung K/Cs gezeigt, Liquidus- und Soliduskurve, so ist die Abtrennung nur jeweils der einen Komponente von den Substitutionsmischkristallen (hier der Zusammensetzung 55 % K) auch bei beliebig vielen Kristallisationsschritten möglich.

2. Begrenzte Mischbarkeit

   Hier tritt (am Beispiel von Cu/Au gezeigt) in den Bereichen kleiner Konzentrationen die Bildung von Substitutionsmischkristallen der Zusammensetzung I und II ein. Es können folglich, ausgehend von einer reinen Komponente, bis zu einem Grenzwert im Austausch Atome der zweiten Komponente in das Kristallgitter eingebaut werden. Im Bereich der mittleren Konzentrationen (zwischen 20 und 95 % Cu) besteht eine *Mischungslücke*. Beim Abkühlen einer Schmelze, die 80 % Cu enthält, kristallisieren Mischkristalle der Zusammensetzung II aus, wodurch die Schmelze an Cu verarmt. Am *eutektischen Punkt* (III) kristallisiert ein heterogenes feinkristallines Gemisch (nicht zu Verwechseln mit den o. g. homogenen Substitutionsmischkristallen!), das ca. 40 % Cu

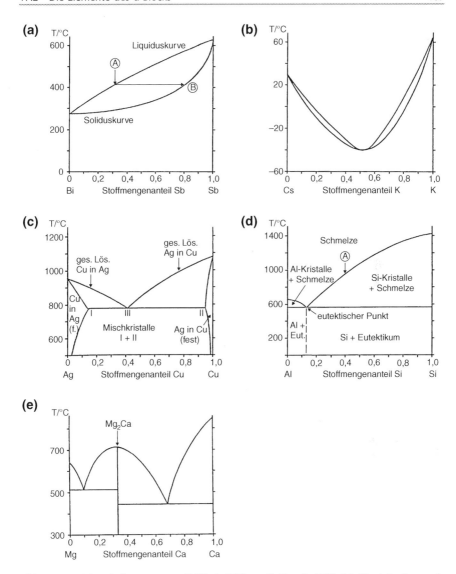

Abb. 17.14 Schmelzdiagramme. **a** Sb/Bi, **b** K/Cs, **c** Cu/Ag, **d** Al/Si, Mg/Ca (adaptiert nach Ulrich Müller 2008, Anorganische Strukturchemie, © Springer Vieweg 2008)

enthält. Die Zusammensetzung des Eutektikums und seine Schmelztemperatur sind charakteristische Systemgrößen. Hier ist nur eine Anreicherung jeweils einer Komponente in Form von Substitutionsmischkristallen der Zusammensetzung I bzw. II, jedoch keine vollständige Abtrennung einer reinen Komponente möglich.

3. Keine Mischbarkeit
Sind zwei Komponenten, hier am Beispiel Al/Si gezeigt, im festen Zustand

nicht mischbar, unterbleibt die Bildung von Substitutionsmischkristallen. Am Phasenübergangspunkt kristallisiert eine reine Phase aus; hierdurch wird die zweite Phase in der Schmelze angereichert, deren Schmelzpunkt kontinuierlich absinkt. Am eutektischen Punkt kristallisiert ein (mikrokristallines) Gemisch der beiden reinen Phasen (*Eutektikum*).

4. Verbindungsbildung
   Hier bildet sich, am Beispiel Mg/Ca gezeigt, aus beiden Komponenten eine Phase definierter Zusammensetzung (Mg_2Ca), deren Schmelzpunkt ein lokales Maximum aufweist. Beim Abkühlen von Schmelzen abweichender Zusammensetzung kristallisiert die definierte Phase (Verbindung) bis zum Erreichen des jeweiligen eutektischen Punkts. Hier kristallisiert ein Gemisch (Eutektikum) aus Verbindung und reiner Phase.

Mit Phasendiagrammen wird auch das Schmelzverhalten von Mehrkomponentensystemen chemischer Verbindungen sowie der Phasenübergang von flüssiger zu gasförmiger Phase beschrieben.

17.3 Die Elemente des f-Blocks

17.3.1 Lanthanoide

Die auf das Lanthan ($6s^2 5d^1$) im Periodensystem folgenden 14 Elemente ($6s^2 5d^1 4f^{1-14}$) werden als *Lanthanoide* (La ist kein Lanthanoid, zeigt aber vergleichbare Eigenschaften!) bezeichnet. Anders als bei den d-Blockelementen werden die hier zuletzt eingebauten f-Elektronen meist nicht zur Ausbildung chemischer Bindungen herangezogen. Die Lanthanoide weisen deshalb ein der Gruppe 3 (und somit der Gruppe 13) weitgehend analoges Verhalten auf. Sie bilden salzartig gebaute Verbindungen, in denen sie meist in der Oxidationsstufe +III ($4f^{1-14}$) vorliegen. Als typisches Strukturmerkmal weisen diese Salze das Metallzentrum in Folge seiner Größe in hohen Koordinationszahlen auf. Diese enthalten das Strukturelement des dreifach überkappten trigonalen Prismas (KZ 9/3), beispielsweise in den Trihalogeniden von La bis Gd (UCl_3-Typ, Abb. 17.15).

Die auch als „Seltene Erden" bezeichneten Elemente (hierzu werden wegen ihrer vergleichbaren Eigenschaften auch die Elemente der Gruppe 3, Sc, Y und La, gerechnet) kommen in der Natur, auf Grund ihrer vergleichbaren Größe und Eigenschaften, vergesellschaftet vor [z. B. im *Monazit*, $(Ln,Th)PO_4$] und sind keineswegs selten; die Häufigkeit ist der von Zn und Pb vergleichbar. Hier überwiegen deutlich die Elemente der geraden Ordnungszahlen. Ihren Namen und, in früheren Zeiten, ihren hohen Preis verdanken die Reinelemente den bei der Trennung durch fraktionierte Kristallisation auftretenden Problemen.

Die 14 4f-Elemente lassen sich, entsprechend ihrer Stellung im Periodensystem, in 2 Gruppen vergleichbarer Spinanordnung ($4f^{1-7}$ und $4f^{8-14}$) einteilen, die ein „Unterperiodensystem" bilden (Abb. 17.16).

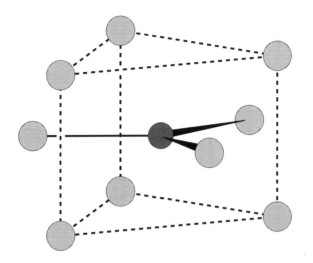

Abb. 17.15 Die Koordinationszahl 9 in Verbindungen der f-Blockelemente

$6s^2 5d^1 4...$	f^0	f^{0+1}	f^{0+2}	f^{0+3}	f^{0+4}	f^{0+5}	f^{0+6}	f^{0+7}	
	La	Ce	Pr	Nd	Pm	Sm	Eu	Gd	Ceriterden
	Gd	Tb	Dy	Ho	Er	Tm	Yb	Lu	Yttererden
$6s^2 5d^1 4...$	f^7	f^{7+1}	f^{7+2}	f^{7+3}	f^{7+4}	f^{7+5}	f^{7+6}	f^{7+7}	

Abb. 17.16 Das Periodensystem der Lanthanoide

Von besonderer technischer Bedeutung ist hier das Element Gadolinium (Gd), das in seinen dreiwertigen Verbindungen (*high spin*) pro Ion 7 ungepaarte Elektronen aufweist.

Entsprechend der relativen Stabilität unbesetzter, halbbesetzter bzw. vollständig besetzter 4f-Zustände treten die an den Rändern des Unterperiodensystems eingereihten Elemente Eu ($4f^6$) und Yb ($4f^{13}$) auch in reduzierend wirkenden Verbindungen der Oxidationsstufe +II auf, während sich für Ce ($4f^1$) und Tb ($4f^8$) oxidierend wirkende Verbindungen der Oxidationsstufe +IV finden.

17.3.2 Actinoide

Da die auf das Bismut (Bi) im Periodensystem folgenden Elemente ausschließlich in Form bezüglich des Kernzerfalls instabiler Isotope vorliegen, treten auch die Actinoide nur als „radioaktive" Elemente auf. Lediglich die natürlich vorkommenden Isotope ^{232}Th, ^{235}U und ^{238}U weisen zum Fortbestand seit dem „Urknall" hinreichend große Halbwertszeiten ($\tau_{1/2} = 10^9$–10^{10} a) auf. Jedoch zeigen auch kerntechnisch im Laboratorium erzeugte Radionuklide teilweise erhebliche

Halbwertszeiten. Von Bedeutung ist insbesondere das durch seine „harte" Strahlung hochtoxische ^{239}Pu ($\tau_{1/2} = 2{,}3 \cdot 10^4$ a).

Auch Thorium und Uran sind recht häufige Elemente (vergleichbar Sn). Sie kommen in Form oxidischer Mineralien als Monazit (s. o.) und Uranpechblende (UO_2) vor.

Anders als bei den Lanthanoiden (4f) werden bei den Actinoiden die 5f-Elektronen an der Bindungsbildung beteiligt. Hierdurch erreichen Thorium und Uran jeweils die höchsten Oxidationsstufen +IV bzw. +VI. Wichtigste Verbindung hier ist das leicht flüchtige UF_6 (Schmp. 64 °C), das zur Isotopentrennung mittels Gaszentrifugen verwendet wird.

Thorium und Uran werden wegen ihrer hohen Dichte industriell genutzt. Die hauptsächliche Anwendung beider Elemente liegt jedoch in der durch Kernspaltung als Folge von Kettenprozessen bewirkten Energieerzeugung im zivilen und militärischen Sektor.

E40 Kernphysikalische Prozesse

Wir hatten bereits erwähnt, dass Atomkerne ab einer bestimmten Masse freiwillig zerfallen. Dieser von *Becquerel* (1896) sowie *Pierre und Marie Curie* (1898) entdeckte Vorgang wird als *Radioaktivität* bezeichnet. Als stabiles Isotop höchster Masse tritt ^{209}Bi auf.

Der radioaktive Zerfall (Abb. 17.17) kann nach zwei Mechanismen erfolgen: dem α-Zerfall (Abspaltung von He-Kernen) und dem β-Zerfall (Abspaltung von Elektronen aus dem Atomkern unter Umwandlung von Neutronen in Protonen). Hieraus entwickeln sich vielstufige Zerfallsreihen, die bei einem schweren stabilen Isotop enden. Beide Vorgänge sind mit einer Energiefreisetzung in Form kurzwelliger elektromagnetischer Strahlung (γ-Strahlung) verbunden.

Der Zerfall erfolgt kinetisch nach einer Reaktion 1. Ordnung (ohne Zusammenstoß von Atomen!). Hieraus folgt eine konstante, für das zerfallende Nuklid charakteristische Halbwertszeit $\tau_{1/2}$, die zwischen 10^{-9} sec und 10^{14} a liegen kann.

Zur Abschätzung der Gesundheitsgefährdung ist neben der Halbwertszeit das Ausmaß der Energiefreisetzung wichtig.

Neben dem spontanen („freiwilligen") Zerfall können radioaktive Isotope durch Einwirkung von „langsamen" Neutronen gespalten werden (*Otto Hahn* und *Lise Meitner*, 1938). Hierbei werden neben statistisch verteilten, d. h. nicht kontrollierbaren Bruchstücken, weitere Neutronen sowie große Energiemengen (ca. 200 MeV pro Spaltung) freigesetzt (Abb. 17.18). Die unkontrollierte Reaktion führt als Kettenreaktion zur Explosion („Atombombe"). Durch Moderatoren (Graphit) können die freigesetzten „schnellen" Neutronen jedoch abgebremst und hinsichtlich der Zahl kontrolliert werden, so dass eine gesteuerte Kettenreaktion in Kernreaktoren möglich wird. Zur Spaltung durch langsame Neutronen sind die Isotope ^{239}Pu, ^{235}U und ^{233}U (nicht aber ^{238}U!) befähigt.

Die natürliche Häufigkeit des spaltbaren Isotops ^{235}U in Uran beträgt 0,7 %. In Reaktoren wird „angereichertes Uran" (ca. 3 % ^{235}U) eingesetzt;

Abb. 17.17 Der radioaktive Zerfall (adaptiert nach Michael Binnewies et al. 2011, Allgemeine und Anorganische Chemie, © Springer Spektrum 2011)

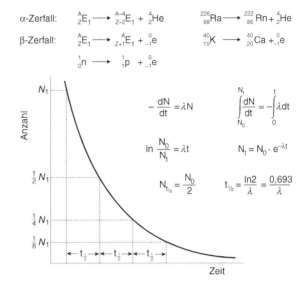

α-Zerfall: $\quad {}^{A}_{Z}E_1 \longrightarrow {}^{A-4}_{Z-2}E_1 + {}^{4}_{2}He \qquad\qquad {}^{226}_{88}Ra \longrightarrow {}^{222}_{86}Rn + {}^{4}_{2}He$

β-Zerfall: $\quad {}^{A}_{Z}E_1 \longrightarrow {}^{A}_{Z+1}E_1 + {}^{0}_{-1}e \qquad\qquad {}^{40}_{19}K \longrightarrow {}^{40}_{20}Ca + {}^{0}_{-1}e$

$\qquad\qquad\quad {}^{1}_{0}n \longrightarrow {}^{1}_{1}p + {}^{0}_{-1}e$

$$-\frac{dN}{dt} = \lambda N \qquad \int_{N_0}^{N_t}\frac{dN}{dt} = -\int_0^t \lambda dt$$

$$\ln\frac{N_0}{N_t} = \lambda t \qquad N_t = N_0 \cdot e^{-\lambda t}$$

$$N_{t_{1/2}} = \frac{N_0}{2} \qquad t_{1/2} = \frac{\ln 2}{\lambda} = \frac{0{,}693}{\lambda}$$

Abb. 17.18 Kernspaltung und Kettenreaktion (aus Michael Binnewies et al. 2011, Allgemeine und Anorganische Chemie, © Springer Spektrum 2011)

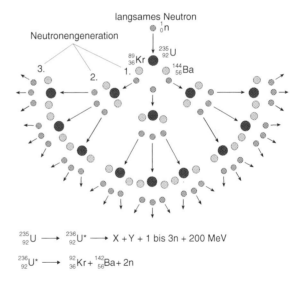

$${}^{235}_{92}U \longrightarrow {}^{236}_{92}U^* \longrightarrow X + Y + 1 \text{ bis } 3n + 200 \text{ MeV}$$

$${}^{236}_{92}U^* \longrightarrow {}^{92}_{36}Kr + {}^{142}_{56}Ba + 2n$$

„waffenfähiges Uran" enthält mindestens 60 % ^{235}U, die „kritische Masse" für reines ^{235}U, ab der die Kettenreaktion ohne Neutronenbeschuss startet, beträgt in Kugelform 23 kg. Als Nebenreaktion erfolgt aus ^{238}U die Bildung des hochgiftigen und leicht spaltbaren Isotops ^{239}Pu, das in den Spaltprozess einbezogen werden kann („Brutreaktoren").

Als dritter möglicher Prozess neben dem Kernzerfall und der Kernspaltung ist die Kernfusion zu nennen. Die Verschmelzung leichter Kerne liefert sehr große Energiemengen, benötigt jedoch eine hohe Anregungsenergie. In Sternen wie der Sonne verläuft die Fusion von Wasserstoffkernen („Wasserstoffbrennen") bei ca. 10^7 K; hierbei werden unter Umwandlung von Protonen in Neutronen Elementarteilchen e^+ der Masse des Elektrons und der positiven Elementarladung („Positronen") gebildet.

$$4\,{}^1_1\mathrm{H} \rightarrow {}^4_2\mathrm{He} + 2e^+$$

Pro Heliumkern wird hierbei eine Energie von 25 MeV freigesetzt. Die kontrollierte und kontinuierliche Fusion ist uns derzeit nicht möglich. Im militärischen Bereich („Wasserstoffbombe") wird Lithiumdeuterid mit Neutronen beschossen; die zur Fusion erforderliche Temperatur wird durch das vorgeschaltete Zünden einer Atombombe erreicht.

$$^6_3\mathrm{Li} + n \rightarrow {}^4_2\mathrm{He} + {}^3_1\mathrm{H}$$
$$^2_1\mathrm{H} + {}^3_1\mathrm{H} \rightarrow {}^4_2\mathrm{He} + n$$

Atombau II

18.1 Das Bohr'sche Atommodell

Die zur Beschreibung der Elektronenhülle des Atoms erforderlichen Quantenzahlen hatten wir, um einen einfachen Zugang zur Chemie zu gewinnen, „ad hoc" definiert (Kap. 4). Zum besseren Verständnis dieser für die Chemie grundlegenden Aufbauprinzipien müssen wir die Wechselwirkung zwischen Atomkern und Elektronenhülle auf der Grundlage der klassischen Physik beschreiben. Wir folgen hierbei zunächst der von *Niels Bohr* (1913) entwickelten Beschreibung des Wasserstoffatoms (die hierfür grundlegenden Gleichungen sind in Abb. 18.1 zusammengefasst).

Das Modell geht vom Gleichgewicht zwischen der elektrischen Anziehungskraft (Coulomb-Kraft, Abb. 18.1, Gl. 1) der entgegengesetzt geladenen Elementarteilchen p^+ und e^- (F_{el}) einerseits und der vektoriell entgegengerichteten Zentrifugalkraft (Abb. 18.1, Gl. 2) des auf einer Kreisbahn umlaufenden Elektrons (F_z) aus (Abb. 18.1, Gl. 3, 4).

Die Gesamtenergie des Elektrons setzt sich aus der kinetischen Energie (Abb. 18.1, Gl. 5) und der potentiellen Energie (Abb. 18.1, Gl. 6) zusammen (Abb. 18.1, Gl. 7, durch Einsetzen von Gl. 4 resultiert Abb. 18.1, Gl. 8). Die Energie des Elektrons hängt folglich nur vom Bahnradius r ab.

Aus Gl. 3 bzw. 4 ergibt sich der direkte Zusammenhang zwischen Radius und Bahngeschwindigkeit des Elektrons. Demnach wären entspr. Gl. 8 alle Energiezustände des Elektrons zulässig.

Die klassische Physik (Elektrodynamik) lehrt jedoch, dass das auf der Bahn umlaufende Elektron als schwingender Dipol aufzufassen ist, der permanent Energie abstrahlt und letztendlich in den Kern fällt. Diesem Umstand begegnete Niels Bohr durch Formulierung seiner berühmt gewordenen Postulate:

a) Auf bestimmten Umlaufbahnen (Radien) erfolgt der Umlauf strahlungslos.
b) Für erlaubte Umlaufbahnen ist der Bahndrehimpuls des Elektrons ein ganzzahliges Vielfaches n der Grundeinheit des Drehimpulses (Abb. 18.1, Gl. 9 und 10, durch Einsetzen in Gl. 4 ergibt sich Abb. 18.1, Gl. 11). Hierbei

N. Kuhn und T. M. Klapötke, *Allgemeine und Anorganische Chemie*, DOI: 10.1007/978-3-642-36866-0_18, © Springer-Verlag Berlin Heidelberg 2014

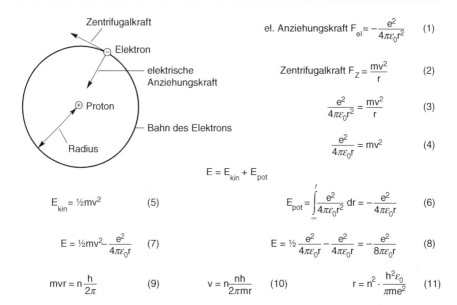

$$E = E_{kin} + E_{pot}$$

Abb. 18.1 Das Bohr'sche Atommodell (adaptiert nach Erwin Riedel u. Christoph Janiak 2011, Anorganische Chemie, © De Gruyter Berlin)

entspricht n der Hauptquantenzahl; im Einelektronensystem des Wasserstoffatoms hängt die Energie des Elektrons nur von der Hauptquantenzahl ab.

18.2   Die Emissionsspektren des Wasserstoffatoms

Die Korrektheit der Bohr'schen Postulate lässt sich experimentell belegen. Nach thermischer Anregung des Wasserstoffatoms fallen die „angeregten" Elektronen unter Energieabgabe (Emission) in ihre Grundzustände zurück (Abb. 18.2).

Die hierbei nach Abb. 18.2, Gl. 1 errechneten Energien lassen sich Serien zuordnen, die dem Rückfall der Elektronen aus äußeren Schalen auf innere Niveaus (Hauptquantenzahlen) entsprechen. Die somit experimentell bestimmten Energiedifferenzen der Hauptquantenzahlen (Abb. 18.2, Gl. 2) stimmen mit den nach dem Bohr'schen Modell berechneten überein. Je nach Lage des höchsten angeregten Zustands lassen sich hierbei Serien von Emissionen erkennen (Lyman-Serie etc.), die einem allgemeinen Gesetz gehorchen (Abb. 18.2, Gl. 3–7).

Bei schwereren Atomen liegen die Wellenlängen der Emissionen (λ) teilweise im sichtbaren Bereich, was zu Anwendungen in der Analytik (Flammenphotometrie) und Technik (Feuerwerkskörper) führt.

(a)

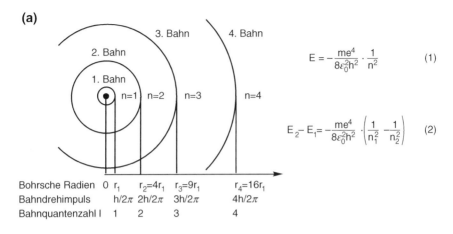

$$E = -\frac{me^4}{8\varepsilon_0^2 h^2} \cdot \frac{1}{n^2} \qquad (1)$$

$$E_2 - E_1 = -\frac{me^4}{8\varepsilon_0^2 h^2} \cdot \left(\frac{1}{n_1^2} - \frac{1}{n_2^2}\right) \qquad (2)$$

Bohrsche Radien	0	r_1	$r_2=4r_1$	$r_3=9r_1$	$r_4=16r_1$
Bahndrehimpuls		$h/2\pi$	$2h/2\pi$	$3h/2\pi$	$4h/2\pi$
Bahnquantenzahl l		1	2	3	4

(b)

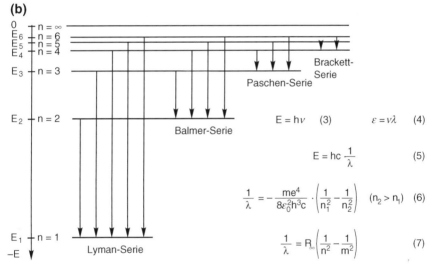

$$E = h\nu \quad (3) \qquad\qquad \varepsilon = \nu\lambda \quad (4)$$

$$E = hc\,\frac{1}{\lambda} \qquad (5)$$

$$\frac{1}{\lambda} = -\frac{me^4}{8\varepsilon_0^2 h^3 c} \cdot \left(\frac{1}{n_1^2} - \frac{1}{n_2^2}\right) \quad (n_2 > n_1) \quad (6)$$

$$\frac{1}{\lambda} = R_\infty \left(\frac{1}{n^2} - \frac{1}{m^2}\right) \qquad (7)$$

Abb. 18.2 Die Emissionsspektren des Wasserstoffs (adaptiert nach Erwin Riedel u. Christoph Janiak 2011, Anorganische Chemie, © De Gruyter Berlin)

18.3   Die Unschärferelation

Die durch *Werner Heisenberg* (1927) formulierte Unschärferelation besagt, dass es unmöglich ist, gleichzeitig den Impuls und den Aufenthaltsort eines Elektrons zu bestimmen. Das Produkt aus der Unbestimmtheit des Ortes und des Impulses hat die Größenordnung der Planck'schen Konstante (Abb.18.3, Gl. 1).

Dies bedeutet, dass wir die Vorstellung des Bohr'schen Atommodells korrigieren müssen. An die Stelle des sich auf einer kreisförmigen Umlaufbahn bewegenden Elektrons tritt eine Ladungswolke in der Umgebung des Kernes, in

$$\Delta x \cdot \Delta(mv) \approx h \qquad (1)$$

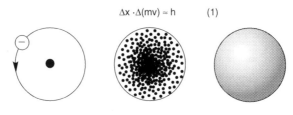

h = Planck-Konstante = $6{,}626 \cdot 10^{-34}$ Js
v = Geschwindigkeit des Elektrons
m = Masse des Elektrons = $9{,}109 \cdot 10^{-31}$ kg
x = Aufenthaltsort

Abb. 18.3 Die Heisenberg'sche Unschärferelation. **a** Bohr'sches Wasserstoffatom, Elektron auf einer Umlaufbahn, **b** Ladungswolke des Wasserstoffatoms, **c** das Wasserstoffatom als Kugel, die 99 % des Elektrons enthält (adaptiert nach Erwin Riedel u. Christoph Janiak 2011, Anorganische Chemie, © De Gruyter Berlin)

der dem Elektron nur eine Aufenthaltswahrscheinlichkeit zukommt. Rechnerisch lassen sich mit Hilfe der Wellenmechanik (s. u.) Raumsegmente (Orbitale) bestimmen, in denen dem Elektron eine bestimmte Aufenthaltswahrscheinlichkeit (z. B. 99 % = 0,99) zukommt. Da die Aufenthaltswahrscheinlichkeit über den gesamten Raum gleich 1 ist, kann sich das Elektron mit geringer Wahrscheinlichkeit auch außerhalb des Segments aufhalten.

18.4 Das Wellenmechanische Atommodell

A. H. Compton (1922) konnte experimentell zeigen, dass dem bislang als elektromagnetische Welle (E = h · v; *Max Planck* 1900) aufgefassten Licht auch die Eigenschaft von bewegten Teilchen (Photonen) zugewiesen werden kann (E = m · c^2; *Albert Einstein* 1905). Diesen Welle-Teilchen-Dualismus übertrug *Louis de Broglie* (1924) auf das Elektron im atomaren System. Über den Energiebegriff konnte der Bahngeschwindigkeit v des bewegten Elektrons der Masse m die Wellenlänge λ der Wellendarstellung zugeordnet werden (Abb. 18.4, Gl. 1–3).

Aus der Darstellung des Elektrons als Welle lässt sich nun das Bohr'sche Postulat zwingend ableiten. Die Beschreibung des Elektrons als eindimensionale Welle (Abb. 18.4) macht deutlich, dass eine Zerstörung durch Interferenz nur bei Vorliegen einer „stehenden Welle" vermieden wird. Hierfür gilt aus der klassischen Schwingungslehre die Rahmenbedingung gemäß Abb. 18.4, Gl. 4. Eingesetzt in Gl. 3 ergibt sich die dem Bohr'schen Postulat zu Grunde liegende Gl. 5.

Da ein Elektron Welleneigenschaften besitzt, kann man die Elektronenzustände im Atom mit einer Wellenfunktion Ψ(x,y,z) beschreiben.

Die Wellenfunktion, mathematisch die Amplitude der Schwingung, hat keine anschauliche Bedeutung. Betrachtet man das Elektron als dreidimensional schwingende Kugelwelle, lässt sich der zeit- und ortsabhängige Schwingungsvorgang

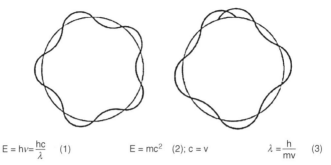

$$E = h\nu = \frac{hc}{\lambda} \quad (1) \qquad\qquad E = mc^2 \quad (2); \, c = v \qquad\qquad \lambda = \frac{h}{mv} \quad (3)$$

Jedes bewegte Teilchen beitzt Welleneigenschaften

Stehende Elektronenwellen können sich auf einer Bohr'schen Kreisbahn nur ausbilden, wenn der Umfang der Kreisbahn ein ganzzahliges Vielfaches der Wellenlänge ist.

Es gilt : $n\lambda = 2\pi r$ (4)

Mit Gleichung (3) erhält man die von Bohr postulierte Quantelung des Drehimpulses (5):

$$\frac{nh}{2\pi} = mvr \qquad (5)$$

h = Planck-Konstante = $6{,}626 \cdot 10^{-34}$Js
v = Geschwindigkeit des Elektrons
m = Masse des Elektrons = $9{,}109 \cdot 10^{-31}$kg
λ = Wellenlänge, r = Radius
c = Lichtgeschwindigkeit 299792458 m/s

Abb. 18.4 Die Wellennatur des Elektrons. **a** eindimensionale stehende Elektronenwelle auf einer Bohr'schen Umlaufbahn, **b** eindimensionale nichtstehende Elektronenwelle auf einer Bohr'schen Umlaufbahn (adaptiert nach Erwin Riedel u. Christoph Janiak 2011, Anorganische Chemie, © De Gruyter Berlin)

durch eine Differentialgleichung beschreiben. Die hieraus durch *Erwin Schrödinger* (1926) abgeleitete Gleichung (V = potentielle Energie) verknüpft die Wellenfunktion mit der Gesamtenergie des Elektrons und ist Grundlage aller wellenmechanischen Behandlungen des Atombaus und der chemischen Bindung.

$$\frac{\partial^2 \psi}{\partial x^2} + \frac{\partial^2 \psi}{\partial y^2} + \frac{\partial^2 \psi}{\partial z^2} + \frac{8\pi^2 m}{h^2}(E - V)\psi = 0$$

Diejenigen Wellenfunktionen, die Lösungen der Schrödinger-Gleichung sind, werden Eigenfunktionen genannt. Die den Eigenfunktionen zugehörigen Energiewerte nennt man Eigenwerte. Die Eigenfunktionen beschreiben also die möglichen stationären Schwingungszustände im Wasserstoffatom.

Die Schrödinger-Gleichung kann für das Wasserstoffatom exakt gelöst werden. Für Mehrelektronensysteme sind nur Näherungslösungen möglich. Man beachte, dass durch die interelektronische Wechselwirkung im Mehrelektronensystem die im Wasserstoffatom vorliegende Entartung der l-Niveaus (s, p, d, f ...) aufgehoben wird.

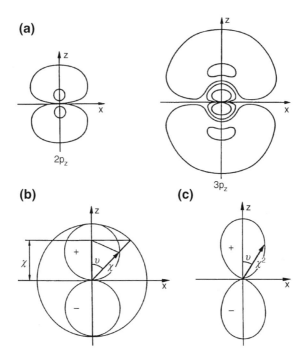

Abb. 18.5 Orbitaldarstellungen. **a** Konturliniendiagramme, **b** Polardiagramme mit χ, **c** Polardiagramme mit χ^2

Das Quadrat der Wellenfunktion ist ein Maß für die Wahrscheinlichkeit, ein Elektron an einem bestimmten Ort anzutreffen. Hierzu muss, da die Aufenthaltswahrscheinlichkeit des Elektrons im gesamten Raum gleich 1 ist, ein Normierungsfaktor N eingefügt werden. Zur Aufspaltung der Wellenfunktion in einen radien- und winkelabhängigen Anteil (R, χ) werden die kartesischen Koordinaten (x, y, z) in Polarkoordinaten (r, φ, θ) überführt.

Im strengen Sinne sind als Orbitale die Wellenfunktionen ψ selbst anzusehen. Diese lassen sich jedoch graphisch nicht darstellen: man bedenke, dass zur Abbildung der Amplitude einer eindimensionalen Welle zwei Dimensionen und somit zur Darstellung einer dreidimensionalen Welle vier Dimensionen erforderlich sind. Die Quantenzahlen l und m ergeben sich mathematisch beim Übergang von der eindimensional zur dreidimensional schwingenden Welle.

Zur graphischen Darstellung der Wellenfunktionen bzw. ihres für die Chemie relevanten normierten Quadrats sind gebräuchlich (Abb. 18.5).

a) Konturliniendiagramme

   Hier werden Stellen gleicher Aufenthaltswahrscheinlichkeit, d. h. gleicher Elektronendichte, durch Konturlinien (vergleichbar den Höhenlinien von Landkarten) verbunden.

b) Polardiagramme
    Hier wird der winkelabhängige Anteil χ der Wellenfunktion auf einer Kugeloberfläche unter Berücksichtigung des mathematischen Vorzeichens der Wellenfunktion aufgetragen.

c) Quadrate der Winkelfunktion
    In dieser meist üblichen Darstellung wird χ^2 zur Abbildung der Aufenthaltswahrscheinlichkeit wie unter b) aufgetragen. Die Vorzeichen entsprechen den Vorzeichen der Wellenfunktion.

Die Atombindung in wellenmechanischer Betrachtungsweise

19.1 Vorbemerkung

In den stoffchemischen Kap. 7 (E4), 9 (E10, E11) und 11 (E18, E19) haben wir eine einführende Betrachtung der Atombindung vorgestellt, deren physikalische Mängel wir unter dem Aspekt der Anschaulichkeit zunächst in Kauf genommen haben. Die Einarbeitung in die Grundlagen des Bohr'schen Atommodells und seine wellenmechanische Weiterentwicklung (Kap. 18) gestatten nun eine vertiefte Betrachtung dieser Bindungsform.

Die Atombindung kann sowohl mit Hilfe der Valence-Bond-Theorie (VB) wie auch mit der Molekülorbital-Theorie (MO) beschrieben werden.

Der wesentliche Unterschied zwischen beiden Theorien besteht darin, wie man eine geeignete Wellenfunktion Ψ erhält, die man dann in die Schrödinger-Gleichung (s. Abschn. 18.4) einsetzen kann, um die elektronische Situation beim Übergang von isolierten Atomen zu einem Molekül zu beschreiben und die korrespondierende elektronische Energie zu berechnen:

Schrödinger-Gleichung:
$$\mathbf{H}\,\psi = \mathrm{E}\,\psi$$
$$\dots$$
$$\mathrm{E} = \int \psi^* \mathbf{H}\,\psi\,\mathrm{d}\,\tau \Big/ \int |\psi|^2 \mathrm{d}\tau$$

Betrachten wir an dieser Stelle wieder das Diwasserstoffmolekül (H_2), welches das einfachste neutrale Molekül ist und welches wir bereits in Kap. 7 diskutiert haben. Ein isoliertes Wasserstoffatom besitzt im einfachsten Fall (minimaler Basissatz) nur ein 1s Atomorbital (AO), welches wir hier im Folgenden mit φ bezeichnen wollen, wobei φ_A für das 1s-AO am Wasserstoffkern „A" und φ_B für das 1s-AO am Wasserstoffkern „B" stehen möge. Wenn nun beide H-Atome unendlich weit voneinander entfernt sind, befindet sich das Elektron „1" im AO „A" und das Elektron „2" im AO „B". Wie aber sieht es aus, wenn beide Kerne „A" und „B" durch eine kovalente Bindung gemeinsam in einem H_2-Molekül vorliegen?

N. Kuhn und T. M. Klapötke, *Allgemeine und Anorganische Chemie*,
DOI: 10.1007/978-3-642-36866-0_19, © Springer-Verlag Berlin Heidelberg 2014

19.2 Die VB-Theorie

Im einfachsten VB-theoretischen Ansatz geht man davon aus, dass die AOs im H_2-Molekül (oder anderen beliebigen kovalenten Molekülen) erhalten bleiben und sich die beiden, ununterscheidbaren (!) Elektronen sowohl am Kern „A" wie auch am Kern „B" aufhalten können (Nomenklatur: Wir benützen ein kleines „φ" für AO-Wellenfunktionen und ein großes „Ψ" für Molekül-Wellenfunktionen; ein großes „X" ist die Spinfunktion, die uns an dieser Stelle nicht zu interessieren hat, aber dafür sorgt, dass die Gesamtwellenfunktion Ψ^{VB} antisymmetrisch wird):

$$\Psi^{VB} = [\varphi_A(1)\varphi_B(2) + \varphi_A(2)\varphi_B(1)] \cdot X \qquad (19.1)$$

Wir sehen also, dass die 2-Elektronen-VB-Wellenfunktion für das H_2-Molekül einem Produkt von einfach besetzten AOs entspricht.
Die einfachste Lewis-Schreibweise, die der Gl. (19.1) entspricht, ist:

$$H-H$$

Nach dem Pauli-Prinzip kann ein Orbital aber maximal mit zwei Elektronen besetzt werden, d. h., beide Elektronen „1" und „2" können sich auch im AO „A" bzw. im AO „B" aufhalten. Um dieser Tatsache, die wir unten als „ionische Resonanz" bezeichnen werden, Rechnung zu tragen, modifizieren wir Gl. (19.1) zu Gl.(19.2):

$$\Psi^{VB,IR} = \{ \varphi_A(1)\,\varphi_B(2) + \varphi_A(2)\,\varphi_B(1) + \lambda\,[\varphi_A(1)\,\varphi_A(2) + \varphi_B(1)\,\varphi_B(2)] \} \cdot X$$
$$(19.2)$$

Die einfachste Lewis-Schreibweise für Gleichung (19.2) entspricht jetzt der Resonanz zwischen der gebundenen Kekulé-Struktur und den beiden äquivalenten ionischen Resonanzstrukturen:

$$\begin{array}{ccccc} H-H & \longleftrightarrow & {}^{\oplus}H\ :H^{\ominus} & \longleftrightarrow & {}^{\ominus}H:\ H^{\oplus} \\ 0{,}8 & & 0{,}1 & & 0{,}1 \end{array}$$

Verwendet man je eines der 1s-AOs an den beiden H-Atomen, betragen die Gewichte der drei Resonanzstrukturen etwa 80 % für die Kekulé-Struktur und je 10 % für die ionischen Strukturen.

19.3 Die MO-Theorie

Im einfachsten MO-theoretischen Ansatz geht man davon aus, dass die AOs an den Kernen „A" und „B" linear zu Molekülorbitalen kombiniert werden (LCAO-MO-Verfahren = linear combination of atomic orbitals to molecular orbitals). Für unser Beispiel des H_2-Moleküls wiederum mit nur je einem 1s-Orbital an jedem H-Atom

Abb. 19.1 Qualitatives MO-Schema für das H_2-Molekül. (Beachte: Das antibindende MO ist im Vergleich zu den AOs immer etwas mehr destabilisiert als das bindende MO energetisch stabilisiert ist.)

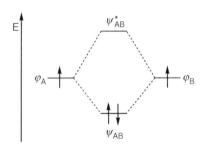

(φ_A und φ_B) können wir die folgenden beiden Linearkombinationen anschreiben (aus n AOs werden immer n MOs):

$$\Psi_{AB} = \varphi_A + \varphi_B \quad \text{und} \quad \Psi_{AB}^{*} = \varphi_A - \varphi_B$$

Wie bereits in Abb. 11.2 (Abschn. 11.2.1) gezeigt wurde, entspricht das Molekülorbital Ψ_{AB} einem σ^b-MO (σ, da rotationssymmetrisch zur Kernverbindungsachse und „b" für „bindend", da es energetisch niedriger liegt, als die 1s-AOs) und das Ψ_{AB}^{*} einem σ^a-MO („a" für „antibindend", da es energetisch höher liegt als die 1s-AOs) (Abb. 19.1). Da die beiden erzeugten MOs nicht energiegleich sind (nicht „entartet"), werden im einfachsten MO-theoretischen Ansatz die beiden Elektronen „1" und „2" gemäß dem Pauli-Prinzip in das bindende MO gebracht (Abb. 19.1). Daher können wir für das H_2-Molekül eine MO-Wellenfunktion wie in Gl. (19.3) angegeben anschreiben.

Beachte: Das antibindende MO ist im Vergleich zu den AOs immer etwas mehr destabilisiert als das bindende MO energetisch stabilisiert ist. Der Grund ist folgender: Wenn wir die Schrödinger-Gleichung (s. o.) lösen, erhalten wir den Energieausdruck:

$$E = \frac{\alpha \pm \beta}{1 \pm S}$$

Hierin ist α das Coulomb-Integral (entspricht dem Energieausdruck, wenn sich die Elektronen noch in den AOs befänden), β das Austausch- oder Resonanz-Integral (korrespondiert zur Wechselwirkungsenergie, wenn sich die Elektronen im Orbitalraum φ_A und φ_B aufhalten können) und S das Überlappungsintegral zwischen den Orbitalen φ_A und φ_B. Die Aufspaltung im MO-Schema von H_2 wäre also nur dann symmetrisch, wenn wir näherungsweise annehmen würden, dass keine Überlappung stattfindet (also keine Bindung existiert!):

Coulomb-Integral: $\alpha = \int \varphi_A * \mathbf{H} \, \varphi_A \, d\tau$ (entspricht der Energie des Elektrons im AO)

Austausch-Integral: $\beta = \int \varphi_A * \mathbf{H} \, \varphi_B \, d\tau$ (entspricht der Wechselwirkungsenergie zwischen den beiden AOs)

Überlappungs-Integral: $S = \int \varphi_A * \varphi_B \, d\tau$

$$\Psi^{MO} = [\Psi_{AB}(1)\,\Psi_{AB}(2)]\cdot X \qquad (19.3)$$

Wir sehen also, dass die 2-Elektronen-MO-Wellenfunktion für das H_2-Molekül einem Produkt von Einelektronen-MOs entspricht.

Wenn wir Gl. (19.3) nun einmal ausmultiplizieren, erhalten wir unter Vernachlässigung der Spinfunktion X die MO-Wellenfunktion (19.4):

$$\begin{aligned}
\Psi^{MO} &= [\Psi_{AB}(1)\Psi_{AB}(2)] = [\varphi_A(1) + \varphi_B(1)][\varphi_A(2) + \varphi_B(2)] \\
&= \varphi_A(1)\varphi_A(2) + \varphi_A(1)\varphi_B(2) + \varphi_B(1)\varphi_A(2) + \varphi_B(1)\varphi_B(2) \qquad (19.4) \\
&= (\Psi_{AB})^2 = \varphi_A^2 + 2\varphi_A\varphi_B + \varphi_B^2
\end{aligned}$$

Diese in erster Näherung erhaltene MO-Wellenfunktion ist insofern nicht gut, als dass sie von 50 % ionischem Charakter ausgeht und die ionischen Anteile in der kovalenten Bindung weit überschätzt (während der einfachste VB-theoretische Ansatz, ohne ionische Resonanz, die ionischen Anteile unterschätzt). Besonders schlecht sind solche einfachen MO-Wellenfunktionen zur Vorhersage und Beschreibung von Bindungsbrüchen /Bindungsspaltungen geeignet (H_2 wird bei Energiezufuhr in zwei Radikale und nicht in H^+ und H^- gespalten!).

Wie auch in der VB-Theorie können wir die einfachste MO-Wellenfunktion (Gl. 19.3) verbessern, indem wir auch das antibindende MO (Ψ_{AB}^*) mit einbeziehen. Die Mischung beider Zustände (zwei Elektronen im MO Ψ_{AB} und zwei Elektronen im MO Ψ_{AB}^* bezeichnet man als Konfigurationswechselwirkung oder *configuration interaction*, Gl. 19.5):

$$\Psi^{MO,CI} = [\Psi_{AB}(1)\,\Psi_{AB}(2)] + k\,[\Psi_{AB}{}^*(1)\,\Psi_{AB}{}^*(2)] = (\Psi_{AB})^2 + k(\Psi_{AB}{}^*)^2 \qquad (19.5)$$

Ähnlich wie bei der VB-Theorie (s. o.) die ionischen Resonanzstrukturen weniger Gewicht besitzen als die Kekulé-Struktur, wird auch der Parameter „k" in der MO-Theorie immer deutlich kleiner als 1 sein.

Wie man zeigen kann, werden für $\lambda = (1 + k)/(1 - k)$ beide Ansätze (VB und MO) äquivalent. Dies bedeutet, dass weder die VB-Theorie der MO-Theorie überlegen ist noch umgekehrt. Allgemein gilt, dass beide Theorien (VB und MO) unter jeweiliger Verwendung des gleichen Basissatzes (d. h. der gleichen Atomorbitale) bei Einbeziehung sämtlicher möglicher Resonanzstrukturen (VB) und sämtlicher möglichen Konfigurationen (MO) zum gleichen Ergebnis führen.

Es mag überraschend erscheinen, aber diese einfache Tatsache ist vielen Chemikerinnen und Chemikern (auch promovierten!) unbekannt. Wie sagte der englische Schriftsteller und Diplomat Matthew Prior (1664–1721) einst so schön:

„Unwissenheit macht uns zufrieden, Weise sind nur arme Teufel."

Tab. 19.1 Berechnete und experimentelle Dissoziationsenergie (D_e in eV) und Bindungslänge (r_e in Bohr) für das H_2-Molekül in Abhängigkeit von der angewendeten Methode

Methode, Theorie, Wellenfunktion	Parameter	D_e/eV [a]	r_e/Bohr [b]
Ψ^{MO} (ohne CI)	$\alpha = 1,0$	2,695	1,61
	$\alpha = 1,2$	3,488	1,38
Ψ^{VB} (ohne IR)	$\alpha = 1,0$	3,156	1,64
	$\alpha = 1,17$	3,782	1,41
$\Psi^{VB,IR}$	$\alpha = 1,0,$ $\lambda = 0,105$	3,230	1,67
	$\alpha = 1,19,$ $\lambda = 0,265$	4,025	1,43
Experiment		4,74759	1,4006

[a] 1 eV = 96,5 kJ mol^{-1}
[b] 1 Bohr = 0,529 Å

19.4 Die Promotion

Eine weitere Verbesserung sowohl in der MO- wie auch der VB-Theorie können wir erreichen, wenn wir die Größe der 1s-AOs bei der Bindungsbildung optimieren. Allgemein entspricht ein 1s-AO (sphärisches Orbital) etwa der Beziehung in Gl. (19.6), wobei r der Radius und α ein Exponentialkoeffizient ist, der die Größe des kugelförmigen 1s-Orbitals beschreibt:

$$\varphi\,(1s) = e^{(-\alpha r)} = \exp . \{-\alpha r\} \qquad (19.6)$$

Während für ein AO am isolierten H-Atom oft $\alpha = 1,0$ eine gute Näherung ist, ist es energetisch günstiger, wenn im Molekül die AOs etwas kontrahiert werden und somit mehr in Kernnähe liegen. Den Vorgang der Kontraktion bzw. Schrumpfung von AOs nennt man „Promotion". Typische Werte für den Exponentialkoeffizienten α im H_2-Molekül liegen bei 1,1 bis 1,2.

Tabelle 19.1 zeigt typische berechnete Werte für die Dissoziationsenergie (D_e in eV) und die Bindungslänge (r_e in Bohr) für das H_2-Molekül in Abhängigkeit von der angewendeten Methode.

19.5 Die physikalische Natur der chemischen Bindung

Es wird oft fälschlicherweise behauptet, dass die Anhäufung von Ladungsdichte (Elektronen) in der Bindungsregion bei der H_2-Bindung zu einer Erniedrigung der potentiellen Energie führe, da sich die Elektronen dann im Feld von beiden Kernen befinden (Abb. 19.2a). Das ist aber nur die halbe Wahrheit, denn diese Bindungselektronendichte steht ja nicht zusätzlich zur Verfügung, da die Gesamtelektronenzahl durch die Bindungsbildung ja nicht verändert wird. Bei der

Abb. 19.2 a Verteilung der
Elektronendichte in den
isolierten H-Atomen und im
H$_2$-Molekül, **b** Beiträge der
kinetischen (T) und
potentiellen Energie (V) zur
Bindungsbildung im H$_2$-
Molekül. (Abbildung
gezeichnet nach Rev. of
Modern Phys. 1962, 34, 326.)

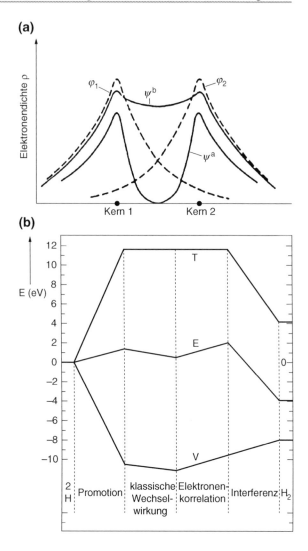

Ausbildung der Bindung handelt es sich vielmehr um eine Verschiebung von
Elektronendichte in die Bindungsregion aus Bereichen, die für die potentielle
Energie V viel günstiger sind, nämlich in unmittelbarer Nähe je eines Kerns.
Insgesamt führt die Überlappung der individuellen Orbitale (z. B. AOs) der
getrennten Atome, was man als Interferenz bezeichnet, zu einer Erhöhung
der potentiellen Energie, d. h., die kinetische Energie T muss für die Ausbildung
der Bindung entscheidend sein. Diese Erkenntnis ist eng mit den Arbeiten von
Hellmann und Ruedenberg verbunden und kann anschaulich wie folgt interpretiert
werden. Beim Übergang von den getrennten Atomen zum Molekül vergrößert sich
der den Elektronen zur Verfügung stehende Raum, d. h., nach Heisenberg nimmt

die Ortsunschärfe zu und damit die Unschärfe des Impulses p ab (vgl. p = mv; T = ½ mv^2; T = p^2/2m).

$$\Delta px \cdot \Delta x \geq \frac{1}{2}\hbar$$

Da der mittlere Impuls null ist, werden insgesamt kleinere Impulse wahrscheinlicher, d. h., die kinetische Energie T wird kleiner.

Drei Gründe dafür, dass sich die falsche Erklärung bezüglich der physikalischen Natur der chemischen Bindung – sie beruhe auf einer Erniedrigung der potentiellen Energie, sei also elektrostatischer Natur (!) – so lange gehalten hat, sind

(i)   die oft vorgenommene unzulässige Vernachlässigung der Überlappungsintegrale,
(ii) die unter Chemikern weit verbreitete Vorliebe für elektrostatische Modelle (d. h. die falsche Anwendung des Hellmann-Feynman-Theorems),
(iii) die falsche Anwendung des Virialsatzes, der nur für die exakte Lösung der Schrödinger-Gleichung Gültigkeit besitzt.

Und genau mit der exakten Wellenfunktion eines zweiatomigen Moleküls im Grundzustand wollen wir uns kurz beschäftigen (Achtung: die LCAO-MO-Methode liefert immer eine Näherungswellenfunktion, nie die exakte). Nach dem Virial-Theorem gilt:

$$2\langle T\rangle = -2\,E = -\langle V\rangle$$

und wenn ein Molekül stabiler ist als die getrennten Atome, dann muss gelten:

$$\left|E_{Molekül}\right| > \left|E_{getrennte\ Atome}\right|$$

Da ferner T immer positiv ist (es gibt keine negative kinetische Energie), muss weiterhin gelten:

$$\langle T\rangle_{Molekül} > \langle T\rangle_{getrennte\ Atome}$$

Hiernach ist die kinetische Energie des H_2-Moleküls größer als die der getrennten Atome! Dass die Interferenz, die für die Bindungsbildung verantwortlich ist, zu einer Erniedrigung der kinetischen Energie führt (s. o.), insgesamt im stabilen Molekül die kinetische Energie aber größer ist als die der getrennten Atome, ist kein Trugschluss, sondern kann leicht verstanden werden, wenn wir die Bindungsbildung wie folgt in vier Einzelschritte „zerlegen" (Abb. 19.2), einen ersten quasiklassischen Schritt, einen zweiten, bei dem die AOs der freien H-Atome zur Interferenz gebracht werden, einen dritten, in dem wir die Orts- und Impulsunschärfe im Molekül neu optimieren (Promotion, s. u.) und einen vierten, in dem

Abb. 19.3 Mögliche Ψ_{AB}-
und $\Psi_{AB}{}^*$-
Orbitalbesetzungen

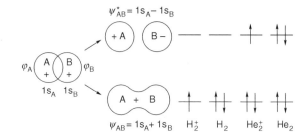

wir berücksichtigen, dass die beiden Elektronen im H_2 das gleiche MO besetzen und sich einander „sehr nahe kommen" können (Elektronenkorrelation).

Fassen wir die Schritte (19.1) bis (19.4) nochmals zusammen:

1. Die quasiklassische Wechselwirkung der Kerne und der Elektronendichtever-
   teilungen der „ungebundenen" Atome ist stets abstoßend (Eindringen in die
   Elektronenhülle), wird aber erst bei sehr kurzen Abständen wesentlich.
2. Die Interferenz kann additiv ($\varphi_1 + \varphi_2$) oder subtraktiv sein ($\varphi_1 - \varphi_2$). Bei
   additiver Interferenz erfolgt Ladungsverschiebung aus der Kernnähe in die
   Region der Bindung, d. h. in die Gegend zwischen den Kernen. Diese
   Ladungsverschiebung bewirkt eine Erniedrigung der kinetischen Energie, die
   die Bindung zur Folge hat.
3. Die Promotion, d. h. die Deformation der AOs, ist im Wesentlichen eine
   Kontraktion, wobei die dem Molekül angepassten AOs mehr in Kernnähe
   lokalisiert sind. Die Promotion führt im Fall des H_2 lediglich zu einer Änderung
   der Bilanz der intraatomaren potentiellen und kinetischen Energie (Abb. 19.2),
   sie hat auf die Bindungsenergie keinen wesentlichen Einfluss.
4. Die Elektronenkorrelation (auch: *sharing penetration*) beruht darauf, dass die
   beiden Elektronen mit unterschiedlichem Spin im H_2 das gleiche MO besetzen
   und sich einander „sehr nahe kommen" können. Folglich befinden sich die
   beiden Elektronen ebenso häufig in der Nähe des gleichen Atoms wie an verschiedenen Atomen. Dieser Effekt, der der Bindung entgegenwirkt und der u. a.
   dafür verantwortlich ist, dass die Bindungsenergie im H_2 dem Betrage nach
   kleiner ist als zweimal diejenige des $H_2{}^+$, beruht also auf der Anwesenheit
   beider Elektronen am gleichen Atom infolge der Bindung. Es besteht also eine
   gewisse Konkurrenz zwischen Interferenz und Elektronenkorrelation.

19.6   Diatomare Moleküle

Für homonukleare zweiatomige Moleküle gilt ein wie in Abb. 19.1 schematisch
gezeigtes einfaches MO-Schema. Im Fall des H_2-Moleküls haben wir das bindende
MO mit zwei Elektronen unterschiedlichen Spins (Pauli-Prinzip) besetzt. Allgemein können wir aber die beiden MOs (Ψ_{AB} und $\Psi_{AB}{}^*$) mit einem, zwei, drei oder
maximal vier Elektronen besetzten, wie es in Abb. 19.3 gezeigt ist.

(i) Wie aus der obigen Abbildung ersichtlich ist, liegt im H_2^+-Molekülion eine *Einelektronenbindung* vor. Im MO-Bild haben wir das bindende MO (Ψ_{AB}) mit einem Elektron besetzt, d. h.

$$\Psi^{MO} = [\varphi_A + \varphi_B]^1$$

Im VB-Bild entspricht diese Einelektronenbindung der folgenden Resonanz:

$$H \bullet H \quad \equiv \quad H_A \bullet \; H_B \quad \longleftrightarrow \quad H_A \; \bullet H_B$$

$$\psi_{AB} = (\varphi_A + \varphi_B)^1 = \varphi_A + \varphi_B$$

(ii) Bei der *Zweielektronen-* oder *Elektronenpaarbindung*, wie sie im H_2-Molekül vorliegt, können wir die MO-Wellenfunktion wie bereits oben abgeleitet wie folgt anschreiben:

$$\Psi^{MO} : H_A - H_B \equiv H_A \overset{\circ}{\times} H_B$$
$$\Psi^{MO} = (\Psi_{AB})^2$$

Im VB-Bild entspricht diese Zweielektronenbindung der folgenden Resonanz:

$$\Psi^{VBIR} : \quad H_A\!-\!\!-\!\!H_B \quad \longleftrightarrow \quad {}^{\oplus}H_A : H_B^{\ominus} \quad \longleftrightarrow \quad {}^{\ominus}H_A : H_B^{\oplus}$$

$$\text{mit:} \quad H\!-\!\!-\!\!H \quad \equiv \quad H_A \times \circ \, H_B \quad \longleftrightarrow \quad H_A \circ \times H_B$$

(iii) Im He_2^+-Molekülion liegt eine *Pauling'sche Dreielektronenbindung* vor. Im MO-Bild kann man die folgende MO-Wellenfunktion dafür anschreiben:

$$\Psi^{MO} = (\Psi_{AB})^2 (\Psi_{AB}^*)^1$$

Dies entspricht im VB-Bild der folgenden Resonanz:

$$He \overset{\circ}{\underset{x}{}} \times He \quad \longleftrightarrow \quad He \times \overset{\circ}{\underset{x}{}} He$$

Interessant ist, an dieser Stelle anzumerken, dass folgendes Theorem gilt:
ein bindendes Elektron + ein antibindendes Elektron = zwei nichtbindende Elektronen
Der Beweis dafür ist einfach: Die MO-Wellenfunktion für ein bindendes und ein antibindendes Elektron ist gegeben durch:

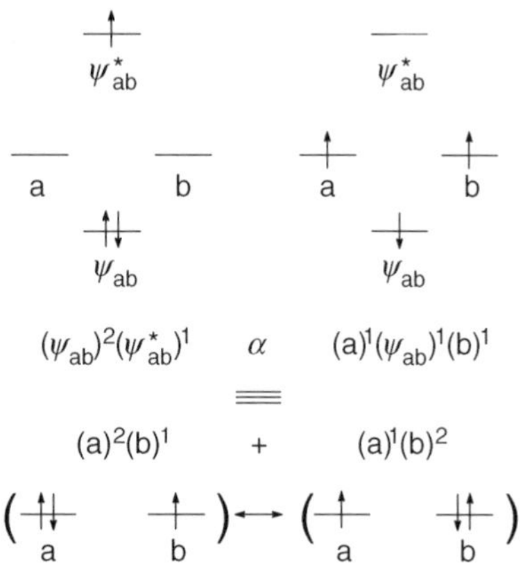

Abb. 19.4 Die Pauling'sche
Dreielektronenbindung

$$\Psi^{MO} = [\Psi_{AB}(1)\,\Psi_{AB}{}^{*}(2)] - [\Psi_{AB}{}^{*}(1)\,\Psi_{AB}(2)]$$
$$= -2\,\{[\varphi_A(1)\,\varphi_B(2)] - [\varphi_B(1)\,\varphi_A(2)]\}$$

Dies bedeutet wiederum, dass in einer Pauling'schen Dreielektronenbindung effektiv nur ein bindendes Elektron vorliegt, wie anschaulich in Abb. 19.4 dargestellt ist.

(iv) Im He_2 liegt keine Bindung vor, d. h., Dihelium ist nicht gebunden. Darüber hinaus sehen wir aus dem in Abb. 19.1 gezeigten MO-Schema, dass das antibindende MO etwas mehr destabilisiert ist als das bindende MO stabilisiert ist, was bedeuten würde, dass He_2 sogar instabiler wäre als zwei getrennte He-Atome.

19.7 Das Disauerstoff-Molekül

Betrachten wir nun abschließend noch das Disauerstoff-Molekül, welches bereits im Kapitel über Chalkogene (Kap. 11) und im dazugehörigen MO-Schema (Abb. 11.4) diskutiert wurde. Die VB-Struktur des Triplett- Grundzustandes von O_2 beinhaltet eine Elektronenpaar-σ-Bindung, und zwei Pauling'sche Dreielektronenbindungen (Abb. 19.5) mit den MO-Konfigurationen $(\pi_x)^2(\pi_x{}^*)^1$ und $(\pi_y)^2(\pi_y{}^*)^1$. Die gesamte O–O-Bindungsordnung ist daher $1 + 0,5 + 0,5 = 2$.

Die häufig in der Literatur gezeigte Lewis-Struktur mit einer σ- und einer π-Bindung entspricht dem ersten angeregten (Singulett-)Zustand (Abb. 19.6).

Zuweilen wird in der Literatur die Meinung vertreten, dass MO-Theorie der VB-Theorie überlegen sei. Hierbei wird dann die richtige Vorhersage des Triplett-Grundzustands beim O_2-Molekül mit Hilfe der MO-Theorie angeführt. Dass dies aber lediglich von der Unkenntnis und dem Unverständnis derer zeugt, die dies behaupten, haben wir hier mit der richtigen VB-theoretischen Vorhersage des O_2-Grundzustands bewiesen. Alleine die Anwendung der 1. Hund'schen Regel

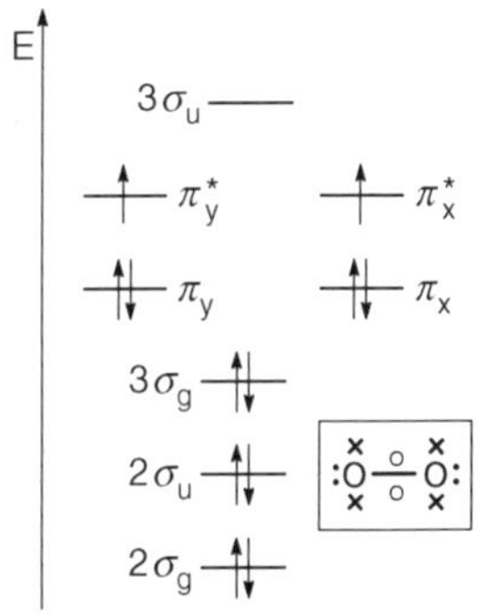

Abb. 19.5 MO-Schema und
VB-Repräsentation für den
Triplett-Grundzustand von O_2

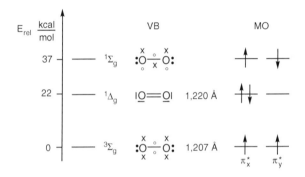

Abb. 19.6 Einfachste MO-
und VB-Beschreibungen für
den Triplett-Grundzustand
($^3\Sigma$) und die beiden ersten
angeregten Singulett-
Zustände ($^1\Delta$ und $^1\Sigma$) im O_2-
Molekül

(Spin-Maximierung) lässt bei der Betrachtung der drei in Abb. 19.6 gezeigten
Lewis-Strukturen den Grundzustand unschwer erkennen!

Wie man es für eine einzige MO-Konfiguration erwarten könnte (Abb. 19.7),
zeigt die Potentialkurve für den Triplett-Grundzustand sowie für die beiden ersten
angeregten Singulett-Zustände nahezu identische Potentialminima (vgl. d(O–O)
für Triplett-Grundzustand = 1,207 Å; d(O–O) für ersten angeregten Zustand =
1,220 Å), was die sehr ähnlichen Bindungsenergien anzeigt. Darüber hinaus dis-
soziieren die drei Zustände zu einem gemeinsamen Zustand in zwei O-Atome im
Grundzustand (Abb. 19.7).

19.8 Hybridisierung und Polarisation

Das Konzept der Hybridisierung haben wir bereits in Kap. 9 (Halogene) und in
Abb. 9.2 kennengelernt. Während die Hybridisierung in der MO-Theorie praktisch
nicht angewendet wird (aber möglich ist, s. z. B. CH_4), ist dieses Verfahren in der
VB-Theorie weit verbreitet, obwohl man in der klassischen VB-Theorie auch
vollständig ohne Hybridorbitale (HOs) auskommen kann.

Abb. 19.7 Potential/
Energie-Kurve für das O_2-
Molekül in den niedrigsten
elektronischen Zuständen

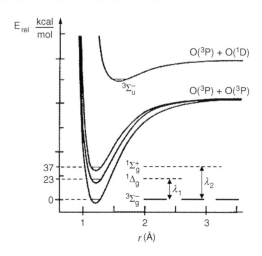

Bei der Erzeugung von Hybridorbitalen (vgl. Abb. 9.2) handelt es sich um eine Linearkombination von AOs (φ_1 und φ_2; z. B. $\varphi_1 = 2s$ und $\varphi_2 = 2p_z$) am *gleichen* Atom, wobei die zu verwendenden AOs orthogonal sind und daher keine Linearkombination mit niedrigerer Energie konstruiert werden kann:

$$\int \varphi_1 \varphi_2 = 0$$

Tab. 19.2 zeigt eine Zusammenstellung der gebräuchlichsten sp-, sp^2- und sp^3-Hybridorbitale. Die Miteinbeziehung von d-Orbitalen in die Hybridisierung spielt bei Hauptgruppen-Molekülverbindungen praktisch keine Rolle und kann an dieser Stelle vernachlässigt werden. d-Orbitale dienen hier lediglich zur Polarisation, und die Verwendung von sp^3d- und sp^3d^2-HOs hat praktisch keine Bedeutung.

Abb. 19.8 stellt noch einmal die Hybridisierung (z. B. sp-Hybridisierung mit 50 % s- und 50 % p-Charakter) der Polarisation gegenüber. Bei der Polarisation „mischen" wir nur wenige Prozent eines anderen Orbitals unserem ursprünglichen zu, z. B. 2–5 % d-Charakter bei einem p-Orbital. Dies hat den Vorteil, dass jetzt das ursprüngliche p-Orbital etwas deformiert wird und so z. B. bei einer π-Bindung besser (stärker) überlappen kann. Interessant ist auch, die hier diskutierte Polarisierung in der MO-Theorie mit der Einführung von Coulsen-Fischer-Orbitalen in der VB-Theorie zu vergleichen (s. Ende dieses Kapitels).

19.9 Linearkombinationen

Wir haben bereits mehrfach z. B. Atomorbitale (AOs) durch Linearkombination in Molekülorbitale (MOs) oder auch Hybridorbitale (HOs) überführt. An dieser Stelle wollen wir noch einmal zusammenfassen, welche Arten von Linearkombinationen in der Chemie wichtig sind. Es sind zwei Fälle zu unterscheiden:

Tab. 19.2 Erzeugung von sp-, sp^2- und sp^3-Hybridorbitalen durch Linearkombination von s- und p-AOs

sp	$h_1 = \frac{1}{\sqrt{2}}(s + p)$
	$h_2 = \frac{1}{\sqrt{2}}(s - p)$
sp^2	$h_1 = \frac{1}{\sqrt{3}}\left(s + \sqrt{2}p_x\right)$
	$h_2 = \frac{1}{\sqrt{6}}\left(\sqrt{2}s - p_x + \sqrt{3}p_y\right)$
	$h_3 = \frac{1}{\sqrt{6}}\left(\sqrt{2}s - p_x - \sqrt{3}p_y\right)$
sp^3	$\phi_1 = \frac{1}{2}\left(\psi_{2s} + \psi_{2px} + \psi_{2py} + \psi_{2pz}\right)$
	$\phi_2 = \frac{1}{2}\left(\psi_{2s} + \psi_{2px} - \psi_{2py} - \psi_{2pz}\right)$
	$\phi_3 = \frac{1}{2}\left(\psi_{2s} - \psi_{2px} + \psi_{2py} - \psi_{2pz}\right)$
	$\phi_4 = \frac{1}{2}\left(\psi_{2s} - \psi_{2px} - \psi_{2py} + \psi_{2pz}\right)$

Abb. 19.8 Unterschied zwischen Hybridisierung und Polarisierung

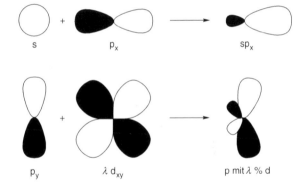

1. Die Wellenfunktionen φ_1 und φ_2 sind AOs
    (i) Falls φ_1 und φ_2 AOs an *verschiedenen* Atomen sind, werden durch die Linearkombination bindende und antibindende MOs erzeugt (LCAO-MO).

    $$\rightarrow \ \Psi = (\varphi_1 + k\,\varphi_2) \text{ und } \Psi^* = (\varphi_1 - k\,\varphi_2)$$

    (ii) Falls φ_1 und φ_2 AOs an *gleichen* Atomen sind, werden durch die Linearkombination HOs erzeugt.

    $$\rightarrow \ h_{1,2} = 1/\sqrt{2}(\varphi_1 \pm \varphi_2)$$

Abb. 19.9 Rumer-
Diagramm für die π-
Elektronenverteilung im O_3-
Molekül

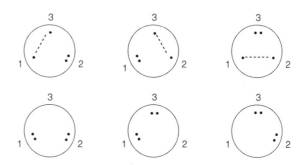

2. Die Wellenfunktionen Ψ_1 und Ψ_2 sind Zweielektronen- (oder Mehrelektronen-) Konfigurationen

 (i) VB-Theorie: Falls die beiden folgenden Resonanzstrukturen

$$\overline{|O} \quad \overset{\overline{O}^{\oplus}}{\underset{}{}} \quad \overline{O}|^{\ominus} \quad \longleftrightarrow \quad ^{\ominus}\overline{|O} \quad \overset{\overline{O}^{\oplus}}{\underset{}{}} \quad \overline{O}|$$

die Eigenfunktionen Ψ_1 und Ψ_2 haben,
ist die VB-Wellenfunktion für die Resonanz gegeben durch:

$$\Psi^{VB} = \Psi_1 \pm \lambda\Psi_2.$$

(Ψ_1 und Ψ_2 müssen in S und S_z übereinstimmen).

 (ii) MO-Theorie: Falls Ψ_1 ein doppelt besetztes bindendes MO und Ψ_2 ein doppelt besetzes antibindendes MO sind, ist die MO-Wellenfunktion für die Konfigurationswechselwirkung gegeben durch:

$$\Psi^{MO,CI} = \Psi_1 \pm k\,\Psi_2$$

(Ψ_1 und Ψ_2 müssen in S und S_z übereinstimmen).

19.10 Das Ozon-Molekül

Wir haben in diesem Kapitel bereits das Disauerstoff-Molekül O_2 diskutiert und mit Hilfe qualitativer MO- und VB-Theorie beschrieben. Zum Abschluss wollen wir jetzt noch das Ozon-Molekül O_3, d. h. die energiereichere Modifikation des Sauerstoffs, betrachten. Ozon ist ein dreiatomiges Molekül und drei Punkte liegen immer in einer Ebene. Nehmen wir also der Einfachheit halber an, das O_3-Molekül liege in der x,y-Ebene. Ferner brauchen wir nur die Valenzelektronen zu betrachten, da nur diese für die chemische Bindung ausschlaggebend sind. Jedes O-Atom besitzt sechs Valenzelektronen, die Valenzorbitale (beim einfachsten minimalen Basissatz sind dies je ein 2s- und je drei 2p-Orbitale, also: 2s, $2p_x$, $2p_y$

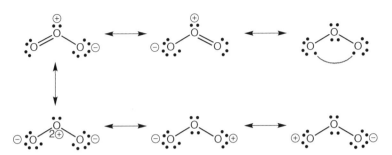

Abb. 19.10 Lewis-π-Resonanzstrukturen für das O_3-Molekül

und $2p_z$). Das O_3-Molekül besitzt insgesamt $3 \cdot 6 = 18$ Valenzelektronen, von denen unter Annahme jeweils sp^2-hybridisierter O-Atome für das σ-Gerüst (in der x,y-Ebene) 14 Elektronen „verbraucht" werden:

$$|O_1 \overset{\overline{O_2}}{\diagup \diagdown} O_3|$$

Es verbleiben also vier π-Elektronen $(18 - 14 = 4)$, die wir jetzt in die drei verbleibenden und senkrecht zur Molekülebene stehenden p_z-Orbitale „einfüllen" müssen. Am einfachsten ist es, wenn wir jetzt die O-Atome wie bereits in Abb. 19.9 gezeigt durchnumerieren und die vier π-Elektronen in die drei p_z-Orbitale unter Berücksichtigung des Pauli-Prinzips (maximal zwei Elektronen pro Orbital) aufteilen und alle möglichen Kombinationen anschreiben. Eine solche schematische Präsentation bezeichnet man als Rumer-Diagramm (Abb. 19.9). Die gestrichelten Linien geben jeweils Spinpaarung zwischen Elektronen in verschiedenen Orbitalen an.

Die sechs Lewis-Strukturen, die den in Abb. 19.9 gezeigten Rumer-Diagrammen entsprechen, sind in Abb. 19.10 dargestellt. Die berechneten Strukturgewichte für diese sechs Lewis-Strukturen sind in Tab. 19.3 zusammengestellt.

Viele einführende Lehrbücher schreiben für das Ozon-Molekül lediglich die Kekulé-Resonanzstrukturen **A** und **B** an, die beide zusammen ein Gewicht von etwa 26 % besitzen, und zeigen damit, dass sie von VB-Theorie nur wenig verstehen. Es ist aber keinesfalls überraschend, dass die Long-Bond-Struktur (oder Dewar-Struktur) **C** mit ca. 70 % bei weitem das größte Gewicht besitzt. Anhand von einfachen Merkregeln kann man oft ohne jede quantenchemische Rechnung die qualitative Abfolge von verschiedenen mesomeren Resonanzstrukturen ermitteln. Diese Merkregeln müssen dabei nacheinander von 1. bis 4. angewendet werden:

1. *Schreibe alle möglichen (Oktett-)Resonanzstrukturen für das betreffende Molekül an!*
   Dies haben wir im Fall des π-Resonanzschemas für das O_3-Molekül in Abb. 19.10 getan.
2. *Ermittle die Gesamtzahl der Zweielektronenbindungen im Molekül (σ- + π-Bindungen)! Das höchste Gewicht besitzen die Strukturen mit maximaler Bindungszahl!*

VB-Resonanzstruktur	Gewichtung für den O_3-Grundzustand
A	0,13
B	0,13
C	0,70
D	0,010
E	0,015
F	0,015

Tab. 19.3 Gewichtung der sechs kanonischen Lewis-Strukturen **A–F** für Ozon im Grundzustand

In unserem Fall besitzen alle sechs Strukturen je zwei σ-Bindungen, die Strukturen **A**, **B** und **C** aber zusätzlich noch je eine π-Bindung. Die Gesamtzahl der Bindungen für die Strukturen **A**, **B** und **C** ist also drei, für die Strukturen **D**, **E** und **F** nur jeweils zwei. Hiernach sollten die Strukturen **A**, **B** und **C** mehr Gewicht besitzen als die Strukturen **D**, **E** und **F**.

3. *Die Zahl der Formalladungen sollte so gering wie möglich sein!*

   Die Strukturen **A** und **B** haben jeweils zwei Formalladungen, die Struktur **C** keine, d. h. **C** sollte das höchste Gewicht besitzen.

   Mit dem gleichen Argument sollten **E** und **F** mehr Gewicht besitzen als **D**.

4. *Gleichnamige Formalladungen sollten möglichst weit voneinander entfernt sein, ungleichnamige möglichst dicht zusammen!*

   Beides trifft auf das O_3-Molekül schon nicht mehr zu, da wir bereits nach Anwendung der Regeln 1. bis 3. zu folgender qualitativer Gewichtung der individuellen Resonanzstrukturen kommen:

$$C > (A = B) \gg (E = F) > D$$
$$0,70 > 0,13 \gg 0,015 > 0,01$$

19.11 Die Dreizentren-Vierelektronen-Bindung (3c4e-Bindung)

Wir haben bereits oben im Abschnitt über Hybridisierung angesprochen, dass bei Hauptgruppen-Molekülverbindungen lediglich die Valenz-s- und -p-Orbitale für die Bindungsbildung entscheidend sind. Das heißt, die d-Orbitale spielen lediglich für Polarisationseffekte eine Rolle und brauchen hier praktisch nicht berücksichtigt zu werden (Anmerkung: bei Übergangsmetallen sind die s- und d-Orbitale die Valenzorbitale, während die p-Orbitale hauptsächlich zur Polarisation dienen). Dies bedeutet aber weiter, dass wir mit einem s- und drei p-Orbitalen je Hauptgruppenatom (egal welcher Periode!) nur maximal vier Bindungen ausbilden können und daher die Oktett-Regel auch für die 3. und die höheren Perioden gilt.

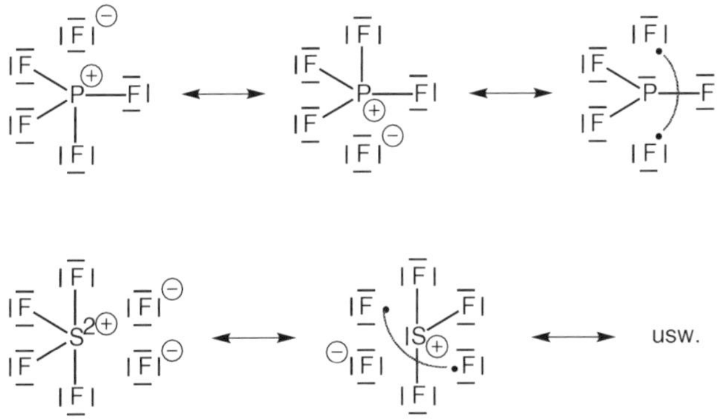

Abb. 19.11 Bindungsverhältnisse in den Molekülen PF_5 und SF_6 (Der besseren Übersichtlichkeit halber, sind die freien Elektronenpaare der an den „normalen" Zweizentren-Zweielektronen-Bindungen beteiligten F-Atomen nicht eingezeichnet, sondern nur für die an den Dreizentren-Vierelektronen beteiligten F-Atome.)

Wie können wir aber hyperkoordinierte und elektronenreiche Moleküle wie PF_5 und SF_6 beschreiben? Wir wissen, dass PF_5 eine trigonal-bipyramidale Struktur besitzt, während SF_6 oktaedrisch gebaut ist. Im PF_5 liegen drei „normale" Zweizentren-Zweielektronen-Bindungen vor; während im SF_6 nur zwei „normale" Zweizentren-Zweielektronen-Bindungen vorliegen. PF_5 besitzt zusätzlich eine axiale (180°) und SF_6 zwei axiale, lineare Dreizentren-Vierelektronen-Bindungen (Abb. 19.11). Man kann also die Bindungsverhältnisse im PF_5 am besten mit einer sp^2-Hybridisierung (drei äquatoriale Zweizentren-Zweielektronen-Bindungen) und einer axialen Dreizentren-Vierelektronen-Bindung beschreiben. Im SF_6 können wir eher von einem sp-Hybrid und zwei axialen Dreizentren-Vierelektronen-Bindungen sprechen (Abb. 19.11).

Gemäß den im letzten Abschnitt diskutierten Regeln zur Ermittlung der relativen Strukturgewichte würden wir auch beim PF_5 wieder erwarten, dass die formalladungsfreie Struktur mit *long-bond* (Dewar-Bindung) das höchste Gewicht besitzt, was auch stimmt.

Anmerkung: Hauptgruppen-Moleküle, die mehr als vier Substituenten tragen, bezeichnet man als hyperkoordiniert. Um zu entscheiden, ob ein Zentralatom in einem Molekül hyperkoordiniert ist, braucht man eigentlich nur bis vier zählen zu können (mehr als 4 = hyperkoordiniert). Als hypervalent würde man aber ein Atom in einem Hauptgruppen-Molekül bezeichnen, das mehr als vier Bindungen mit der Bindungsordnung BO = 1 eingeht. PF_5 und SF_6 in Abb. 19.11 sind also hyperkoordiniert, nicht aber hypervalent.

Die in Abb. 19.12 exemplarisch gezeigten hypervalenten Lewis-Strukturen sind zwar nicht grundsätzlich falsch, aber durch ihre niedrigen Strukturgewichte so unbedeutend, so unwichtig, dass wir sie vernachlässigen können. Die teilweise angeführten Argumente kurzer Bindungen in SO_2, H_2SO_4, H_3PO_4, PF_5 etc. können

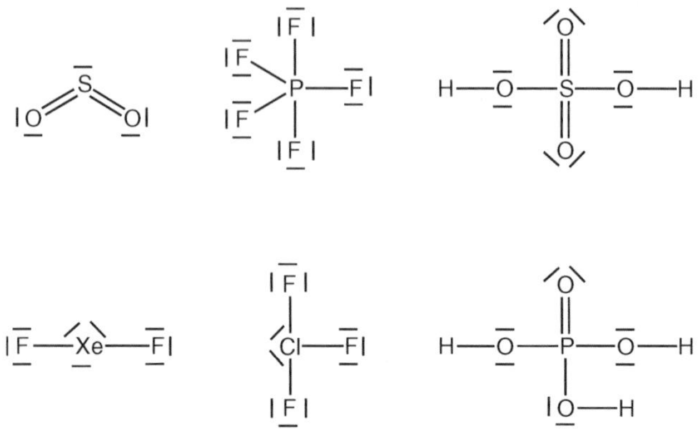

Abb. 19.12 Beispiele für hypervalente Lewis-Strukturen geringer physikalischer Relevanz

leicht auf der Basis einer elektrostatischen Überlagerung (Anziehung von $\delta+$ und $\delta-$) der kovalenten Bindung erklärt werden.

19.12 Coulsen-Fischer-Orbitale

Wie wir im einführenden Abschnitt über VB-Theorie gesehen haben, können wir für das H_2-Molekül die einfachste VB-Wellenfunktion gemäß Gl. (19.1) anschreiben (s. o.).

$$\Psi^{VB} = [\varphi_A(1)\,\varphi_B(2) + \varphi_A(2)\,\varphi_B(1)] \cdot X \qquad (19.1)$$

Wenn wir zusätzlich auch ionische Resonanzstrukturen berücksichtigen wollen, modifizieren wir Gl. (19.1) zu Gl. (19.2).

$$\Psi^{VB,IR} = \{\varphi_A(1)\,\varphi_B(2) + \varphi_A(2)\,\varphi_B(1) + \lambda\,[\varphi_A(1)\,\varphi_A(2) + \varphi_B(1)\,\varphi_B(2)]\} \cdot X$$
$$(19.2)$$

1949 führten Coulsen und Fischer die dann nach ihnen benannten Coulsen-Fischer-Orbitale ein. Hierbei handelt es sich um die Polarisierung der 1s-AOs an einem Atom durch geringfügiges Beimischen von Charakter des jeweils anderen (benachbarten) 1s-AOs, d. h., wir ersetzen jetzt φ_A und φ_B durch die neuen Coulsen-Fischer Orbitale Θ und Ω (Abb. 19.13):

$$\Theta = \varphi_A + \mu\varphi_B$$

$$\Omega = \varphi_B + \mu\varphi_A$$

Abb. 19.13 Die
Beschreibung des H_2-
Moleküls mit Coulsen-
Fischer-Orbitalen

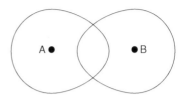

Wenn wir jetzt die klassische VB-Wellenfunktion (ohne ionische Resonanz)
gemäß Gl. (19.1) anschreiben, erhalten wir die entsprechende VB-Wellenfunktion
mit Coulsen-Fischer-Orbitalen (Gl. 19.6) (ohne Berücksichtigung der Spinfunktion
X).

$$\Psi^{\mathrm{VB,CF}} = [\,\Theta(1)\,\Omega(2) + \Theta(2)\,\Omega(1)\,] \qquad (19.6)$$

Wie sich durch Ausmultiplizieren leicht zeigen lässt, entspricht Gl. (19.6) den Gl.
(19.7) und (19.8).

$$\Psi^{\mathrm{VB,CF}} = \left(1 + \mu^2\right) \{\varphi_A(1)\,\varphi_B(2) + \varphi_A(2)\,\varphi_B(1)\}$$
$$+\, 2\mu\{\,\varphi_A(1)\,\varphi_A(2) + \varphi_B(1)\,\varphi_B(2)\} \qquad (19.7)$$

Ersetzen wir nun $(1 + \mu^2)$ durch N und 2μ durch λ, so erhalten wir Gl. (19.8).

$$\Psi^{\mathrm{VB,CF}} = N\,\{\varphi_A(1)\,\varphi_B(2) + \varphi_A(2)\,\varphi_B(1)\} + \lambda\,\{\,\varphi_A(1)\,\varphi_A(2) + \varphi_B(1)\,\varphi_B(2)\}$$
$$(19.8)$$

Ein verblüffendes Ergebnis: Die Coulsen-Fischer-Wellenfunktion entspricht der
bereits oben diskutierten Wellenfunktion unter Einbeziehung der ionischen
Resonanz (Gl. 19.2). In anderen Worten, wenn wir Coulsen-Fischer-Orbitale (und
keine reinen AOs) verwenden, berücksichtigen wir die ionischen Resonanzstrukturen bereits in der klassischen VB-Wellenfunktion und das Gewicht der Resonanzstruktur H—H wird 100 %!

$$\Theta = \varphi_A + \mu\varphi_B \qquad \Omega = \varphi_B + \mu\varphi_A$$

Anhang I
Chemisches Rechnen

Obwohl der mathematische Aufwand den Gebrauch der logarithmischen Funktionen selten übersteigt, stellen Berechnungen im Bereich der Chemie den Lernenden, gerade in der Anfangsphase seiner Bemühungen, vor empfindliche Probleme. Die Ursache hierfür mag im fehlenden Verständnis der Zusammenhänge, gepaart mit dem Problem des Auswendiglernens zahlreicher Gleichung und ihrer Umformung, liegen. Wir wollen nachfolgend drei wichtige Kapitel des chemischen Rechnens besprechen und uns hierbei von den in vorgeschalteten Abschnitten besprochenen Ableitungen unabhängig machen. Hieran anschließend werden Übungsaufgaben vorgestellt und ihre Lösungen mitgeteilt.

1) *Stöchiometrische Berechnungen*

Die Stöchiometrie befasst sich mit den Mengenverhältnissen der Elemente in chemischen Verbindungen sowie mit den Massen- und Stoffmengenverhältnissen bei chemischen Reaktionen. Zu ihrer korrekten Anwendung ist die Kenntnis der relativen Atommassen $[g \cdot mol^{-1}]$ und Reaktionsgleichungen erforderlich. Während sich die Atommassen aus Tabellenwerken, meist auch aus dem Periodensystem, ermitteln lassen, bedarf die Aufstellung korrekter Reaktionsgleichungen einer gewissen Übung.

Voraussetzung für stöchiometrische Berechnungen ist zunächst die Kenntnis der Zusammensetzung der an der Reaktion beteiligten Edukte und Produkte, die in der Reaktionsgleichung durch einen Pfeil miteinander in Beziehung gesetzt werden. In der Reaktionsgleichung sind die Atomsorten durch Einführung stöchiometrischer Faktoren (a–d) auszugleichen:

$$aA + bB \rightarrow cC + dD$$

Als Massen der Verbindungen werden die Summen der jeweiligen Atommassen notiert. Auch die Massenbilanz muss ausgeglichen sein. Für das Beispiel der Reaktion von Salzsäure mit Natriumcarbonat ergibt sich:

N. Kuhn und T. M. Klapötke, *Allgemeine und Anorganische Chemie*,
DOI: 10.1007/978-3-642-36866-0, © Springer-Verlag Berlin Heidelberg 2014

$$2HCl + Na_2CO_3 \rightarrow 2NaCl + CO_2 + H_2O$$

$$36{,}5 \quad 106 \qquad 58{,}5 \quad 44 \quad 18$$

$$(2 \cdot 36{,}5 + 106 = 2 \cdot 58{,}5 + 44 + 18)$$

Der Zusammenhang zwischen Mengen und Massen ergibt sich aus dem Molbegriff: 1 Mol einer Substanz enthält ca. $6 \cdot 10^{23}$ (N_L) Atome, Moleküle oder Formeläquivalente (Menge) und entspricht in der Masse der Formelmasse [g]. Aus der Reaktionsgleichung ergeben sich die relativen Mengen der Reaktanten; im oben genannten Beispiel reagieren zwei Äquivalente Chlorwasserstoff mit einem Äquivalent Natriumcarbonat zu zwei Äquivalenten Natriumchlorid und jeweils einem Äquivalent Kohlenstoffdioxid und Wasser. Multipliziert mit N_L (wenn 2 Äquivalente Chlorwasserstoff ein Äquivalent Kohlenstoffdioxid ergeben, liefern $2 \cdot N_L$ Äquivalente Chlorwasserstoff N_L Äquivalente Kohlenstoffdioxid) ergeben sich die Reaktionsmassen: $2 \cdot 36{,}5$ g Chlorwasserstoff und 106 g Natriumcarbonat ergeben $2 \cdot 58{,}5$ g Natriumchlorid, 44 g Kohlenstoffdioxid und 18 g Wasser. Über den sog. „Dreisatz" lassen sich beliebige Massen miteinander in Zusammenhang bringen. Ein Beispiel soll dies verdeutlichen:

Frage:
Wie viel Gramm Natriumcarbonat (x) wird zur Gewinnung von 500 g Kohlenstoffdioxid benötigt?

Berechnung:

$$\frac{x\,g}{500\,g} = \frac{106\,g \cdot mol^{-1}}{44\,g \cdot mol^{-1}} \qquad x\,g = \frac{106\,g \cdot mol^{-1} \cdot 500\,g}{44\,g \cdot mol^{-1}} = 1204{,}5\,g$$

Antwort:
Zur Gewinnung von 500 g Kohlenstoffdioxid werden 1204,5 g Natriumcarbonat benötigt.

Bei Verwendung von Reaktionslösungen sind Konzentrationsangaben erforderlich. Diese können entweder auf die Menge (Molarität M) oder die Masse (Prozentgehalt G) bezogen werden; die meist nicht nötige Umrechnung erfordert die Angabe der Dichte der Lösung.

Die Molarität M ergibt sich aus der Anzahl der Mole des gelösten Stoffes pro Liter Lösung; eine 2 M Lösung beispielsweise enthält 2 Mol (Masse des Formelgewichts [g]) des gelösten Stoffes pro Liter der Lösung.

Der Prozentgehalt G (auf die Massen bezogen) errechnet sich aus dem relativen Anteil der Masse des gelösten Stoffes zur Gesamtmasse der Lösung; eine 20 %ige Lösung enthält 20 g des gelösten Stoffes auf 100 g Lösung (also 80 g Lösungsmittel).

Frage:
Welche Menge x [mL] einer 10 M Salzsäure (36,5 %ig) wird zur Gewinnung von 500 g Kohlenstoffdioxid benötigt?

Berechnung:
1 L Salzsäure enthält 10 Mol Chlorwasserstoff (folglich 365 g).

500g Kohlenstoffdioxid entsprechen $\dfrac{500\,g}{44\,g \cdot mol^{-1}} = 11,4\,mol$

Dafür werden laut Reaktionsgleichung 2 · 11,4 mol = 22,8 mol HCl benötigt.

$$\frac{x\,mL}{22,8\,mol} = \frac{1000\,mL}{10\,mol} \qquad x\,mL = \frac{100\,mL \cdot 22,8\,mol}{10\,mol} = 2280\,mL$$

Antwort:
Zur Gewinnung von 500 g Kohlenstoffdioxid aus Natriumcarbonat werden 2280 mL 36,5 %ige Salzsäure benötigt.

Bei Beteiligung von Gasen wird vielfach das (streng genommen nur für „ideale Gase" gültige) Molvolumen von 22400 $cm^3 \cdot mol^{-1}$ bei Normalbedingungen in Ansatz gebracht.

Frage:
Welche Menge x [cm^3] Kohlenstoffdioxid lässt sich aus 100 g Natriumcarbonat entwickeln?

Berechnung:
100 g Natriumcarbonat entsprechen $\dfrac{100\,g}{106\,g \cdot mol^{-1}} = 0,94\,mol$

$$\frac{x\,cm^3}{0,94\,mol} = \frac{22400\,cm^3}{1\,mol} \qquad x\,cm^3 = \frac{22400\,cm^3 \cdot 0,94\,mol}{1\,mol} = 21056\,cm^3$$

Antwort:
Aus 100 g Natriumcarbonat lassen sich 21056 cm^3 Kohlenstoffdioxid gewinnen.
In Gleichungen von Redoxreaktionen werden häufig nur die am Redoxprozess beteiligten Komponenten notiert; hier ist, bei Formulierung mit Ionen, neben der Bilanz der Atomsorten auch auf die Ladungsparität zu achten.

Frage:
Wie viele Äquivalente Permanganat x werden zur vollständigen Oxidation von zweiwertigem Eisen in schwefelsaurer Lösung benötigt?

Berechnung:
Man ermittelt die relativen stöchiometrischen Faktoren der Redoxpaare durch Aufstellung der vollständigen Redoxgleichung. Hierzu zerlegt man die

Gesamtreaktion in die anteiligen Oxidations- und Reduktionsschritte unter Formulierung der beteiligten Elektronen:

$$\overset{+VII}{MnO_4^-} + 5e^- \rightarrow \overset{+II}{Mn^{2+}} \quad \|\cdot 1$$

$$\overset{+II}{Fe^{2+}} \rightarrow \overset{+III}{Fe^{3+}} + e^- \quad \|\cdot 5$$

Die Bilanz der Elektronen wird nachfolgend durch kreuzweise Multiplikation der Teilreaktionen mit ihren stöchiometrischen Faktoren ausgeglichen. Hieraus resultiert der relative Anteil der am Redoxprozess beteiligten Komponenten:

$$MnO_4^- + 5Fe^{2+} \rightarrow Mn^{2+} + 5Fe^{3+}$$
$$x = 1/5$$

Antwort:
Zur vollständigen Oxidation von zweiwertigem Eisen in schwefelsaurer Lösung werden 1/5 Äquivalente Permanganat benötigt.
Zur Aufstellung der vollständigen Redoxgleichung wird die Ladungs- und Atomsortenbilanz durch hinzufügen von H^+, OH^- und H_2O ausgeglichen. Dann resultiert:

$$MnO_4^- + 5Fe^{2+} + 8H^+ \rightarrow Mn^{2+} + 5Fe^{3+} + 4H_2O$$

2) *Berechnung von pH-Werten*
Der saure (bzw. basische) Charakter wässriger Lösungen spielt für die hierin ablaufenden Reaktionen oftmals eine entscheidende Rolle. Zur Quantifizierung auf Grundlage des Säure-Base-Konzepts nach *Brønstedt* dient der pH-Wert, der als negativer dekadischer Logarithmus der Protonenkonzentration definiert ist (Konzentrationen c [mol $\cdot$ L^{-1}]).

$$pH = -\log c_{H^+}$$

Der pH-Wert des neutralen Wassers lässt sich von der geringfügigen Eigendissoziation des Wassers ableiten:

$$H_2O \rightleftharpoons H^+ + OH^-$$

In neutralem Wasser ist folglich $c_{H^+} = c_{OH^-}$
Unter Anwendung des Massenwirkungsgesetzes ergibt sich

$$K_c = \frac{c_{H^+} \cdot c_{OH^-}}{c_{H_2O}} = 1,8 \cdot 10^{-16} \text{ (bei 22 °C)}$$

Wegen der sehr geringen Eigendissoziation des Wassers gilt hier und nachfolgend näherungsweise

$$c_{H_2O} = constant = \frac{1000\,g \cdot L^{-1}}{18\,g \cdot mol^{-1}} = 55{,}6\,mol \cdot L^{-1} \quad (1\,l\,Wasser\,enthält\,55{,}6\,Mol)$$

Hieraus folgt

$$K_c \cdot 55{,}6\,mol \cdot L^{-1} = c_{H^+} \cdot c_{OH} = 10^{-14}; \; c_{H^+} = c_{OH} = 10^{-7}$$

Der pH-Wert des neutralen Wassers beträgt 7. Des Weiteren gilt:

$$pH + pOH = 14.$$

Starke Säuren und starke Basen liegen in verdünnter wässriger Lösung ($c < 1$ mol $\cdot L^{-1}$) näherungsweise vollständig dissoziiert vor:

$$HX \rightarrow H^+ + X^-$$

$$MOH \rightarrow M^+ + OH^-$$

Die Menge an H^+ und OH^- entspricht hier der eingesetzten Menge an HX bzw. MOH. Hierzu zwei Beispiele:

Frage:
Welchen pH-Wert weist eine 0,01 M Salzsäure auf?

Berechnung:

$$c_{HCl} = 10^{-2} mol \cdot L^{-1}; \; c_H^+ = 10^{-2} mol \cdot L^{-1}$$

$$pH = -\log c_H^+ = 2$$

Antwort:
Die Lösung weist den pH-Wert 2 auf.

Frage:
Welchen pH-Wert weist eine 0,001 M NaOH-Lösung auf?

Berechnung:

$$c_{NaOH} = 10^{-3} mol \cdot L^{-1}; \; c_{OH}^- = 10^{-3} mol \cdot L^{-1}$$

$$pOH = -\log c_{OH}^- = 3; \; pH = 14 - pOH = 11$$

Antwort:
Die Lösung weist den pH-Wert 11 auf.
Bei mittelstarken bzw. schwachen Säuren und Basen liegt in verdünnter wässriger Lösung keine vollständige Dissoziation vor:

$$HA + H_2O \rightleftharpoons H_3O^+ + A^-$$

$$B + H_2O \rightleftharpoons BH^+ + OH^-$$

Unter Anwendung des Massenwirkungsgesetzes ergibt sich:

$$K_S' = \frac{c_{H_3O^+} \cdot c_{A^-}}{c_{HA} \cdot c_{H_2O}} \qquad c_{H_2O} = 55{,}6\,mol \cdot L^{-1} \quad K_S = K_S' \cdot 55{,}6$$

$$K_S = \frac{c_{H_3O^+} \cdot c_{A^-}}{c_{HA}} \qquad c_{H_3O^+} = c_{A^-} \quad c_{H_3O^+} = \sqrt{K_S \cdot c_{HA}}$$

Hier bezieht sich c_{HA} auf die im Gleichgewicht befindliche Menge undissoziierter Säure, die wegen des geringen Dissoziationsgrades näherungsweise der eingesetzten Gesamtmenge der Säure entspricht.
Analog gilt für schwache Basen:

$$K_B = \frac{c_{OH^-} \cdot c_{BH^+}}{c_B} \qquad c_{OH^-} = c_{BH^+} \quad c_{OH^-} = \sqrt{K_B \cdot c_B}$$

Außerdem gilt: $pK_S = -\log K_S$; $pK_B = -\log K_B$.
Die Werte der Säure- und Basekonstanten sind in Tabellenwerken angegeben.
Hierzu zwei Beispiele:

Frage:
Welchen pH-Wert weist eine 0,001 M Essigsäurelösung ($K_S = 10^{-4,75}$) auf?

Berechnung:

$$c_{H_3O^+} = \sqrt{K_s \cdot c_{HA}} = \sqrt{10^{-4.75} \cdot 10^{-3}} = \sqrt{10^{-7.75}} \sim 10^{-3.4}$$

$$pH = -\log 10^{-3,4} = 3,4$$

Antwort:
Die Lösung weist einen pH-Wert von 3,4 auf.

Frage:
Welchen pH-Wert weist eine 0,01 M Ammoniaklösung ($K_B = 10^{-4,5}$) auf?

Berechnung:

$$c_{OH^-} = \sqrt{K_B \cdot c_B} = \sqrt{10^{-4,5} \cdot 10^{-2}} = \sqrt{10^{-6,5}} \sim 10^{-3,3}$$

$$pOH = -\log 10^{-3,3} = 3,3 \qquad pH = 14 - 3,3 = 10,7$$

Antwort:
Die Lösung weist einen pH-Wert von 10,7 auf.
Salze starker Säuren und Basen reagieren in wäss. Lösung neutral. Salze schwacher Säuren und Basen hingegen unterliegen einer Hydrolysereaktion:

$$A^- + H_2O \rightleftharpoons HA + OH^-$$
$$BH^+ + H_2O \rightleftharpoons B + H_3O^+$$

Für Salze schwacher Säuren gilt folglich:

$$K_A' = \frac{c_{HA} \cdot c_{OH^-}}{c_{A^-} \cdot c_{H_2O}} \qquad c_{H_2O} = 55,6 \, mol \cdot L^{-1} \qquad K_A = K_A' \cdot 55,6$$

$$K_A = \frac{c_{HA} \cdot c_{OH^-}}{c_{A^-}} \qquad c_{HA} = c_{OH^-} \qquad c_{OH^-} = \sqrt{K_A \cdot c_{A^-}}$$

Wegen des geringen Hydrolysegrades entspricht die im Gleichgewicht stehende Konzentration c_{A^-} näherungsweise der eingesetzten Menge des Salzes.
Die Hydrolysekonstante K_A steht mit der Säurekonstante K_S der zugehörigen Säure in folgendem Zusammenhang:
Weiterhin gilt:

$$\frac{c_{HA}}{c_{A^-} \cdot c_{H^+}} = \frac{1}{K_s}$$

Hieraus ergibt sich für die Hydrolysekonstante:

$$K_A = \frac{K_W}{K_B} \; ; \quad K_S \cdot K_A = K_W = 10^{-14}$$

Analog gilt für die Hydrolysekonstante des Salzes einer schwachen Base:

$$K_{BH^+} = \frac{K_W}{K_B} \; ; \quad K_B \cdot K_{BH^+} = K_W = 10^{-14}$$

Hieraus folgt:

$$c_{OH^-} = \frac{\sqrt{K_W \cdot c_A}}{K_S} \quad ; \quad c_{H^+} = \frac{\sqrt{K_W \cdot c_{BH^+}}}{K_B}$$

Hierzu zwei Beispiele:

Frage:
Welchen pH-Wert weist eine 0,01 M Natriumacetat-Lösung auf?

Berechnung:

$$K_S(HAc) = 10^{-4,75}; \quad K_A = \frac{10^{-14}}{K_S} = \frac{10^{-14}}{10^{-4,75}} = 10^{-9,25}$$

$$c_{OH^-} = \sqrt{10^{-9,25} \cdot 10^{-2}} = \sqrt{10^{-11,25}} = 10^{-5,2}$$

$$pOH = 5,2 \; ; \quad pH = 14 - 5,2 = 8,8$$

Antwort:
Die Lösung weist den pH-Wert 8,8 auf.

Frage:
Welchen pH-Wert weist eine 0,1 M Ammoniumchlorid-Lösung auf?

Berechnung:

$$K_B(NH_3) = 10^{-4,5}; \quad K_{BH^+} = \frac{10^{-14}}{K_B} = \frac{10^{-14}}{10^{-4,5}} = 10^{-9,5}$$

$$c_{H^+} = \sqrt{10^{-9,5} \cdot 10^{-1}} = \sqrt{10^{-10,5}} = 10^{-5,3}$$

$$pH = -\log c_{H^+} = 5,3$$

Antwort:
Die Lösung weist einen p_H-Wert von 5,3 auf
Lösungen von Salzen schwacher Säuren bzw. Basen in den korrespondierenden
Säuren bzw. Basen gehorchen folgenden Gleichgewichten:

$$HA + H_2O \rightleftarrows H_3O^+ + A^-$$
$$A^- + H_2O \rightleftarrows HA + OH^-$$

bzw.

$$B + H_2O \rightleftarrows BH^+ + OH^-$$
$$BH^+ + H_2O \rightleftarrows B + H_3O^+$$

Sie werden als Puffer bezeichnet, da sie bei Zugabe von Säuren oder Basen den p_H-Wert bis zur Grenze der Pufferkapazität konstant halten.

Wegen der weitgehend auf der Seite der Edukte befindlichen Gleichgewichtslage gilt für das Puffersystem einer schwachen Säure und ihres Salzes:

c_{HA} entspricht der eingesetzten Menge der Säure $c_{Säure}$

c_A entspricht der eingesetzten Menge des Salzes c_{Salz}

Somit ergibt sich:

$$c_{H^+} = K_S \cdot \frac{c_{HA}}{c_A} = K_S \cdot \frac{c_{Säure}}{c_{Salz}}$$

Analog gilt für das Puffersystem einer schwachen Base und ihres Salzes:

$$c_{OH^-} = K_B \cdot \frac{c_B}{c_{BH^+}} = K_B \cdot \frac{c_{Base}}{c_{Salz}}$$

Hierzu zwei Beispiele:

Frage:

Welchen pH-Wert weist ein Puffersystem bestehend aus 0,01 M Essigsäure und 0,1 M Natriumacetat-Lösung auf?

Berechnung:

$$c_{H^+} = K_S \cdot \frac{10^{-2}}{10^{-1}} = 10^{-4,75} \cdot \frac{10^{-2}}{10^{-1}} = 10^{-5,75}$$

$$pH = -\log c_{H^+} = 5,75$$

Antwort:

Die Lösung weist einen p_H-Wert von 5,75 auf

Frage:

Welchen pH-Wert weist ein Puffersystem bestehend aus 0,01 M Ammoniak und 0,01 M Ammoniumchlorid-Lösung auf?

Berechnung:

$$c_{OH^-} = K_B \cdot \frac{10^{-2}}{10^{-2}} = 10^{-4,5} \cdot \frac{10^{-2}}{10^{-2}} = 10^{-4,5}$$

$$pOH = -\log c_{OH^-} = 4,5 \qquad pH = 14 - pOH = 9,5$$

Antwort:
Die Lösung weist einen p_H-Wert von 9,5 auf

3) *Berechnungen von Redoxpotentialen*
Redoxreaktionen beschreiben als Gleichgewicht die Konkurrenz um Elektronen. Hieraus ergibt sich eine gewisse Analogie zur Säure-Base-Reaktion im Brønstedt'schen Sinne, welche die Konkurrenz um Protonen zum Inhalt hat. Auch hier lässt sich die Gesamtreaktion in zwei Teilreaktionen zerlegen:

$$A + B \rightleftharpoons A^{n^+} + B^{n^-}$$

$$A \rightleftharpoons A^{n^+} + ne^-$$

$$B + ne^- \rightleftharpoons$$

Wie bei Säure-Base-Reaktionen wird die Lage des Gleichgewichts von einer substanzspezifischen Größe, dem Standardpotential $E°$, und einem Konzentrationsterm gesteuert. Den Zusammenhang beschreibt die Nernst'sche Gleichung, die auf die Teilreaktionen der Oxidation und Reduktion angewendet wird:

$$E = E° + \frac{0,059}{z} \cdot \log \frac{c_{ox}}{c_{red}}$$

E = Gesamtpotential (elektromotorische Kraft)

$E°$ = Standardpotential

z = Anzahl der übertragenen Elektronen

c_{ox} = Konzentration der oxidierten Stufe $[mol \cdot L^{-1}]$

c_{red} = Konzentration der reduzierten Stufe $[mol \cdot L^{-1}]$

Die Standardpotentiale beziehen sich auf den Referenzstandard der sog. Standardwasserstoffelektrode, für den willkürlich $E° = 0$ gilt. Einer Konvention folgend beziehen sich die tabellarisch aufgeführten Standardpotentiale auf den Reduktionsvorgang. Die Differenz der Gesamtpotentiale des Oxidations- und Reduktionsvorgangs ergibt die Spannung des Elements. Für heterogene Reaktionen, beispielsweise solche, in denen ein Metallstab in die Lösung seines Salzes taucht, wird die Konzentration der heterogenen Phase mit dem Zahlenwert eins berechnet.
Betrachten wir das Daniell-Element. Es beinhaltet folgende Redoxreaktionen:

$$Zn \quad \rightleftharpoons \quad Zn^{2+} + 2e^-$$

$$\text{Redoxpotential 1:} \quad E = E^\circ_{Zn} + \frac{0{,}059}{2} \cdot \log \frac{c_{Zn^{2+}}}{c_{Zn^\circ}} = -0{,}76\,V$$

$$Cu^{2+} + 2e^- \rightleftarrows Cu$$

$$\text{Redoxpotential 2:} \quad E = E^\circ_{Cu} + \frac{0{,}059}{2} \cdot \log \frac{c_{Cu^{2+}}}{c_{Cu^\circ}} = +0{,}34\,V$$

Die vom Daniell-Element erzeugte Spannung (ΔE) ergibt sich aus der Differenz der Gesamtpotentiale, da an der einen Elektrode eine Oxidation, an der anderen eine Reduktion abläuft:

$$\Delta E = E_{Cu} - E_{Zn} =$$

$$\left(E^\circ_{Cu} + \frac{0{,}059}{2} \cdot \log \frac{c_{Cu^{2+}}}{c_{Cu^\circ}} \right) - \left(E^\circ_{Zn} + \frac{0{,}059}{2} \cdot \log \frac{c_{Zn^{2+}}}{c_{Zn^\circ}} \right) =$$

$$\left(E^\circ_{Cu} - E^\circ_{Zn} \right) + \frac{0{,}059}{2} \cdot \log \frac{c_{Cu^{2+}}}{c_{Zn^{2+}}}$$

Bei gleicher Konzentration der Salzlösungen ($c_{Cu^{2+}} = c_{Zn^{2+}}$) gilt:

$$\Delta E = E^\circ_{Cu} - E^\circ_{Zn} = +0{,}34 - (-0{,}76) = 1{,}10\,V$$

Hierzu zwei Beispiele:

Frage:
Welche Spannung erzeugt ein galvanisches Element, das aus zwei Halbzellen Ag/Ag$^+$ der Salzkonzentrationen 0,1 M (a) und 0,001 M (b) besteht?

Berechnung:

$$\Delta E = \left(E^\circ_{Ag} - E^\circ_{Ag} \right) + \frac{0{,}059}{1} \cdot \log \frac{c_{Ag^+}}{c_{Ag^+}} =$$

$$0{,}059 \cdot \log \frac{10^{-1}}{10^{-3}} = 0{,}059 \cdot 2 = 0{,}118\,V$$

Antwort:
Das Element erzeugt eine Spannung von 0,118 V.

Frage:
Welches Gesamtpotential enthält das System MnO_4^-/Mn^{2+} bei den Konzentrationen 0,1/0,01 mol $\cdot$ L^{-1} und einem pH-Wert von 5?

Berechnung:

$$12H_2O + Mn^{2+} \rightleftarrows MnO_4^- + 8H_3O^+ + 5e^-; \quad E^\circ = 1{,}51\,V$$

$$E = E^\circ_{MnO_4^-/Mn^{2+}} + \frac{0{,}059}{5} \cdot \log \frac{c_{MnO_4^-} \cdot c^8_{H_3O^+}}{c_{Mn^{2+}}} =$$

$$1{,}51 + 0{,}012 \cdot \log \frac{10^{-1} \cdot 10^{-40}}{10^{-2}} = 1{,}51 + 0{,}012 \cdot (-39) = 1{,}042$$

Antwort:

Das System MnO_4^-/Mn^{2+} weist bei den angegebenen Konzentrationen ein elektrochemisches Potential von +1,042 V auf.

Anhang II
Chemisches Experimentieren

Zum Zwecke des sicheren Umgangs mit Gefahrstoffen in chemischen Produktionsbetrieben und Laboratorien existiert in der Bundesrepublik Deutschland ein umfangreiches allgemeines und spezielles Regelwerk. Insbesondere sind hierbei das Arbeitsschutzgesetz, das Chemikaliengesetz, die Gefahrstoffverordnung sowie die dazugehörigen Technischen Regeln für Gefahrstoffe (TRGS) zu nennen. Daneben sind die einschlägigen Vorschriften der Unfallversicherungsträger, wie z. B. die Information „Sicheres Arbeiten in Laboratorien – Grundlagen und Handlungshilfen (GUV-I 850-0 bzw. GUV-I 8553) sowie DIN-Normen zu beachten.

Zu selbstständigem chemischem Experimentieren berechtigt sind die Absolventen berufsqualifizierender Hochschulstudien und Ausbildungsgänge der Fachrichtung Chemie (Diplom-Chemiker, Absolventen der Studiengänge B. Sc., M. Sc., Absolventen der mit einer Staatsprüfung abgeschlossenen Studiengänge der Lehrämter, Lebensmittelchemiker und Pharmazeuten, der Chemotechniker, Chemielaboranten und Chemisch-technischen Assistenten), die als Lehrende Studierende und Schüler experimentell anleitend betreuen dürfen. Sie alle müssen sich im Jahresrhythmus einer durch die verantwortlichen Leiter der Einrichtungen abzuhaltenden Sicherheitsbelehrung unterwerfen. Diese kann und darf durch die Lektüre dieses Anhangs und weiterführender Literatur nicht ersetzt werden.

Beim Arbeiten in chemischen Laboratorien sind die Technische Betriebsanweisung („Laborordnung") sowie ggfs. die Anweisungen des aufsichtführenden Personals zu beachten. An allgemeinen Verhaltensregeln seien genannt:

a) Vor Beginn der Arbeiten sind Informationen über mögliche Gefährdungsquellen und Maßnahmen im Schadensfall einzuholen.

b) Arbeiten im Laboratorium dürfen grundsätzlich nicht alleine (Sicht- und Hörkontakt!) ausgeführt werden.

c) Für angemessene Schutzkleidung (besondere Sorgfalt erfordert der Augenschutz) ist Sorge zu tragen.

d) Laufende Versuche sind zu beschriften und protokollieren.

e) Versuche sollen mit möglichst kleinen Substanzmengen durchgeführt werden. Nicht mehr benötigte Substanzen und Gemische sind ordnungsgemäß zu entsorgen.

N. Kuhn und T. M. Klapötke, *Allgemeine und Anorganische Chemie*,
DOI: 10.1007/978-3-642-36866-0, © Springer-Verlag Berlin Heidelberg 2014

f) Chemikalien dürfen nur mit besonderer Erlaubnis aus dem Laborbereich entfernt werden.

g) Das Verbringen von Speisen und Getränken in den Laborbereich sowie das Rauchen im Labor sind untersagt.

Nachfolgend werden wichtige Gefahrenquellen beim Arbeiten im chemischen Labor benannt:

1) Gefährdung durch mechanische Einwirkung

Neben den auch im Alltag anderer mechanischer Arbeiten auftretenden Unfällen (beispielsweise durch Stürze) ist hier auf die Gefährdung durch Glasbruch (Schnittverletzungen) zu verweisen, die statistisch den Hauptanteil der Schadensfälle auslöst.

2) Gefährdung durch elektrische Einwirkung

Im Labor betriebene elektrische Geräte (Heizrührer, Trockenschränke, Vakuumpumpen etc.) müssen vom Betreiber in regelmäßigen Abständen durch fachkundiges Personal auf ihre Betriebssicherheit überprüft werden. Die Lage der geräteexternen Sicherungen ist vom Nutzer zuvor zu ermitteln. Besondere Sorgfalt erfordert der Umgang mit mittels Drehstrom betriebenen Geräten.

3) Gefährdung durch chemische Einwirkung

Eine Übersicht über mögliche Gefährdungsarten vermitteln die Gefahrensymbole (http://www.springer-gup.de/de/pharmazie/themen/2655-GHS_Neue_Gefahrstoff symbole_fuer_Chemikalien/).

Hinweise auf besondere Gefahren (R-Sätze) und Sicherheitsratschläge (S-Sätze) sind sämtlichen im Handel befindlichen Chemikalien zugeordnet und müssen, wie die Gefahrensymbole, auf jedem in Gebrauch befindlichen Chemikaliengebinde angebracht sein.

Das Gefährdungspotential durch direkte oder indirekte chemische Einwirkung lässt sich in 3 Gruppen unterteilen:

a) Gefährdung durch Brände

Brennbare, meist organische Flüssigkeiten werden nach ihrem Flammpunkt, d. h. der im Gemisch mit Luft zündfähigen Temperatur, benannt. Beim Umgang mit brennbaren Flüssigkeiten sind Zündquellen sorgfältig auszuschließen und Feuerlöscheinrichtungen bereitzuhalten. Stoffe mit einem Flammpunkt <21 °C werden mit dem Gefahrensymbol F bzw. F+ gekennzeichnet.

b) Gefährdung durch Explosionen

Als explosionsgefährlich bezeichnet man Stoffe, die bei Einwirkung thermischer oder mechanischer Energie spontan unter heftiger Reaktion große Mengen an Energie unter Ausbreitung von Druckwellen freisetzen. Sie sind mit dem Gefahrensymbol E gekennzeichnet. Ihr Umgang erfordert neben großer Vorsicht experimentelle Erfahrung und Kenntnis spezieller Arbeitsmethoden. Brennbare Stoffe können in der Gasphase, im Gemisch mit Luft, nach Zündung heftige Explosionen auslösen. Unfälle dieser Herkunft gehören zu den folgenreichsten Störfällen sowohl in der chemischen Industrie wie im Forschungslabor. Man beachte, dass mit einem Liter Treibstoff, gezündet in einem Verbrennungsmotor, ein Fahrzeug von der Masse einer Tonne ca. 10 Kilometer fortbewegt werden kann. Aus diesem Grunde sollen Handhabungen mit leicht flüchtigen, brennbaren Stoffen stets in einem gut ziehenden Abzug vorgenommen werden.

c) Gefährdung durch Vergiftungen

Chemische Schadstoffe können über die Atemwege (inhalativ), den Magen-Darm-Trakt (oral) oder über Hautkontakt (dermal) aufgenommen werden. Der Grad der Toxizität wird durch die sog. Arbeitsplatzgrenzwerte (AGW), nach denen auch bei längerer Exposition eine Gefährdung der Gesundheit nicht besteht, angegeben. Besondere Vorsicht ist beim Umgang mit als krebserregend, erbgutverändernd oder fortpflanzungsgefährdend eingestuften Chemikalien (R45, R46, R47) geboten. Besondere Bestimmungen hinsichtlich des Umgangs mit Gefahrstoffen gelten für Frauen in gebärfähigem Alter. Werdende und stillende Mütter sollen in chemischen Laboratorien nicht arbeiten.

Zum Schutz vor chemischer Kontamination empfiehlt sich der Umgang mit kleinstmöglichen Substanzmengen unter Nutzung geeigneter Schutzmaßnahmen (Schutzkleidung, Abzüge etc.). Beim Verdacht der Kontamination ist der Laborleiter zu verständigen und seinen Weisungen zu folgen.

Durch die eingangs erwähnten rechtlichen Vorgaben wird der Umgang mit Gefahrstoffen außerhalb chemischer Laboratorien nicht geregelt. Jedoch wird auch hier die Beachtung einschlägiger Vorsichtsmaßnahmen dringend empfohlen. Ungeübten ist vom eigenständigen Experimentieren dringend abzuraten.

Anhang III
Organische Chemie

Die Chemie der Kohlenwasserstoff-Verbindungen und ihrer Derivate, allgemein als *Organische Chemie* bezeichnet, bildet wegen ihrer Eigenart und Bedeutung, insbesondere aber wegen ihres Umfangs ein eigenes Kapitel der Chemie, das definitionsgemäß nicht Gegenstand unserer Abhandlung ist und hier nur einführend besprochen werden kann. Obwohl im Kernbestand auf wenige Elemente beschränkt, übersteigt die Zahl der bekannten organischen Verbindungen die der anorganischen Verbindungen um den geschätzten Faktor 10^4; diese Schere öffnet sich täglich weiter. Als Ursache dieser Vielfalt kann letztendlich die Stellung des Elements Kohlenstoff im Periodensystem angesehen werden. Sie ermöglicht durch die Bildung stabiler Einfach- und Mehrfachbindungen, verbunden mit dem möglichen Austausch von Wasserstoffsubstituenten gegen Heteroatome, insbesondere Halogene, Sauerstoff und Stickstoff, den Aufbau einer unbegrenzten Zahl an Verbindungen.

Entsprechend der Fixierung auf die Elemente Kohlenstoff und Wasserstoff ist die Gliederung des Stoffes dem Aufbau des Periodensystems folgend nicht sinnvoll. Synthese und chemisches Verhalten organischer Verbindungen wird wesentlich bestimmt durch die Eigenart sog. *funktioneller Gruppen*, deren wichtigste in Gestalt entsprechender Verbindungen nachfolgend genannt werden:

Alkane

Alkene

N. Kuhn und T. M. Klapötke, *Allgemeine und Anorganische Chemie*,
DOI: 10.1007/978-3-642-36866-0, © Springer-Verlag Berlin Heidelberg 2014

$$R - C \equiv C - H$$

Alkine

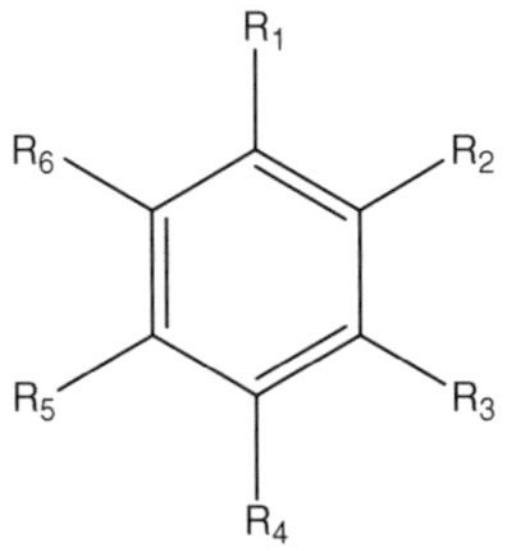

R—C≡C—H

Arene

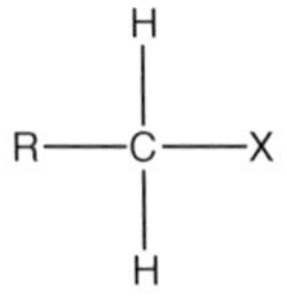

$$R - \overset{\overset{\displaystyle H}{|}}{\underset{\underset{\displaystyle H}{|}}{C}} - X$$

Halogenalkane

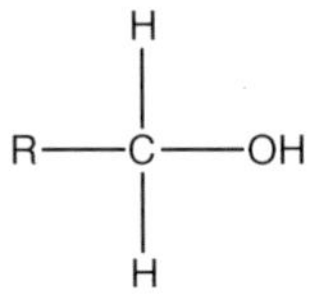

$$R - \overset{\overset{\displaystyle H}{|}}{\underset{\underset{\displaystyle H}{|}}{C}} - OH$$

Alkohole

$$R_1 - \overset{\overset{\displaystyle H}{|}}{\underset{\underset{\displaystyle H}{|}}{C}} - O - \overset{\overset{\displaystyle H}{|}}{\underset{\underset{\displaystyle H}{|}}{C}} - R_2$$

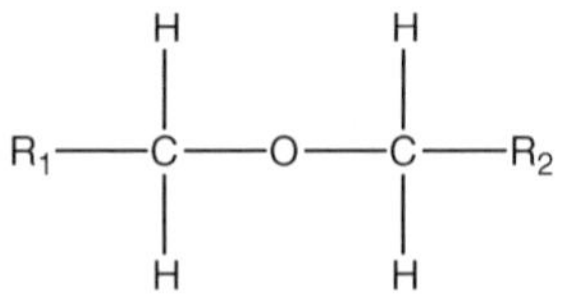

Ether

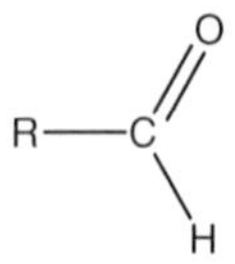

Aldehyde

Ketone

Carbonsäuren

$$R\text{—}C\equiv N$$

Nitrile

Reaktionen organischer Verbindungen verlaufen häufig nicht „regioselektiv", d. h. unter Bildung eines einzigen Produkts. Die hieraus resultierenden Substanzgemische sind in der Regel unerwünscht und führen zu teilweise komplexen Problemen bei der Auftrennung, die in Einzelfällen durch die Einhaltung dem Problem angepasster Reaktionsbedingungen gemildert werden können. Hierzu ist die Kenntnis des Reaktionsverlaufs („Reaktionsmechanismus"), dessen Ermittlung gleichfalls mit erheblichem Aufwand verbunden ist, hilfreich. Ein Beispiel, die Bromierung von Toluol (**1**, C_7H_8), soll dieses Problem verdeutlichen:

$$C_7H_8 + Br_2 \rightarrow C_7H_7Br + HBr$$

Die Verwendung von Summenformeln in der Reaktionsgleichung ist nicht sinnvoll, da neben Toluol noch mindestens 7 weitere Verbindungen dieser Zusammensetzung („Isomere") mit teilweise stark differierenden chemischen und physikalischen Eigenschaften bekannt sind. Darüber hinaus sind auch, ausgehend nur von Toluol, vier Produkte der Zusammensetzung C_7H_7Br (**2–5**) denkbar und tatsächlich erhältlich:

A)

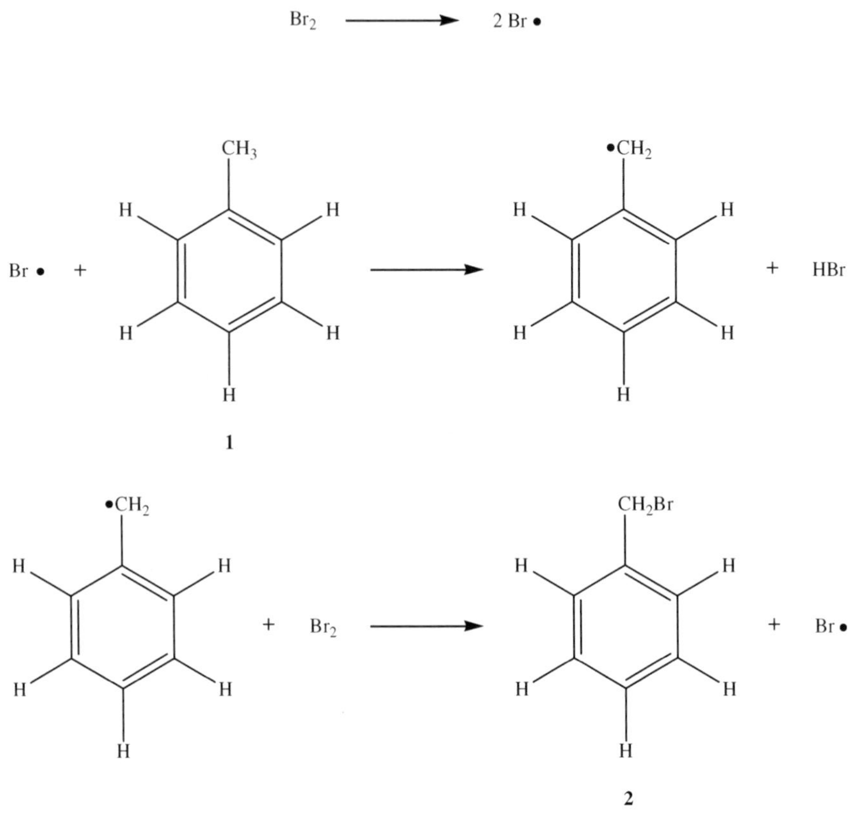

$$Br_2 \longrightarrow 2\ Br\bullet$$

1

2

Die Reaktion A verläuft unter photochemischen Bedingungen als Radikalkettenreaktion.

B)

$$Br_2 \quad + \quad FeBr_3 \quad \longrightarrow \quad \{\, Br^+\, [FeBr_4]^- \,\}$$

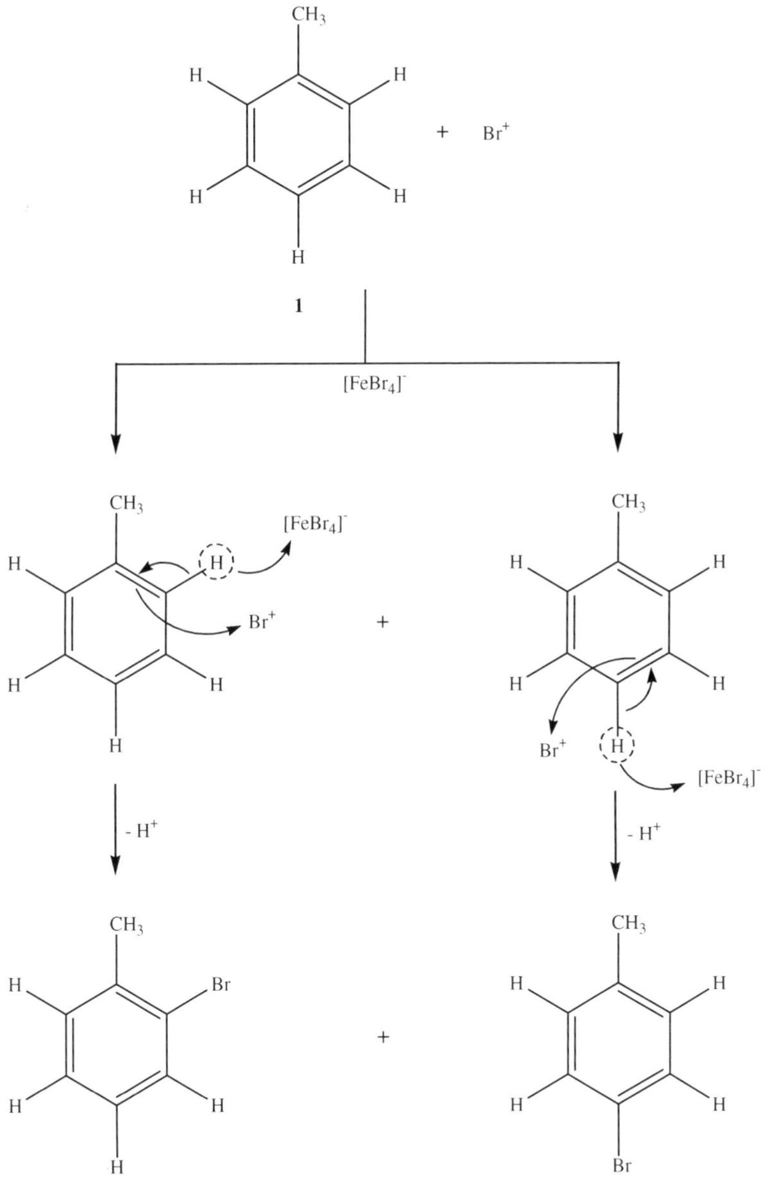

1

$[FeBr_4]^-$

$[FeBr_4]^-$

Br^+

$+$

Br^+

$[FeBr_4]^-$

$- H^+$

$- H^+$

3   **5**

Bei Reaktion B tritt als reaktives Teilchen das durch Einwirkung katalytischer Mengen der Lewis-Säure $FeBr_3$ auf Brom intermediär gebildete Bromonium-Ion auf, das als Elektrophil bevorzugt die elektronenreichen Ringpositionen 2 und 4 im Sinne einer elektrophilen aromatischen Substitution angreift (*Friedel-Crafts-Reaktion*). Die früher infolge der ähnlichen chemischen und physikalischen Eigenschaften von **3** und **5** problematische Trennung gelingt heute durch Anwendung chromatographischer Methoden.

C)

4

m-Bromtoluol (**4**) ist folglich durch Bromierung von Toluol nicht im präparativen Maßstab zugänglich. Seine Darstellung erfordert einen höheren präparativen Aufwand (Reaktion C), der sich auch, relativ zu den anderen Isomeren, in einem höheren Preis niederschlägt.

2 *Sdp. 180 °C, Ausbeute 70 %*
3 *Sdp. 184 °C, Ausbeute 28 %*
4 *Sdp. 184 °C, Ausbeute 10 %*
5 *Sdp. 198 °C, Ausbeute 60 %*

A.2 Register

Das vorliegende Buch versteht sich als Lesebuch, weniger als Nachschlagewerk. Das Register ist deshalb bewusst knapp gehalten. Auf die Nennung chemischer Verbindungen wird verzichtet. Sie sind, dem Aufbau des Buches entsprechend, bei den zugehörigen Elementen (dem Inhaltsverzeichnis folgend) zu finden.

Sachverzeichnis

N. Kuhn und T. M. Klapötke, *Allgemeine und Anorganische Chemie*,
DOI: 10.1007/978-3-642-36866-0, © Springer-Verlag Berlin Heidelberg 2014

Printed in the United States
By Bookmasters